"十一五"高等院校规划教材

C 语言程序设计

（计算机二级教程）

马 俊　夏美云　主编

北京航空航天大学出版社

内 容 简 介

依据高等院校"C语言程序设计"课程教学内容的基本要求而编写,充分考虑到理论与实践的结合,在讲解C语言程序设计基本知识的同时,更注重讲解相应的程序设计技巧、常用算法以及具有实用价值的程序实例,并设有专门章节介绍上机步骤、调试技巧。本书既有严密完整的理论体系,又具有较强的实用性。

本书主要内容包括二级考试基础知识、C语言程序设计概述、基本数据类型、运算符及表达式、顺序结构程序设计、选择结构程序设计、循环结构程序设计、函数、指针、数组、用户标识符的作用域和存储类别、编译预处理和动态存储分配、结构体与共用体、位运算、文件、面向对象程序设计基础、上机考试指导共16章。书中给出了大量的例题和习题,书后给出了附录,便于学生自学。

本书适合普通高等院校本、专科计算机与非计算机专业作为"C语言程序设计"课程教材使用,也适合C语言初学者用作计算机二级考试的学习与参考用书。

图书在版编目(CIP)数据

C语言程序设计(计算机二级教程)/马俊,夏美云主编. —北京:北京航空航天大学出版社,2009.9
ISBN 978-7-81124-904-0

Ⅰ.C… Ⅱ.①马…②夏… Ⅲ.C语言—程序设计—水平考试—教材 Ⅳ.TP312

中国版本图书馆 CIP 数据核字(2009)第 156440 号

© 2009,北京航空航天大学出版社,版权所有。
未经本书出版者书面许可,任何单位和个人不得以任何形式或手段复制或传播本书内容。
侵权必究。

C语言程序设计(计算机二级教程)

马　俊　夏美云　主编

责任编辑　冯　颖

*

北京航空航天大学出版社出版发行

北京市海淀区学院路37号(100191)　发行部电话:010-82317024　传真:010-82328026
http://www.buaapress.com.cn　E-mail:emsbook@gmail.com

北京时代华都印刷有限公司印装　各地书店经销

*

开本:787×1092　1/16　印张:24　字数:614千字
2009年9月第1版　2009年9月第1次印刷　印数:4 000册
ISBN 978-7-81124-904-0　定价:38.00元

前言

目前我国高等教育已进入普及时代,如何培养满足市场需求的应用型人才,是一个重要课题。掌握计算机知识和应用,无疑是培养新型人才的一个重要环节。计算机技术已与其它学科相互交融,成为推动社会发展的动力。无论什么专业的学生,都必须具备计算机的基础知识和应用能力。因为计算机技术已经成为高等院校全面素质教育中极为重要的一部分。

近年来,由于 C 语言具有功能丰富、表达力强、使用灵活方便、应用面广、目标程序效率高、可移植性好等特点,所以被计算机专业和非计算机专业应用人员所使用。许多高等院校不仅在计算机专业开设了 C 语言课程,而且也在非计算机专业开设了 C 语言课程。全国计算机等级考试、全国计算机应用技术证书考试和全国各地区组织的大学生计算机统一考试都将 C 语言列入了考试范围。因此,学习 C 语言已经成为广大计算机应用人员的基本要求。

由于 C 语言涉及的概念比较复杂,规则繁多,使用灵活,容易出错,不少初学者感到困难,所以作者在北京航空航天大学出版社的支持下,根据长期从事第一线教学的经验,编写了本书。本教材根据读者对象的性质,力图体现以下特色:

① 起点较低,不需具备程序设计语言基础知识。很多 C 语言的教材都要求读者先前学过一门程序设计语言。但本教材从程序设计的基础知识讲起,把一些经典算法的来龙去脉交代清楚,读者不需要有其它程序设计语言的基础即可学懂。

② 概念准确,编排合理。在内容编排上,注意分散难点,便于读者循序渐进地学习。

③ 详略得当,重点突出。本书主要讲解 C 语言最基本、最常用的内容,控制 C 语言中出现频率很低或与语言的实践版本相关内容的篇幅,把重点放在语言本身的难点(如指针)和程序设计技巧方面。

④ 深入浅出,讲解通俗。根据应用型人才的培养特点,采用基础知识加例题的方法,使读者能够尽快掌握相关知识。

⑤ 强化实践,重视应用。本教材力求使读者学完之后,不仅能学会 C 语言的语法、语义,更重要的是掌握 C 语言程序设计的技巧,具备编程解决实际问题的能力。所以本书结合全国计算机等级考试,在各章后提供了较多的习题,使读者能够得到有效的训练。

参加本书编写的人员均为长期从事 C 语言教学的一线教师，具有丰富的教学经验。本书由马俊、夏美云担任主编，负责制定编写要求和详细的内容编写目录，并对全书进行统稿和定稿。郭永利、卢珂、李爽任副主编，负责协助主编工作。第 1、2 章由马俊编写，第 3、6、11 章由郭永利、卢珂共同编写，第 5、7、16 章由李爽、张彦峰共同编写，第 4、9 章由周晓燕、王文志共同编写，第 13、14 章和附录 D 由刘庆华编写，第 8、10、15 章和附录 A～C 由马军涛和赵锋共同编写，第 12 章由夏美云编写。本书由河南理工大学李长有副教授负责审阅，李老师在百忙中认真细致地审阅了全部书稿，并提出了宝贵建议。北京航空航天大学出版社的工作人员为本书的成功出版付出了艰辛的劳动。编者在此对为本书成功出版作出贡献的所有工作人员表示衷心的感谢。

由于编者水平有限，对于书中存在的错误与不当之处，敬请读者指正，以便不断改进。有兴趣的读者，可以发送电子邮件到 jzzf@live.cn，与作者进一步交流；也可以发送电子邮件到 buaafy@sina.com，与本书策划编辑进行交流。

编　者
2009 年 7 月

目 录

第1章 二级考试基础知识

1.1 程序设计基础 ·· 1
   1.1.1 面向结构的程序设计 ··· 1
   1.1.2 面向对象的程序设计 ··· 2
1.2 数据结构 ·· 4
   1.2.1 算 法 ·· 5
   1.2.2 链表、队列、栈的基本概念 ·· 5
   1.2.3 二叉树的遍历 ·· 7
1.3 数据库 ·· 9
   1.3.1 数据、信息和数据处理 ·· 9
   1.3.2 数据库系统概述 ·· 10
   1.3.3 数据库描述 ·· 11
   1.3.4 数据库管理系统 ·· 13
1.4 软件工程 ·· 14
   1.4.1 软件工程的基本概念 ··· 14
   1.4.2 结构化分析方法 ·· 15
   1.4.3 结构化设计方法 ·· 15
   1.4.4 软件测试 ··· 16
   1.4.5 程序的调试 ·· 17
本章小结 ·· 17
历年试题汇集 ·· 17

第2章 C语言程序设计概述

2.1 C语言概述 ·· 26
   2.1.1 C语言的发展 ··· 26
   2.1.2 C语言的特点 ··· 27
2.2 简单的C程序构成及格式 ·· 27

2.3 C语言开发工具 ·· 29
　　2.3.1 C语言的执行过程 ·· 29
　　2.3.2 Visual C++开发环境介绍 ··· 30
2.4 良好的程序设计风格 ··· 31
本章小结 ··· 33
历年试题汇集 ·· 33
课后练习 ··· 34

第3章 基本数据类型、运算符及表达式

3.1 C语言的数据类型 ·· 36
3.2 常量、变量和标识符 ·· 37
　　3.2.1 标识符 ·· 37
　　3.2.2 常 量 ·· 38
　　3.2.3 变 量 ·· 39
3.3 整型数据 ·· 40
　　3.3.1 整型常量 ·· 41
　　3.3.2 整型变量 ·· 42
3.4 实型数据 ·· 44
　　3.4.1 实型常量 ·· 44
　　3.4.2 实型变量 ·· 45
3.5 字符型数据 ·· 46
　　3.5.1 字符型常量 ·· 46
　　3.5.2 字符型变量 ·· 47
　　3.5.3 字符串常量 ·· 47
3.6 C语言的运算符与表达式 ·· 48
　　3.6.1 C语言运算符的种类 ·· 48
　　3.6.2 算术运算符及表达式 ··· 48
　　3.6.3 关系运算符及表达式 ··· 50
　　3.6.4 逻辑运算符及表达式 ··· 51
　　3.6.5 条件运算符与表达式 ··· 52
　　3.6.6 赋值运算符及表达式 ··· 53
　　3.6.7 逗号运算符及表达式 ··· 53
3.7 数据类型转换 ··· 54
　　3.7.1 自动类型转换 ·· 54
　　3.7.2 强制类型转换 ·· 55
本章小结 ·· 55
历年试题汇集 ·· 55
课后练习 ·· 60

第 4 章 顺序结构程序设计

4.1 C语言的3种基本结构 ... 63
4.1.1 流程图 ... 63
4.1.2 3种基本结构 ... 64
4.2 C语言的语句 ... 65
4.3 格式输入/输出函数 ... 66
4.3.1 格式输出函数——printf函数 ... 67
4.3.2 格式输入函数——scanf函数 ... 74
4.4 字符数据的输入/输出函数 ... 76
4.4.1 字符输出函数——putchar函数 ... 76
4.4.2 字符输入函数——getchar函数 ... 77
4.5 顺序结构程序举例 ... 77
本章小结 ... 79
历年试题汇集 ... 80
课后练习 ... 85

第 5 章 选择结构程序设计

5.1 选择结构概述 ... 91
5.2 if语句的3种基本形式 ... 91
5.2.1 if语句的3种形式 ... 92
5.2.2 if语句的嵌套 ... 96
5.3 switch语句 ... 97
5.4 选择结构程序举例 ... 100
本章小结 ... 102
历年试题汇集 ... 103
课后练习 ... 107

第 6 章 循环结构程序设计

6.1 循环结构 ... 114
6.2 while语句 ... 115
6.3 do-while语句 ... 116
6.4 for语句 ... 118
6.5 break语句和continue语句 ... 121
6.5.1 break语句 ... 121
6.5.2 continue语句 ... 122
6.6 goto语句 ... 123
6.7 循环的嵌套 ... 125
6.8 循环结构程序举例 ... 126

本章小结……………………………………………………………………………… 127
历年试题汇集……………………………………………………………………… 128
课后练习…………………………………………………………………………… 136

第7章 函 数

7.1 函数的分类 ……………………………………………………………………… 142
7.2 函数的定义 ……………………………………………………………………… 143
  7.2.1 无参函数 …………………………………………………………………… 143
  7.2.2 有参函数 …………………………………………………………………… 144
  7.2.3 空函数 ……………………………………………………………………… 145
7.3 函数的参数及其返回值 ………………………………………………………… 145
  7.3.1 形式参数和实际参数 ……………………………………………………… 145
  7.3.2 函数的返回值 ……………………………………………………………… 146
7.4 函数的调用 ……………………………………………………………………… 148
  7.4.1 函数调用的一般形式 ……………………………………………………… 148
  7.4.2 函数调用的方式 …………………………………………………………… 148
  7.4.3 被调函数的声明 …………………………………………………………… 149
  7.4.4 函数的嵌套调用 …………………………………………………………… 149
  7.4.5 函数的递归调用 …………………………………………………………… 151
7.5 函数应用举例 …………………………………………………………………… 154
本章小结…………………………………………………………………………… 155
历年试题汇集……………………………………………………………………… 156
课后练习…………………………………………………………………………… 164

第8章 指 针

8.1 地址和指针的概念 ……………………………………………………………… 168
8.2 指针变量 ………………………………………………………………………… 169
  8.2.1 指针变量的定义 …………………………………………………………… 169
  8.2.2 指针变量的初始化 ………………………………………………………… 169
  8.2.3 指针变量的基本运算 ……………………………………………………… 170
  8.2.4 指向指针的指针变量 ……………………………………………………… 171
8.3 指针与函数 ……………………………………………………………………… 172
  8.3.1 函数的形参为指针类型 …………………………………………………… 172
  8.3.2 函数返回值为指针类型 …………………………………………………… 173
  8.3.3 指向函数的指针 …………………………………………………………… 174
本章小结…………………………………………………………………………… 176
历年试题汇集……………………………………………………………………… 176
课后练习…………………………………………………………………………… 182

第9章 数 组

- 9.1 数组的引出 …………………………………………………………………… 186
- 9.2 一维数组 ……………………………………………………………………… 187
  - 9.2.1 一维数组的定义 ……………………………………………………… 187
  - 9.2.2 一维数组的初始化 …………………………………………………… 189
  - 9.2.3 一维数组的引用 ……………………………………………………… 189
  - 9.2.4 一维数组和指针 ……………………………………………………… 190
  - 9.2.5 一维数组的应用举例 ………………………………………………… 192
- 9.3 二维数组 ……………………………………………………………………… 195
  - 9.3.1 二维数组的定义 ……………………………………………………… 195
  - 9.3.2 二维数组的初始化 …………………………………………………… 195
  - 9.3.3 二维数组的引用 ……………………………………………………… 196
  - 9.3.4 二维数组和指针 ……………………………………………………… 198
  - 9.3.5 二维数组的应用举例 ………………………………………………… 200
- 9.4 字符数组与字符串 …………………………………………………………… 201
  - 9.4.1 字符数组 ……………………………………………………………… 201
  - 9.4.2 字符串 ………………………………………………………………… 202
  - 9.4.3 字符串处理函数 ……………………………………………………… 202
  - 9.4.4 字符串和指针 ………………………………………………………… 205
  - 9.4.5 字符数组应用举例 …………………………………………………… 205
- 本章小结 …………………………………………………………………………… 209
- 历年试题汇集 ……………………………………………………………………… 210
- 课后练习 …………………………………………………………………………… 218

第10章 用户标识符的作用域和存储类型

- 10.1 用户标识符的作用域 ……………………………………………………… 224
- 10.2 用户标识符的存储类型 …………………………………………………… 224
- 10.3 用户标识符的生存期 ……………………………………………………… 225
  - 10.3.1 静态变量的存储类型和作用域 …………………………………… 225
  - 10.3.2 动态变量的存储类型和作用域 …………………………………… 225
  - 10.3.3 局部变量的作用域和生存期 ……………………………………… 226
- 10.4 全局变量的作用域和生存期 ……………………………………………… 228
  - 10.4.1 全局变量的作用域和生存期 ……………………………………… 228
  - 10.4.2 在同一编译单位内用 extern 说明全局变量的作用域 …………… 229
  - 10.4.3 在不同编译单位内用 extern 说明全局变量的作用域 …………… 229
  - 10.4.4 static 全局变量 …………………………………………………… 229
- 10.5 函数的存储类型 …………………………………………………………… 230
- 本章小结 …………………………………………………………………………… 230

历年试题汇集……………………………………………………………………………………230
课后练习…………………………………………………………………………………………238

第 11 章 编译预处理和动态存储分配

11.1 编译预处理……………………………………………………………………………244
11.1.1 宏定义…………………………………………………………………………244
11.1.2 文件包含………………………………………………………………………247
11.1.3 条件编译………………………………………………………………………248
11.2 动态存储分配…………………………………………………………………………249
11.2.1 malloc 函数和 free 函数……………………………………………………249
11.2.2 calloc 函数……………………………………………………………………250

本章小结……………………………………………………………………………………250
历年试题汇集………………………………………………………………………………251
课后练习……………………………………………………………………………………254

第 12 章 结构体与共用体

12.1 结构体的引出…………………………………………………………………………258
12.2 结构体类型……………………………………………………………………………259
12.2.1 结构体类型的定义和结构体变量的定义……………………………………259
12.2.2 结构体变量的引用……………………………………………………………261
12.2.3 结构体变量的初始化…………………………………………………………261
12.3 结构体数组……………………………………………………………………………262
12.3.1 结构体数组的定义……………………………………………………………262
12.3.2 结构体数组的初始化…………………………………………………………263
12.3.3 结构体数组的应用……………………………………………………………263
12.3.4 结构体指针……………………………………………………………………264
12.3.5 结构体与函数…………………………………………………………………266
12.3.6 链表……………………………………………………………………………268
12.4 共用体…………………………………………………………………………………270
12.4.1 共用体的概念及特点…………………………………………………………270
12.4.2 共用体类型的定义……………………………………………………………271
12.4.3 共用体变量的引用……………………………………………………………272
12.5 枚 举…………………………………………………………………………………273
12.6 用 typedef 定义类型…………………………………………………………………275

本章小结……………………………………………………………………………………276
历年试题汇集………………………………………………………………………………276
课后练习……………………………………………………………………………………291

第13章 位运算

13.1 位运算符 ·· 295
13.2 位运算符的运算功能 ·· 296
    13.2.1 按位与运算符（&） ··· 296
    13.2.2 按位或运算符（|） ··· 298
    13.2.3 按位异或运算符（^） ·· 298
    13.2.4 按位取反运算符（~） ·· 299
    13.2.5 左移运算符（<<） ·· 299
    13.2.6 右移运算符（>>） ·· 300
13.3 位复合赋值运算符 ··· 301
本章小结 ·· 301
历年试题汇集 ·· 301
课后练习 ·· 303

第14章 文 件

14.1 概 述 ··· 305
    14.1.1 文件的概念 ··· 305
    14.1.2 文件的分类 ··· 305
    14.1.3 文件类型指针 ·· 306
14.2 文件的操作 ·· 306
    14.2.1 文件的打开函数 ··· 306
    14.2.2 文件的关闭函数 ··· 308
    14.2.3 单个字符读/写函数 ··· 308
    14.2.4 字符串读/写函数 ··· 310
    14.2.5 数据块读/写函数 ··· 310
    14.2.6 格式化读/写函数 ··· 311
    14.2.7 文件的定位函数 ··· 312
14.3 文件程序举例 ··· 313
本章小结 ·· 315
历年试题汇集 ·· 316
课后练习 ·· 321

第15章 面向对象程序设计基础

15.1 C++语言概述 ·· 324
15.2 类和对象 ··· 325
15.3 数据的抽象和封装 ··· 325
    15.3.1 类的封装 ·· 325
    15.3.2 类的定义 ·· 325

  15.3.3　类的成员函数 ·· 326
  15.3.4　构造函数和析构函数 ·· 326
  15.3.5　创建对象 ·· 327
  15.3.6　友　元 ··· 329
 15.4　继承性 ··· 331
 15.5　多态性 ··· 333
 15.6　程序举例 ··· 335
 本章小结 ·· 336
 历年试题汇集 ·· 336
 课后练习 ·· 339

第 16 章　上级考试指导

 16.1　上机考试系统说明 ··· 343
  16.1.1　上机考试时间 ·· 343
  16.1.2　上机考试题型及分值 ·· 343
  16.1.3　上机考试登录 ·· 343
  16.1.4　试题内容查阅工具的使用 ··· 345
  16.1.5　编辑、连接和运行 ··· 346
  16.1.6　考生文件夹和文件的恢复 ··· 347
  16.1.7　文件名的说明 ·· 347
 16.2　上机考试内容 ··· 347
  16.2.1　程序填空题 ·· 347
  16.2.2　程序修改题 ·· 349
  16.2.3　程序编写题 ·· 350
 本章小结 ·· 351
 历年试题汇集 ·· 351
 课后练习 ·· 352

附录 A　C语言常用关键字及说明 ·· 359

附录 B　ASCII 码表 ·· 360

附录 C　C语言运算符及优先级 ·· 361

附录 D　常用库函数 ·· 362

参考文献 ··· 370

第 1 章

二级考试基础知识

【本章考点和学习目标】
1. 结构化程序设计与面向对象程序设计的特点和区别。
2. 各种数据结构的概念和特点；实现各种数据结构的算法。
3. 数据库的基本概念和原理。
4. 软件工程的基本概念和主要特点。

【本章重难点】
重点：数据结构的概念和特点。
难点：数据结构的算法。

本章主要从全国计算机等级考试二级考试的角度出发，介绍了程序设计、数据结构、数据库和软件工程 4 个方面的基本概念和理论。

1.1 程序设计基础

1.1.1 面向结构的程序设计

结构化程序的概念首先是从以往编程过程中无限制地使用转移语句而提出的。转移语句可以使程序的控制流程强制性地转向程序的任一处，在传统流程图中就是用"很随意"的流程线来描述这种转移功能的。如果一个程序中多处出现这种转移情况，将会导致整个程序流程无序可寻，程序结构杂乱无章。这样的程序是令人难以理解和接受的，并且容易出错。在实际软件产品开发过程中，为了增强软件的可读性，往往限制转移语句的使用，而改用循环语句或选择语句。很多理论和实践已经证明，选择语句和循环语句完全可以替代转移语句，而不增加软件的实现难度。结构化程序由迪克斯特拉（E. W. Dijkstra）在 1969 年提出，它是以模块化设计为中心，将待开发的软件系统划分为若干个相互独立的模块，这样使完成每一个模块的工作变得单纯而明确，为设计一些较大的软件打下了良好的基础。

由于模块相互独立，因此在设计其中一个模块时，不会受到其它模块的牵连，因而可将原来较为复杂的问题化简为一系列简单模块的设计。模块的独立性还为扩充已有的系统、建立新系统带来了不少的方便，因为我们可以充分利用现有的模块作积木式的扩展。

按照结构化程序设计的观点，任何算法功能都可以通过由程序模块组成的 3 种基本程序结构的组合——顺序结构、选择结构和循环结构来实现。

顺序结构：顺序结构是一种线性、有序的结构，它依次执行各语句模块。

选择结构：选择结构是根据条件成立与否选择程序执行的通路。

循环结构：循环结构是重复执行一个或几个模块，直到满足某一条件为止。

采用结构化程序设计方法，可使程序结构清晰，易于阅读、测试、排错和修改。由于每个模块执行单一功能，模块间联系较少，使程序的编制比过去更简单，程序运行更可靠，而且增加了可维护性，因为每个模块都可以独立编制、测试。结构化程序设计是为了解决早期计算机程序难以阅读、理解和调试，难以维护和扩充，以及开发周期长，不易控制程序的质量等问题而提出来的，它的产生和发展奠定了软件工程的基础。

结构化程序设计的基本思想是：自顶向下，逐步求精，将整个程序结构划分成若干个功能相对独立的模块，模块之间的联系尽可能简单；每个模块用顺序、选择和循环 3 种基本结构来实现；每个模块只有一个入口和一个出口。

结构化程序设计有很多优点：各模块可以分别编程，使程序易于阅读、理解、调试和修改；方便新功能模块的扩充；功能独立的模块可以组成子程序库，有利于实现软件复用等。因此，结构化程序设计方法出现以后，很快被人们接受并得到广泛应用。

结构化程序设计方法以解决问题的过程作为出发点，其方法是面向过程的。它把程序定义为"数据结构＋算法"，程序中数据与处理这些数据的算法（过程）是分离的。这样，对不同的数据结构作相同的处理，或对相同的数据结构作不同的处理，都要使用不同的模块，从而降低了程序的可维护性和可复用性。同时，由于这种分离，导致了数据可能被多个模块使用和修改，难以保证数据的安全性和一致性。因此，对于小型程序和中等复杂程度的程序来说，它是一种较为有效的技术，但对于复杂的、大规模的软件来说，使用它就难以维护和复用。

1.1.2　面向对象的程序设计

面向对象的程序设计（Object–Oriented Programming，简记为 OOP）立意于创建软件重用代码，具备更好地模拟现实世界环境的能力，这使它被公认为是自上而下编程的优胜者。它通过给程序中加入扩展语句，把函数"封装"进编程所必需的"对象"中。面向对象的编程语言使得复杂的工作条理清晰、编写容易。说它是一场革命，不是对对象本身而言，而是对它们处理工作的能力而言。

面向对象程序设计是在结构化程序设计的基础上发展起来的，它吸取了结构化程序设计中最为精华的部分，有人称它是"被结构化了的结构化程序设计"。

1. 类

许多对象具有相同的结构和特性，例如不管是数学书还是化学书，它们都具有大小、定价、编者等特性。在现实生活中，我们通常将具有相同性质的事物归纳、划分成一类，例如数学书和化学书都属于"书"这一类。同样在面向对象程序设计中也会采用这种方法。在面向对象程序设计中，引入了一个全新的数据类型——类。

类是对相同类型的数据结构进行抽象，形成各种属性和行为。属性是数据结构的表现形式，行为则对数据结构进行处理。类将数据结构及其处理代码隐蔽起来，仅通过一个可控的接口与外界交互。

2. 对　象

从一般意义上讲，客观世界中的任何一个事物都可以看成是一个对象，例如一本书，一名学生等。对象具有自己的静态特征和动态特征。静态特征可以用某种数据来描述,如一名学生的身高、年龄、性别等;动态特征是对象所表现的行为或具有的功能,如学生学习、运动、休息等。

面向对象方法中的"对象"是系统中用来描述客观事物的一个实体,它是用来构成系统的一个基本单位,由一组属性和一组行为构成。其中,属性是用来描述对象静态特征的数据项,行为是用来描述对象动态特征的操作序列。

类代表了一组对象的共性和特征,类是对象的抽象,而对象是类的具体实例。例如,家具设计师按照家具的设计图做成一把椅子,那么设计图就好比是一个类,而做出来的椅子则是该类的一个对象,一个具体实例。

3. 类的封装

类的封装就是将对象的属性和行为结合成一个独立的实体,并尽可能隐蔽对象的内部细节,对外形成一道屏障,只保留有限的对外接口使之与外界发生联系。类的成员包括数据成员和成员函数,分别描述类所表达问题的属性和行为。对类成员的访问加以控制就形成了类的封装,这种控制是通过设置成员的访问权限来实现的。

在面向对象程序设计中,通过封装将一部分行为作为外部接口,而将数据和其它行为进行有效的隐蔽,就可以达到对数据访问权限的合理控制。把整个程序中不同部分间的相互影响降到最低。

4. 类的继承

面向对象的程序设计过程中,一个很重要的特点就是代码的可重用性。C++是通过继承这一机制来实现代码重用的。所谓"继承"指的是类的继承,也就是在原有类的基础上建立一个新类,新类将从原有类那里得到已有的特性。例如,现有一个学生类,定义了学号、姓名、性别、年龄4项内容,如果除了用到以上4项内容外,还需要用到电话和地址等信息,那么我们就可以在学生类的基础上再增加相关的内容,而不必再重新定义一个类。

换个角度来说,从已有类产生新类的过程就是类的派生。类的继承与派生允许在原有类的基础上进行更具体、更详细的修改和扩充。新的类由原有的类产生,包含了原有类的关键特征,同时也加入了自己所特有的性质。新类继承了原有类,原有类派生出新类。原有的类称为基类或父类,而派生出的类称为派生类或子类。比如:所有的 Windows 应用程序都有一个窗口,可以说它们都是从一个窗口类中派生出来的,只不过有的应用程序应用于文字处理,有的则应用于图像显示。

类的继承与派生的层次结构是人们对自然界中事物进行分类、分析、认识过程在程序设计中的体现。现实世界中的事物都是相互联系、相互作用的,人们在认识过程中,根据它们的实际特征,抓住其共同特性和细小差别,利用分类的方法进行分析和描述。

5. 类的多态性

面向对象程序设计过程中的另外一个重要特点是多态性。多态性是指同一操作作用于不同的对象,可以有不同的解释,产生不同的执行结果。多态性包括参数化多态性和包含多态性。多态性语言具有灵活、抽象、行为共享、代码共享的优势,很好地解决了应用程序函数同名的问题。多态性通过派生类重载基类中的虚函数型方法来实现。

同一操作作用于不同的对象,可以有不同的解释,并产生不同的执行结果,这就是多态性。多态性通过派生类重载基类中的虚函数型方法来实现。

现实世界中的对象之间存在着各种各样的联系。正是这种联系和相互作用,才构成了世界中的不同系统。同样,面向对象程序设计中的对象之间也存在着联系,称为对象的交互;提供对象交互的机制称为消息传递。当某个行为作用于对象时,称该对象执行了一个方法,这个方法定义了该对象要执行的一系列计算步骤,所以方法是对象操作过程的算法。一个对象向另一个对象发出的请求称为消息,它是一个对象要求另一个对象执行某个操作的规格说明,通过消息传递才能完成对象之间的相互请求和协作。类提供了完整地解决特定问题的条件,它描述了数据结构(对象属性)、算法(行为或方法)和外部接口(消息)。对象通过外部接口接收它能识别的消息,按照自己的方式来解释这个消息并调用某个方法来执行对数据的处理,从而完成对特定问题的解决。

1.2 数据结构

在现实社会中存在着许多非数值计算问题,其数学模型难以用数学方程描述。非数值计算问题的数学模型是表、树和图之类的数据结构。

数据结构是一门介于数学、计算机硬件、计算机软件之间的核心课程,是设计和实现编译系统、操作系统、数据库系统及其它系统程序和各种应用程序的基础,是一门研究非数值计算的程序设计问题中计算机操作对象以及它们之间关系与操作的学科。它主要包括3个要素:对象、关系及操作(运算)。

数据结构是相互之间存在一种或多种特定关系的数据元素的集合。数据结构是一个二元组,记为 data_structure=(D,S)。其中,D 为数据元素的集合,S 是 D 关系的集合。

数据元素相互之间的关系称为结构(Structure)。根据数据元素之间关系的不同特性,通常有下列4类基本结构:

集合——数据元素间的关系是同属一个集合。

线性结构——数据元素间存在一对一的关系。

树形结构——数据元素间的关系是一对多的关系。

图(网)状结构——数据元素间的关系是多对多的关系。

1968年美国克努特教授开创了数据结构的最初体系:数据的逻辑结构、存储结构及其操作。即数据结构一般包括以下3方面的内容:

逻辑结构——数据元素之间的逻辑关系。

存储结构——数据元素及其关系在计算机存储器的表示。

数据运算——对数据元素施加的操作。

其中,数据的存储结构一般分成2类:顺序存储结构和链式存储结构。

顺序存储结构——把逻辑上相邻的结点存储在物理位置上相邻的存储单元里,结点间的逻辑关系由存储单元的邻接关系来体现。通常顺序存储结构是借助于语言的数组来描述的。

链式存储结构——不要求逻辑上相邻的结点物理上也相邻,结点间的逻辑关系是由附加的指针表示的,通常要借助于语言的指针类型来描述。

1.2.1 算 法

算法可以理解为由基本运算与规定的运算顺序所构成的完整的解题步骤,或者理解为按照要求设计好的有限的、确切的计算序列,并且这样的步骤和序列可以解决一类问题。算法是一系列解决问题的清晰指令,也就是说,能够对一定规范的输入在有限时间内获得所要求的输出。如果一个算法有缺陷,或不适合于某个问题,执行这个算法将不会解决这个问题。不同的算法一般要用不同的时间、空间或效率来完成同样的任务。一个算法的优劣可以用空间复杂度与时间复杂度来衡量。

算法是对特定问题求解步骤的一种描述,它是指令的有限序列。算法具有以下 5 个重要的特征:

有穷性——一个算法必须保证执行有限步之后结束。

确切性——算法的每一步骤必须有确切的定义。

输入——一个算法有 0 个或多个输入,以确定执行算法时需要从外界取得的必要信息("0个输入"是指在执行算法时不需要输入任何信息。

输出——一个算法有 1 个或多个输出,以反映对输入数据加工后的结果。没有输出的算法是毫无意义的。

可行性——算法原则上能够精确地运行,而且人们用笔和纸做有限次运算后即可完成。

同一问题可用不同算法解决,而一个算法的优劣将影响到程序的效率。算法分析的目的在于选择合适的算法并改进算法。一个算法的评价主要从时间复杂度和空间复杂度来考虑。

(1) 时间复杂度

算法的时间复杂度是指算法需要消耗的时间资源。一般来说,计算机算法是问题规模 n 的函数 f(n),算法的时间复杂度也因此记作

$$T(n)=O(f(n))$$

因此,问题的规模 n 越大,算法执行的时间的增长率与 f(n) 的增长率正相关,称作渐进时间复杂度(Asymptotic Time Complexity)。

(2) 空间复杂度

算法的空间复杂度是指算法需要消耗的空间资源的多少。其计算和表示方法与时间复杂度类似,一般都用复杂度的渐近性来表示。同时间复杂度相比,空间复杂度的分析要简单得多。

1.2.2 链表、队列、栈的基本概念

线性表的链式存储结构:用一组任意的存储单元存储线性表的数据元素。数据元素的映象用一个结点来表示。结点的一个域表示元素本身,另一个域是指示其后继的指针,用来表示线性表数据元素的逻辑关系。

链式存储结构的特点:插入、删除操作不需要移动大量的元素,但失去了顺序表的可随机存取特点。链表可分为单链表、循环链表和双向链表。

1. 单链表的概念

链表中的每一个结点中只包含一个指针域的称为单链表或线性链表。

单链表的存储结构:在 C 语言中,用一个结构来描述:

```
struct Node {
    Element    data;
    struct Node * next;
};
```

单链表的操作:访问、插入、删除和合并。

(1) 输出链表中所有结点

```
void print(struct linklist * head)          /*输出链表所有结点*/
{struct linklist * P;
 p = head;                                  /*P指向链表第一个结点*/
 while(p! = NULL)
   {printf(" % d",p-->data);
    p = p->next}                            /*P指向下一个结点*/
   }
}
```

(2) 插入操作

仅讨论将 X 插入到第 i 个结点之后的情况,其它情况请读者自行分析。

先找到第 i 个结点,然后为插入数据申请一个存储单元,并将插入结点链接在第 i 个结点后,再将原第 i+1 个结点链接在插入结点后,完成插入操作。

```
void ins(struct linklist * head,int i,int x)           /*插入结点*/
{int j;
 struct linklist * P, * q;
 p = head;
 j = 1;
 while((pj = NULL)&&(j<i))                             /*找插入位置*/
   { P = p->next;
     j++;
   }
 q = (struet linklist * )malloc(sizeof(struet linklist));   /*产生插入结点*/
 q->data = x;
 q->next = p->next;                                    /*q插入P之后*/
 p->next = q;
}
```

本函数可作一些修改,插入成功则返回函数值 1,插入不成功则返回函数值 0。

(3) 删除操作

假设删除链表中第 i 个结点,先找到第 i-1 个结点和第 i 个结点,然后将第 i+1 个结点链接在第 i-1 个结点后,再释放第 i 个结点所占空间,完成删除操作。

```
void del(struct linklist * head,int i)           /*删除结点*/
{int j;
 struct linklist *P, * q;
 P = head;
 j = 1;
```

```
        while((p! = NULL)&&(j<i))        /* 找第 i-1 个结点和第 i 个结点指针 q、P */
        {q = p;
         p = p->next;
         j++;
        }
        if(p = = NULL)printf("找不到结点!");
        else
        {q->next = p->next;              /* 删除第 i 个结点 */
         free(p);
        }
}
```

2. 队列的概念

队列(Queue)是只允许在一端进行插入,而在另一端进行删除的运算受限的线性表。允许删除的一端称为队头(Front)。允许插入的一端称为队尾(Rear)。当队列中没有元素时称为空队列。队列亦称作先进先出(First In First Out)的线性表,简称为 FIFO 表。

队列的修改是依照先进先出的原则进行的。新来的成员总是加入队尾(即不允许"加塞"),每次离开的成员总是队列头上的(不允许中途离队),即当前"最老的"成员离队。

3. 栈的概念

栈(Stack)是限制仅在表的一端进行插入和删除运算的线性表。通常称插入、删除的这一端为栈顶(Top),另一端称为栈底(Bottom)。当表中没有元素时称为空栈。栈为后进先出(Last In First Out)的线性表,简称为 LIFO 表。

栈的修改是按照后进先出的原则进行的。每次删除(退栈)的总是当前栈中"最新"的元素,即最后插入(进栈)的元素,而最先插入的是被放在栈的底部,要到最后才能删除。

1.2.3 二叉树的遍历

1. 二叉树的概念

二叉树是一种重要的树型结构,它是 n(n≥0)个结点的有限集,其子树分为互不相交的两个集合,分别称为左子树和右子树,左子树和右子树也是符合如上定义的二叉树。二叉树不是树的特例。

2. 二叉树的 5 种形态

空(二叉树);只有根结点;根结点和左子树;根结点和右子树;根结点和左右子树。

3. 二叉树的性质

二叉树的 5 个性质非常重要,都应会证明。

性质 1 二叉树的第 i 层至多有 2^{i-1} 个结点。

性质 2 深度为 k 的二叉树至多有 2^k-1 个结点。

性质 3 对于任何一棵二叉树 T,若其终端结点(叶子)数为 n_0,度为 1 的结点数为 n_1,度为 2 的结点数 n_2,则 $n_0 = n_2+1$。

该性质应扩展到 K 叉树。

在介绍第 4 个性质前,先介绍 2 个概念:

满二叉树——深度为 k 结点数为 2k-1 的二叉树称为满二叉树。

完全二叉树——若对满二叉树的结点从上到下、从左至右进行编号,则深度为 k 且有 n 个结点的二叉树,当且仅当其每一个结点都与深度为 k 的满二叉树的编号从 1 到 n 一一对应时,称为完全二叉树。

从完全二叉树的定义可见,其叶子结点只能在最下面两层上,且从左到右的排满,即如果一个结点无左子树,那么该结点肯定不应有右子树(深度 k 的满二叉树可在最下层从右到左删除 0≤n≤2k-1-1 个结点)。

性质 4 具有 n 个结点的完全二叉树的深度是 $\lfloor \log 2n \rfloor + 1$。

性质 5 对于一棵完全二叉树,从上到下、从左至右对结点进行编号,根结点为 1,则对任一结点 i(1≤i≤n),有:

如果 i=1,则结点是二叉树的根,无双亲,否则,其双亲是 $\lfloor \frac{i}{2} \rfloor$;

如果 2i>n,则结点 i 无左子女,否则,其左子女为 2i;

如果 2i+1>n,则结点 i 无右子女,否则,其右子女为 2i+1。

4. 二叉树的遍历

遍历是二叉树上最重要的运算之一,是二叉树上进行其它运算的基础。遍历也称周游,是指按一定的规律访问二叉树的结点,使每个结点被访问一次,且只被访问一次。访问的含义可以是查询某元素、修改某元素、输出某元素的值,以及对元素作某种运算等。

二叉树遍历方法可分为两大类,一类是"宽度优先"法,即从根结点开始,由上到下、从左往右一层一层的遍历;另一类是"深度优先法",即一棵子树、一棵子树的遍历。

从二叉树结构的整体看,二叉树可以分为根结点、左子树和右子树三部分,只要遍历了这三部分,就算遍历了二叉树。设 D 表示根结点,L 表示左子树,R 表示右子树,则 DLR 的组合共有 6 种,即 DLR、DRL、LDR、LRD、RDL、RLD。若限定先左后右,则只有 DLR、LDR、LRD 三种,分别称为先(前)序法(先根次序法)、中序法(中根次序法,对称法)、后序法(后根次序法)。三种遍历的递归算法如下:

(1) 先序法(DLR)

若二叉树为空,则空操作,否则:访问根结点;先序遍历左子树;先序遍历右子树。

先序遍历的算法如下:

```
//二叉树定义。本例代码为类 C 伪码,不能直接运行
typedef struct BiTree {
    DataType Data;                          //定义数据域
    struct BiTree * LChild, * RChild;       //定义左、右子树的指针
} * BiTree;

//二叉树先序遍历
void PreTraverse(BiTree root) {
    if(root! = NULL) {
        Visit(root->data);                  //访问根节点
        PreTraverse(root->LChild);          //先序遍历左子树
        PreTraverse(root->RChild);          //先序遍历右子树
```

    }
  }

(2) 中序法(LDR)

若二叉树为空,则空操作,否则:中序遍历左子树;访问根结点;中序遍历右子树。
中序遍历的算法如下:

```
//二叉树中序遍历
void InTraverse(BiTree root) {
  if(root! = NULL) {
    InTraverse(root - >LChild);          //中序遍历左子树
    Visit(root - >data);                 //访问根节点
    InTraverse(root - >RChild);          //中序遍历右子树
  }
}
```

(3) 后序法(LRD)

若二叉树为空,则空操作,否则:后序遍历左子树;后序遍历右子树;访问根结点。
后序遍历的算法如下:

```
//二叉树后序遍历
void PostTraverse(BiTree root) {
  if(root! = NULL) {
    PostTraverse(root - >LChild);        //后序遍历左子树
    PostTraverse(root - >RChild);        //后序遍历右子树
    Visit(root - >data);                 //访问根节点
  }
}
```

1.3 数据库

早期的计算机主要用于科学计算,当计算机应用于生产管理、商业财贸、情报检索等领域时,它面对的是数量惊人的各类数据。为了有效地管理和利用这些数据,于是产生了计算机的数据管理技术。

1.3.1 数据、信息和数据处理

1. 数　据

数据是一种物理符号序列,用来记录事物的情况。数据用类型和值来表示。不同类型的数据记录的事物性质不一样。

2. 信　息

信息是现实世界事物的存在方式或运动状态的反映,是经过加工的数据。所有的信息都是数据,而只有经过提炼和抽象之后具有使用价值的数据才能成为信息。经过加工所得到的信息仍然以数据的形式出现,此时的数据是信息的载体,是人们认识信息的一种媒介。信息的

传递需要物质载体,信息的获取和传递要消费能量;信息可以感知;信息可以存储、压缩、加工、传递、共享、扩散、再生和增值。

3. 数据处理

数据处理是指对各种类型的数据进行收集、存储、分类、计算、加工、检索和传输的过程。数据处理的目的就是根据需要,从大量的数据中提取出有意义、有价值的数据,借以作为决策和行动的依据。数据处理通常也称为信息处理。

1.3.2 数据库系统概述

数据库系统实际上是一个应用系统,它由用户、数据库管理系统、存储在存储设备上的数据和计算机硬件组成。它实现了有组织、动态地存储大量关联数据,方便多用户访问。通俗地讲,数据库系统可把日常的一些表格、卡片等数据有组织地集合在一起,输入到计算机进行处理,再按一定的要求输出结果。所以,对于数据库来说,主要解决3个问题:有效地组织数据,即对数据进行合理设计,以便于计算机存取;方便地将数据输入到计算机中;根据用户的要求将数据从计算机中提取出来。

1. 数据库系统的组成

(1) 数 据

数据库系统中存储的数据,它是数据库系统操作的对象,具有集中性和共享性。所谓集中性,是指把数据库看成性质不同的数据文件的集合,其中的数据冗余很小。所谓共享性,是指多个不同用户,使用不同的语言,为了不同的应用目的可同时存取数据库中的数据。

(2) 用 户

用户是指使用数据库的人员。数据库系统中主要有终端用户、应用程序员和管理员3类用户。终端用户是指工程技术人员及管理人员,他们通过数据库系统提供的命令语言、表格语言以及菜单等交互式对话手段使用数据库中的数据。应用程序员是为终端用户编写应用程序的软件人员,他们设计的应用程序主要用于使用和维护数据库。数据库管理员(DBA)是指全面负责数据库系统正常运转的高级人员,他们负责对数据库系统本身进行深入研究。

(3) 软 件

负责数据库存取、维护和管理的软件系统,通常称为数据库管理系统。它对数据库中数据资源进行统一管理的控制,起到把用户程序和数据库数据隔离的作用。数据库管理系统是数据库系统的核心,其功能强弱体现了数据库系统性能的优劣。

(4) 硬 件

硬件指储存数据库及运行DBMS的硬资源,如磁盘、I/O信道等。

2. 数据库系统的特点

(1) 数据共享性

数据共享允许多个用户同时存取数据而不相互影响,包括3个方面:所有用户可以同时存取数据;数据库不仅可以为当前的用户服务,也可以为将来的用户服务;可以使用多种语言完成与数据库的接口。

(2) 数据独立性

数据独立是指应用程序不必随数据储存结构的改变而变动,包括2个方面:物理数据独立,数据的存储格式和组织方法改变时,不影响数据库的逻辑结构,从而不影响应用程序。

(3) 逻辑数据独立

逻辑数据独立指数据库逻辑结构的变化(如数据定义的修改、数据间联系的变更等)不会影响用户的应用程序,即用户应用程序无须修改。

(4) 减少数据冗余度

用户的逻辑数据文件和具体的物理数据文件不必一一对应,存在着"多对一"的重叠关系,有效地节省了存储资源。

(5) 数据一致性

由于数据只有一个物理备件,数据的访问不会出现不一致的情况。

1.3.3 数据库描述

现实世界是存在于人脑之外的客观世界,事物及其相互联系就处于现实世界之中。信息世界是现实世界在人们头脑中的反映。客观事物在观念世界中称为实体,反映事物联系的是实体模型。数据是信息世界中信息的数据化,现实世界中的事物及联系在这里用数据模型描述。

1. 实体模型

反映实体之间联系的模型称为实体模型。现实世界中的事物在人们头脑中反映的信息世界是用文字和符号记载下来的,描述事物使用以下术语。

(1) 实体(Entity)

客观事物在信息世界中称为实体。实体可以是具体的,如一个学生、一本书,也可以是抽象的事件,如一些足球比赛。

实体用类型(Type)和值(Value)表示,例如学生是一个实体,而具体的学生李明、王力是实体值。

(2) 实体集(Entity Set)

性质相同的同类实体的集合称为实体集,如一班学生、一批书籍。

(3) 属性(Attribute)

实体有许多特性,每一特性在信息世界中都称为属性。每个属性都有一个值,值的类型可以是整数、实数或字符型。例如学生的姓名、年龄都是学生这个实体的属性,姓名的类型为字符型,年龄的类型为整数。

属性用类型和值表示,例如学号、姓名、年龄是属性的类型,而具体的数值870101、王小艳、19是属性值。

(4) 实体联系

一对一联系:如果 A 中的任一属性至多对应 B 中的一个属性,且 B 中的任一属性至多对应 A 中的一个属性,则称 A 与 B 是一对一联系,如图 1-1 所示。例如电影院中观众与座位、乘客与车票、病人与病床都是一对一联系。

一对多联系:如果 A 中至少有一个属性对应 B 中一个以上属性,且 B 中任一属性至少对应 A 中一个属性,则称 A 与 B 是一对多联系,如图 1-2 所示。例如学校对班级、班级对学生等都是一对多联系。

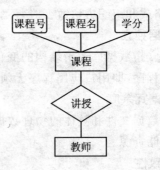

图1-1　一对一联系　　　　　图1-2　一对多联系

多对多联系：如果 A 中至少有一个属性对应 B 中一个以上属性,且 B 中也至少有一个属性对应 A 中一个以上属性,则称 A 与 B 是多对多联系。

教学情况可由学生、课程、授课、成绩等方面的情况组成。其中,学生具有属性学号、姓名、年龄、性别,课程具有属性课号、课程名称,授课具有属性教师姓名、课号、课时、班级,成绩具有属性学号、课号、分数。

学生对课程是多对多联系,因为一个学生可以学习多门课程,而一门课程又有多个学生学习。教师对课程假设是一对多联系,即一个教师可以讲授多门课程,但一门课程只能由一个教师任教。

2. 数据模型

描述数据有以下术语。

(1) 字段(Field)

对应于信息世界中的属性,也称数据项。字段的命名往往与属性名相同。

(2) 记录(Record)

字段的有序集合称为记录,它用来描述一个实体,是对应这一实体的数据。例如,组成一个学生记录的字段(数据项)有学号、姓名、年龄和性别字段,这是记录的类型,而"870101 王小艳 18 女"就是一个记录的值。

(3) 文件(File)

同一类记录的集合,例如所有的学生记录的集合就是一个学生文件。

(4) 数据模型(Data Model)

即实体模型的数据化。

(5) 关键字(Key)

能唯一标识文件中每一个记录的一个或多个字段的最小组合称为关键字。例如学生文件中,学号可以唯一地标识每个学生记录,所以学号是关键字。

数据模型的建立实际上是实体模型的数据化,为了使模型能清晰、准确地反映客观事物,并能用于数据库设计,一般应做如下工作：

① 给数据模型命名,使不同模型得以区别。

② 给每个数据项命名,以说明和区分每个记录类型具有的数据项,并确定作为记录类型主关键词的数据项。

③ 指出数据项,即类型、长度、值域。

常见的数据模型有 3 种：层次模型、网状模型和关系模型。根据这 3 种数据模型建立的数据库分别为层次数据库、网状数据库和关系数据库。

自 20 世纪 80 年代以来,大多数数据库系统都是建立在关系模型之上的。关系模型建立在严密的数学概念之上,它用"二维表格"来表示实体与实体之间的联系。数据是二维表中的元素。表格中的一行称为一个元组,相当于一个记录;表格中的一列称为一个属性,相当于记录中的一个字段。一个或若干个属性的集合称为关键词,它唯一标识一个元组。其关系应满足：

① 二维表格每一列中的元素是类型相同的数据。
② 行和列的顺序可以任意。
③ 表中元素是不可再分的最小数据项(描述对象属性的数据)。
④ 表中任意两行的记录不能完全相同,表中不允许再有表。

关系中的每个记录是唯一的,所有记录具有相同个数和类型的字段,即所有记录具有相同的固定长度和格式。

1.3.4 数据库管理系统

数据库管理系统(DBMS)是在操作系统的支持下运行的,它与操作系统之间的接口称为存储记录接口,DBMS 借助于操作系统实现数据的存储管理。它与用户之间的接口称为用户接口,DBMS 提供用户作用的数据库语言。

DBMS 是在操作系统的支持下,把用户对数据库的操作从应用程序带到用户级、概念级,再导向物理级,最终实现对内存中数据的操作。DBMS 应使数据能被各种不同的用户所共享,保证用户得到的数据是完整可靠的。

1. 数据库管理系统的功能

由于缺乏统一的标准,即使是同一类型的 DBMS,在不同的计算机系统中,它们在用户接口和其它系统性能方面也不尽相同。大型系统的功能较强、较齐全,小型系统的功能较弱。一般说来,DBMS 应具有以下几项功能。

(1) 数据库定义功能

包括全局逻辑数据结构定义、局部逻辑数据结构定义、存储结构定义、保密定义以及信息格式定义等。

(2) 数据库管理功能

包括系统控制、数据存储及更新管理、数据完整性及完全性控制、并发控制等。

(3) 数据库建立和维护功能

包括数据库的建立、更新、再组织,数据库结构维护,数据库恢复以及性能监视等。

(4) 通信功能

具备与操作系统的联机处理、分时系统及远程作业输入的相应接口。

2. 数据库管理系统的组成

(1) 数据定义语言及其翻译程序

DBMS 要提供数据库的定义功能,应具有一套数据定义语言 DDL(Data Description Language)来正确地描述数据与数据之间的联系。DBMS 根据这些数据定义从物理记录导出全局逻辑记录，又从全局逻辑记录导出应用程序所需的记录。

(2) 数据操纵语言及其编译（或解释）程序

数据操纵语言 DML（Data Manipulation Language）也称为数据子语言（DSL），是 DBMS 提供给应用程序员或者用户使用的语言工具，它用于对数据库中的数据进行插入、查找、修改和删除等操作。

(3) 数据库管理例行程序

数据库管理例行程序一般包括 3 个部分，即系统运行控制程序、语言翻译处理程序和 DBMS 的公用程序，它们完成 DBMS 的全部功能。

3. 关系模型的 3 种关系操作

关系数据库管理系统除提供数据库管理系统的一般功能外，还提供 3 种关系操作：

选择：从数据库文件中挑选出满足指定条件或指定范围的那些记录，在二维表的水平方向上选取一个子集。FoxPro 提供的命令中的范围子句和条件子句用于实现选择操作。

投影：从数据库文件中将指定的字段挑选出来，是在二维表的垂直方向上选取一个子集。FoxPro 提供的命令中的 FIELDS 子句用于实现投影操作。投影和选择常组合使用，以便从数据库中挑选出某些记录中的某些数据。

连接：按照某个条件将 2 个数据库文件连接生成一个新的数据库文件。

1.4　软件工程

1.4.1　软件工程的基本概念

1. 软件的概念和特点

计算机软件是包括程序、数据及相关文档的完整集合。其特点包括：

- 软件是一种逻辑实体；
- 软件的生产与硬件不同，它没有明显的制作过程；
- 软件在运行、使用期间不存在磨损、老化问题；
- 软件的开发、运行对计算机系统具有依赖性，受计算机系统的限制，这导致了软件移植的问题；
- 软件复杂性高，成本高昂；
- 软件开发涉及诸多的社会因素。

软件按功能分为应用软件、系统软件、支撑软件（或工具软件）。软件危机主要表现在成本、质量、生产率等问题上。

2. 软件工程的概念

软件工程是应用于计算机软件的定义、开发和维护的一整套方法、工具、文档、实践标准和工序。软件工程包括 3 个要素：方法、工具和过程。软件工程过程是把软件转化为输出的一组彼此相关的资源和活动，包含 4 种基本活动：P——软件规格说明；D——软件开发；C——软件确认；A——软件演进。

软件周期即软件产品从提出、实现、使用维护到停止使用退役的过程。软件生命周期分 3

个阶段:软件定义、软件开发、运行维护,主要活动阶段是:
① 可行性研究与计划制订;
② 需求分析;
③ 软件设计;
④ 软件实现;
⑤ 软件测试;
⑥ 运行和维护。

3. 软件工程的目标与原则

目标:在给定成本、进度的前提下,开发出具有有效性、可靠性、可理解性、可维护性、可重用性、可适应性、可移植性、可追踪性和可互操作性且满足用户需求的产品。

基本目标:付出较低的开发成本;达到要求的软件功能;取得较好的软件性能;开发软件易于移植;需要较低的费用;能按时完成开发,及时交付使用。

基本原则:抽象、信息隐蔽、模块化、局部化、确定性、一致性、完备性和可验证性。

软件工程的理论和技术性研究的内容主要包括:软件开发技术和软件工程管理。

软件开发技术包括:软件开发方法学、开发过程、开发工具和软件工程环境。

软件工程管理包括:软件管理学、软件工程经济学、软件心理学等。其中,软件管理学包括人员组织、进度安排、质量保证、配置管理、项目计划等;软件工程原则包括抽象、信息隐蔽、模块化、局部化、确定性、一致性、完备性和可验证性。

1.4.2 结构化分析方法

结构化方法的核心和基础是结构化程序设计理论。需求分析方法有结构化需求分析方法和面向对象的分析方法。从需求分析建立的模型的特性来分有静态分析和动态分析。

结构化分析方法的实质是着眼于数据流,自顶向下,逐层分解,建立系统的处理流程,以数据流图和数据字典为主要工具,建立系统的逻辑模型。

结构化分析的常用工具有:数据流图、数据字典、判定树、判定表。

数据流图:描述数据处理过程的工具,是需求理解的逻辑模型的图形表示,它直接支持系统功能建模。

数据字典:对所有与系统相关的数据元素的一个有组织的列表,以及精确的、严格的定义,使得用户和系统分析员对于输入、输出、存储成分和中间计算结果有共同的理解。数据字典是结构化分析的核心。

判定树:从问题定义的文字描述中分清哪些是判定的条件,哪些是判定的结论;根据描述材料中的连接词找出判定条件之间的从属关系、并列关系、选择关系,通过它们构造判定树。

判定表:与判定树相似,当数据流图中的加工要依赖于多个逻辑条件的取值,即完成该加工的一组动作是由于某一组条件取值的组合而引发的,使用判定表描述比较适宜。

软件需求规格说明书的特点有:正确性;无歧义性;完整性;可验证性;一致性;可理解性;可追踪性。

1.4.3 结构化设计方法

软件设计的基本目标是用比较抽象、概括的方式确定目标系统如何完成预定的任务,软件设计是确定系统的物理模型。

软件设计是开发阶段最重要的步骤，是将需求准确地转化为完整的软件产品或系统的唯一途径。

从技术观点来看，软件设计包括软件结构设计、数据设计、接口设计、过程设计。

结构设计：定义软件系统各主要部件之间的关系。

数据设计：将分析时创建的模型转化为数据结构的定义。

接口设计：描述软件内部、软件和协作系统之间以及软件与人之间如何通信。

过程设计：把系统结构部件转换成软件的过程描述。

从工程管理角度来看，还可分为：概要设计和详细设计。

软件设计的一般过程：软件设计是一个迭代的过程，先进行高层次的结构设计，后进行低层次的过程设计，穿插进行数据设计和接口设计。衡量软件模块独立性使用耦合性和内聚性两个定性的度量标准。在程序结构中各模块的内聚性越强，则耦合性越弱。优秀软件应是高内聚，低耦合。

软件概要设计的基本任务有：①设计软件系统结构；②数据结构及数据库设计；③编写概要设计文档；④概要设计文档评审。

在结构图中，模块用一个矩形表示，箭头表示模块间的调用关系，用带注释的箭头表示模块调用过程中来回传递的信息，用带实心圆的箭头表示传递的是控制信息，用带空心圆的箭头表示传递的是数据。结构图的基本形式有：基本形式、顺序形式、重复形式、选择形式。结构图有4种模块类型：传入模块、传出模块、变换模块和协调模块。

典型的数据流类型有2种：变换型和事务型。

变换型系统结构图由输入、中心变换、输出3部分组成。

事务型数据流的特点是：接受一项事务，根据事务处理的特点和性质，选择分派一个适当的处理单元，然后给出结果。

详细设计：是为软件结构图中的每一个模块确定实现算法和局部数据结构，用某种选定的表达工具表示算法和数据结构的细节。

常见的过程设计工具有：图形工具（程序流程图）、表格工具（判定表）、语言工具（PDL）。

1.4.4 软件测试

软件测试定义：使用人工或自动手段来运行或测定某个系统的过程，其目的在于检验它是否满足规定的需求或弄清预期结果与实际结果之间的差别。

软件测试的目的：发现错误而执行程序的过程。

软件测试的方法：静态测试和动态测试。

静态测试包括代码检查、静态结构分析、代码质量度量。不实际运行软件，主要通过人工进行。

动态测试是基本的计算机测试，主要包括白盒测试和黑盒测试两种方法。

白盒测试：在程序内部进行，主要用于完成软件内部操作的验证。主要方法有逻辑覆盖、基本基路径测试。

黑盒测试：主要诊断功能不对或遗漏、界面错误、数据结构或外部数据库访问错误、性能错误、初始化和终止条件错，用于软件确认。主要方法有等价类划分法、边界值分析法、错误推测法、因果图等。

软件测试过程一般分为 4 个步骤进行：单元测试、集成测试、验收测试（确认测试）和系统测试。

1.4.5　程序的调试

程序调试的任务是诊断和改正程序中的错误，主要在开发阶段进行。

程序调试的基本步骤如下：

① 错误定位；

② 修改设计和代码，以排除错误；

③ 进行回归测试，防止引进新的错误。

软件调试可分为静态调试和动态调试。静态调试主要是指通过人的思维来分析源程序代码和排错，是主要的设计手段，而动态调试是辅助静态调试。主要调试方法有：

① 强行排错法；

② 回溯法；

③ 原因排除法。

本章小结

本章从计算机二级等级考试大纲出发，介绍了公共基础知识部分的要点，简单阐述了结构化程序设计的概念、方法和特点、面向对象程序设计的方法和特点、数据结构的基本概念、算法的概念和特点、链表、队列和栈的基本概念、二叉树的遍历规则、数据库系统的基本概念和组成以及软件工程的思想。

历年试题汇集

1. 【2000.4】下列叙述中正确的是_____。
   A）显示器和打印机都是输出设备　　B）显示器只能显示字符
   C）通常的彩色显示器都有 7 种颜色　　D）打印机只能打印字符和表格
2. 【2000.4】微型计算机中运算器的主要功能是进行_____。
   A）算术运算　　B）逻辑运算　　C）算术和逻辑运算　　D）初等函数运算
3. 【2000.4】COMMAND.COM 是 DOS 系统的最外层模块，通常称之为_____。
   A）引导程序　　B）输入/输出系统　　C）命令处理系统　　D）文件管理系统
4. 【2000.4】电子邮件是_____。
   A）网络信息检索服务
   B）通过 Web 网页发布的公告信息
   C）通过网络实时交互的信息传递方式
   D）一种利用网络交换信息的非交互式服务
5. 【2000.4】与十进制数 225 相等的二进制数是_____。
   A）11101110　　B）11111110　　C）10000000　　D）11111111

6.【2000.4】下列叙述中正确的是_____。
   A) 指令由操作数和操作码两部分组成
   B) 常用参数 xxMB 表示计算机的速度
   C) 计算机的一个字长总是等于两个字节
   D) 计算机语言是完成某一任务的指令集

7.【2000.4】计算机的内存储器比外存储器_____。
   A) 价格低　　　B) 存储容量大　　　C) 读/写速度快　　　D) 读/写速度慢

8.【2000.4】设当前盘为 C 盘,执行 DOS 命令"COPY B:\A.TXT PRN"之后,结果是_____。
   A) B 盘上的 A.TXT 文件被复制到 C 盘的 PRN 文件
   B) 屏幕上显示 B 盘上的 A.TXT 文件内容
   C) B 盘上的 A.TXT 文件内容在打印机上输出
   D) B 盘上的 A.TXT 文件被复制到 B 盘上的 PRN 文件

9.【2000.4】要将当前盘当前目录下的两个文件 X1.TXT 和 B1.TXT 连接起来之后存入 B 盘当前目录下并且命名为 Z.TXT,无论 B 盘当前目录是什么,完成这件任务可以使用的命令是_____。
   A) COPY A:X1.TXT+C:B1.TXT Z.TXT
   B) COPY X1.TXT+C:\WS\B1.TXT B:\Z.TXT
   C) COPY A:X1.TXT+C:\WS\B1.TXT
   D) COPY X1.TXT+B1.TXT B:Z.TXT

10.【2000.4】下列四组 DOS 命令中,功能等同的一组是_____。
   A) COPY A:*.* B: 与 DISKCOPY A: B:
   B) COPY ABC.TXT+XYZ.TXT 与 TYPE XYZ.TXT>>ABC.TXT
   C) COPY ABC.TXT+XYZ.TXT 与 COPY XYZ.TXT+ABC.TXT
   D) TYPE *.FOR>CON 与 COPY *.FOR CON

11.【2000.4】设当前目录为 D:\BB,现要把 D:\AA 目录下首字符是 A 的文本文件全部删除,应该使用命令_____。
   A) DEL A*.TXT　　　　　　　B) DEL \AA\A.TXT
   C) DEL \AA\A*.TXT　　　　　D) DEL \AA\A?.TXT

12.【2000.4】在 Windows 中,启动应用程序的正确方法是_____。
   A) 用鼠标指向该应用程序图标
   B) 将该应用程序窗口最小化成图标
   C) 将该应用程序窗口还原
   D) 用鼠标双击该应用程序图标

13.【2000.4】在 Windows 中,终止应用程序执行的正确方法是_____。
   A) 将该应用程序窗口最小化成图标
   B) 用鼠标双击应用程序窗口右上角的还原按钮
   C) 用鼠标双击应用程序窗口中的标题栏
   D) 用鼠标双击应用程序窗口左上角的控制菜单框

14.【2000.4】在微机系统中,对输入/输出设备进行管理的基本程序模块(BIOS)存放在_____。
　　A) RAM 中　　　　B) ROM 中　　　　C) 硬盘中　　　　D) 寄存器中

15.【2000.4】使计算机病毒传播范围最广的媒介是_____。
　　A) 硬磁盘　　　　B) 软磁盘　　　　C) 内部存储器　　　　D) 互联网

16.【2000.4】计算机网络按通信距离来划分,可分为局域网和广域网。因特网属于_____。

17.【2000.4】当前盘是 C,确保在 D 盘的根目录下建立一个子目录 USER 的一条 DOS 命令是_____。

18.【2000.4】要将当前盘当前目录中所有扩展名为.TXT 的文件内容显示在屏幕上的 DOS 命令是_____。

19.【2000.4】DOS 命令分为内部命令和外部命令,CHKDSK 命令是_____命令。

20.【2000.4】在 Windows 中,为了终止一个应用程序的运行,首先单击该应用程序窗口中的"控制"菜单框,然后在"控制"菜单中单击"_____"命令。

21.【2000.9】下列电子邮件地址中正确的是(其中□表示空格)_____。
　　A) Malin&ns.cnc.ac.cn　　　　B) malin@ns.cac.ac.cn
　　C) Lin□Ma&ns.cnc.ac.cn　　　D) Lin□Ma@ns.cnc.ac.cn

22.【2000.9】下列说法中正确的是_____。
　　A) 为了使用 Novell 网提供的服务,必须采用 FTP 协议
　　B) 为了使用 Internet 提供的服务,必须采用 TELNET 协议
　　C) 为了使用 Novell 网提供的服务,必须采用 TCP/IP 协议
　　D) 为了使用 Internet 提供的服务,必须采用 TCP/IP 协议

23.【2000.9】下列说法中不正确的是_____。
　　A) 调制解调器(Modem)是局域网络设备
　　B) 集线器(Hub)是局域网络设备
　　C) 网卡(NIC)是局域网络设备
　　D) 中继器(Repeater)是局域网络设备

24.【2000.9】十进制数 397 的十六进制值为_____。
　　A) 18D　　　　B) 18E　　　　C) 277　　　　D) 361

25.【2000.9】下列说法中不正确的是_____。
　　A) CD-ROM 是一种只读存储器但不是内存储器
　　B) CD-ROM 驱动器是多媒体计算机的基本部分
　　C) 只有存放在 CD-ROM 盘上的数据才称为多媒体信息
　　D) CD-ROM 盘上最多能够存储约 650 MB 的信息

26.【2000.9】Windows 应用环境中鼠标的拖动操作不能完成的是_____。
　　A) 当窗口不是最大时,可以移动窗口的位置
　　B) 当窗口最大时,可以将窗口缩小成图标
　　C) 当窗口有滚动条时可以实现窗口内容的滚动
　　D) 可以将一个文件移动(或复制)到另一个目录中去

27.【2000.9】从 Windows 中启动 MS－DOS 方式进入了 DOS 状态,如果想回到 Windows 状态,在 DOS 提示符下,应键入的命令为_____。
　　　A) EXIT　　　　B) QUIT　　　　C) WIN　　　　D) DOS－U

28.【2000.9】要在 Windows 标准窗口的下拉菜单中选择命令,下列操作错误的是_____。
　　　A) 用鼠标单击该命令选项
　　　B) 用键盘上的上下方向键将高亮度条移至该命令选项后再按回车键
　　　C) 同时按下 ALT 键与该命令选项后括号中带有下划线的字母键
　　　D) 直接按该命令选项后面括号中带有下划线的字母键

29.【2000.9】ASCII 码(含扩展)可以用一个字节表示,则可以表示的 ASCII 码值个数为_____。
　　　A) 1024　　　　B) 256　　　　C) 128　　　　D) 80

30.【2000.9】字长为 32 位的计算机是指_____。
　　　A) 该计算机能够处理的最大数不超过 2^{32}
　　　B) 该计算机中的 CPU 可以同时处理 32 位的二进制信息
　　　C) 该计算机的内存量为 32 MB
　　　D) 该计算机每秒钟所能执行的指令条数为 32 MIPS

31.【2000.9】在 DOS 系统中,下列文件名中非法的是_____。
　　　A) ABCDEFG1　　　　　　B) ABCDEFG1.234
　　　C) ABCD_EFG　　　　　　D) ABCD\EFG

32.【2000.9】DOS 系统启动后,下列文件中驻留内存的是_____。
　　　A) CONFIG.SYS　　　　　B) COMMAND.COM
　　　C) AUTOEXEC.BAT　　　　D) MEM.EXE

33.【2000.9】DOS 下的"DIR ＊2"命令将列出当前目录下的_____。
　　　A) 所有名字末尾为字符 2 的非隐含文件和目录
　　　B) 所有名字末尾为字符 2 的非隐含文件
　　　C) 所有非隐含文件
　　　D) 所有非隐含文件和目录

34.【2000.9】软驱的盘符为 A,A 盘上只有一个目录\XYZ,而\XYZ 下有若干子目录和文件,若想把 A 盘的所有内容复制到 C 盘根目录下,应使用的命令为_____。
　　　A) COPY A:\＊.＊　　C:　　　　B) COPY　A:\＊.＊　C:\＊.＊
　　　C) XCOPY A:\＊.＊　　C:\ /S　　　D) DISKCOPY　A:　C:

35.【2000.9】若要将当前盘目录下的文件 A.TXT 连接在文件 B.TXT 后面,应使用的命令为_____。
　　　A) COPY A.TXT＞＞B.TXT　　　　B) MOVE A.TXT＞＞B.TXT
　　　C) PATH A.TXT＞＞B.TXT　　　　D) TYPE A.TXT＞＞B.TXT

36.【2000.9】在 DOS 状态下,当执行当前盘目录中的程序 A.EXE 时,为了将本该在屏幕上显示的运行结果输出到文件 A.DAT 中,应使用的 DOS 命令为_____。

37.【2000.9】XCOPY、PATH、TREE 这 3 个 DOS 命令中,属于内部命令的是_____。

38.【2000.9】设当前盘为 C 盘,为了将当前盘当前目录中第 3 个字符为 X 的所有文件同名复制到 A 盘的当前目录中,应使用的 DOS 命令为_____。

39.【2000.9】要将当前盘的目录 A\B\C 设置为当前目录,应使用的 DOS 命令为_____。

40.【2000.9】计算机网络按通信距离划分为局域网与广域网,Novell 网属于_____。

41.【2001.4】计算机的存储器完整的应包括_____。
　　A) 软盘、硬盘　　　　　　　　　B) 磁盘、磁带、光盘
　　C) 内存储器、外存储器　　　　　D) RAM、ROM

42.【2001.4】计算机中运算器的作用是_____。
　　A) 控制数据的输入/输出　　　　　B) 控制主存与辅存间的数据交换
　　C) 完成各种算术运算和逻辑运算　 D) 协调和指挥整个计算机系统的操作

43.【2001.4】软磁盘处于写保护状态时,其中记录的信息_____。
　　A) 绝对不会丢失
　　B) 不能被擦除,但能追加新信息
　　C) 不能通过写磁盘操作被更新
　　D) 不能以常规方式被删除,但可以通过操作系统的格式化功能被擦除

44.【2001.4】光盘根据基质制造材料和记录信息的方式不同,一般可分为_____。
　　A) CD、VCD
　　B) CD、VCD、DVD、MP3
　　C) 只读光盘、可一次性写入光盘、可擦写光盘
　　D) 数据盘、音频信息盘、视频信息盘

45.【2001.4】在计算机系统中,可执行程序是_____。
　　A) 源代码　　　　　　　　　　　B) 汇编语言代码
　　C) 机器语言代码　　　　　　　　D) ASCII 码

46.【2001.4】计算机软件系统包括_____。
　　A) 操作系统、网络软件　　　　　　　　　B) 系统软件、应用软件
　　C) 客户端应用软件、服务器端系统软件　　D) 操作系统、应用软件和网络软件

47.【2001.4】目前,一台计算机要连入 Internet,必须安装的硬件是_____。
　　A) 调制解调器或网卡　　　　　　B) 网络操作系统
　　C) 网络查询工具　　　　　　　　D) WWW 浏览器

48.【2001.4】在多媒体计算机系统中,不能存储多媒体信息的是_____。
　　A) 光盘　　　B) 磁盘　　　C) 磁带　　　D) 光缆

49.【2001.4】要将当前盘当前目录下一个文本文件内容显示在屏幕上,正确的命令形式是_____。
　　A) TYPE　a*.*　　　　　　　　 B) TYPE　abc.exe
　　C) TYPE　pro.c>PRN　　　　　　D) TYPE　abc.txt

50.【2001.4】下列更改文件名的命令中正确的是_____。
　　A) REN　A:file1　C:F1　　　　　B) RENAME　A：A:file1　C:F1
　　C) REN　A:file1　F1　　　　　　D) REN　A:file1　\SUB\F1

51.【2001.4】已知 A 盘为 DOS 系统启动盘,只有 A:\DOS 下有自动批处理文件,其中内容为:

CD\DOS
MD USER
CD USER

由 A 盘启动 DOS 系统后,A 盘的当前目录是_____。
   A) \DOS   B) \DOS\USER   C) \   D) \USER

52.【2001.4】MS-DOS 是_____。
   A) 分时操作系统   B) 分布式操作系统
   C) 单用户、单任务操作系统   D) 单用户、多任务操作系统

53.【2001.4】在 Windows 操作系统中,不同文档之间互相复制信息需要借助于_____。
   A) 剪切板   B) 记事本   C) 写字板   D) 磁盘缓冲器

54.【2001.4】在 Windows 操作系统中_____。
   A) 同一时刻可以有多个活动窗口
   B) 同一时刻可以有多个应用程序在运行,但只有一个活动窗口
   C) 同一时刻只能有一个打开的窗口
   D) DOS 应用程序窗口与 Windows 应用程序窗口不能同时打开着

55.【2001.4】下列叙述中正确的是_____。
   A) 所有 DOS 应用程序都可以在 Windows 操作系统中正确运行
   B) 所有 DOS 应用程序都不能在 Windows 操作系统中正确运行
   C) 大部分 DOS 应用程序可以在 Windows 操作系统中正确运行
   D) 为 DOS5.0 以上版本操作系统编写的应用程序可以在 Windows 操作系统中正确运行

56.【2001.4】计算机领域中,通常用英文单词"Byte"表示_____。

57.【2001.4】在 DOS 环境下,自动批处理的文件名为_____。

58.【2001.4】要将当前盘当前目录下所有扩展名为.TXT 的文件内容在打印机上打印输出,应使用的单条 DOS 内部命令为_____。

59.【2001.4】在 Windows 环境下,可以利用单击、双击、拖动这 3 种鼠标操作之一的_____操作实现窗口的移动。

60.【2001.4】在 Windows 环境下,可以将窗口最小化为_____。

61.【2001.9】在计算机系统中,一个字节的二进制位数为_____。
   A) 16   B) 8   C) 4   D) 由 CPU 的型号决定

62.【2001.9】存储 16×16 点阵的一个汉字信息,需要的字节数为_____。
   A) 32   B) 64   C) 128   D) 256

63.【2001.9】英文大写字母 B 的 ASCII 码为 42H,英文小写字母 b 的 ASCII 码为_____。
   A) 43H   B) 84H   C) 74H   D) 62H

64.【2001.9】下列计算机语言中,CPU 能直接识别的是_____。
   A) 自然语言   B) 高级语言   C) 汇编语言   D) 机器语言

65.【2001.9】在计算机领域中,所谓"裸机"是指_____。
   A) 单片机
   B) 单板机
   C) 不安装任何软件的计算机
   D) 只安装操作系统的计算机

66.【2001.9】下列带有通配符的文件名中,能代表文件 ABCDEF.DAT 的是_____。
   A) A*.*   B) ? F.*   C) *.?   D) AB?.*

67.【2001.9】下列 DOS 命令中,执行时不会发生错误的是_____。
   A) TYPE *.TXT   B) DIR *.TXT
   C) REN A.TXT A:b.TXT   D) COPY *.TXT>CON

68.【2001.9】设当前盘为 C 盘,C 盘的当前目录为\A\B\C。下列 DOS 命令中能正确执行的是_____。
   A) MD \   B) MD A:\   C) MD \A\B   D) CD C:

69.【2001.9】为了将 C:USER 中的文件 FILE.TXT 同名复制到 A 盘根目录下,下列 DOS 命令中能正确执行的是_____。
   A) TYPE C:\USER\FILE.TXT > A:\FILE.TXT
   B) TYPE C:\USER\FILE.TXT   A:\FILE.TXT
   C) COPY C:\USER\FILE.TXT > A:\FILE.TXT
   D) COPY C:\USER\FILE.TXT

70.【2001.9】在 Windows 下,当一个应用程序窗口被最小化后,该应用程序_____。
   A) 终止运行   B) 暂停运行
   C) 继续在后台运行   D) 继续在前台运行

71.【2001.9】在 Windows 环境下,下列操作中与剪贴板无关的是_____。
   A) 剪切   B) 复制   C) 粘贴   D) 删除

72.【2001.9】在 Windows 环境下,实现窗口移动的操作是_____。
   A) 用鼠标拖动窗口中的标题栏   B) 用鼠标拖动窗口中的控制按钮
   C) 用鼠标拖动窗口中的边框   D) 用鼠标拖动窗口中的任何部位

73.【2001.9】一台计算机连入计算机网络后,该计算机_____。
   A) 运行速度会加快   B) 可以共享网络中的资源
   C) 内存容量变大   D) 运行精度会提高

74.【2001.9】不能作为计算机网络中传输介质的是_____。
   A) 微波   B) 光纤   C) 光盘   D) 双绞线

75.【2001.9】下列各项中,不属于多媒体硬件的是_____。
   A) 声卡   B) 光盘驱动器
   C) 显示器   D) 多媒体制作工具

76.【2001.9】为了将当前盘当前目录中的所有文本文件(扩展名为.TXT)的内容打印输出,正确的单条 DOS 命令为_____。

77.【2001.9】设当前盘为 C 盘。为了在 A 盘的当前目录\USER 下建立一个新的子目录 X,正确的 DOS 命令为_____。

78. 【2001.9】XCOPY、COPY、TIME 这 3 个 DOS 命令中，属于外部命令的是_____。
79. 【2001.9】在 32 位的计算机中，一个字长等于_____个字节。
80. 【2001.9】计算机网络分为局域网和广域网，因特网属于_____。
81. 【2002.4】在计算机中，一个字长的二进制位数是_____。
    A) 8　　　　　B) 16　　　　　C) 32　　　　　D) 随 CPU 的型号而定
82. 【2002.4】计算机网络的突出优点是_____。
    A) 速度快　　　B) 资源共享　　C) 精度高　　　D) 容量大
83. 【2002.4】计算机网络能传送的信息是_____。
    A) 所有的多媒体信息　　　　　　B) 只有文本信息
    C) 除声音外的所有信息　　　　　D) 文本和图像信息
84. 【2002.4】切断计算机电源后，下列存储器中的信息会丢失的是_____。
    A) RAM　　　　B) ROM　　　　C) 软盘　　　　D) 硬盘
85. 【2002.4】十进制数 127 转换成二进制数是_____。
    A) 11111111　　B) 01111111　　C) 10000000　　D) 11111110
86. 【2002.4】要想打印存放在当前盘当前目录上所有扩展名为 .TXT 的文件内容，应该使用的 DOS 命令为_____。
    A) DIR ＊.TXT>PRN　　　　　　B) TYPE ＊.TXT>PRN
    C) COPY ＊.TXT PRN　　　　　D) COPY ＊.TXT>PRN
87. 【2002.4】将当前盘当前目录及其子目录中的全部文件（总量不足 1.2MB）复制到一张空的 A 盘的根目录下，应该使用的 DOS 命令为_____。
    A) XCOPY ＊.＊ A:\ /M　　　　B) XCOPY ＊.＊ A:\ /S
    C) XCOPY ＊.＊ A:\ /P　　　　D) XCOPY ＊.＊ A:\ /A
88. 【2002.4】在 C 盘根目录下执行 PROMPT pg 命令之后，DOS 的提示符变为_____。
    A) C:>　　　　B) C:\>　　　　C) C>　　　　　D) C:\
89. 【2002.4】DOS 命令"COPY CON DISP"中的 CON 代表_____。
    A) 子目录　　　B) 磁盘文件　　C) 键盘　　　　D) 显示器
90. 【2002.4】结构化程序设计所规定的 3 种基本控制结构是_____。
    A) 输入、处理、输出　　　　　　B) 树形、网形、环形
    C) 顺序、选择、循环　　　　　　D) 主程序、子程序、函数
91. 【2002.4】要把高级语言编写的源程序转换为目标程序，需要使用_____。
    A) 编辑程序　　B) 驱动程序　　C) 诊断程序　　D) 编译程序
92. 【2002.4】英文小写字母 d 的 ASCII 码为 100，英文大写字母 D 的 ASCII 码为_____。
    A) 50　　　　　B) 66　　　　　C) 52　　　　　D) 68
93. 【2002.4】Windows 环境下，PrintScreen 键的作用是_____。
    A) 复制当前窗口到剪贴板　　　　B) 打印当前窗口的内容
    C) 复制屏幕到剪贴板　　　　　　D) 打印屏幕内容

94.【2002.4】在 Windows 环境下,为了终止应用程序的运行,应_____。
   A) 关闭该应用程序窗口   B) 最小化该应用程序窗口
   C) 双击该应用程序窗口的标题栏   D) 将该应用程序窗口移出屏幕

95.【2002.4】下列各带有通配符的文件名中,能代表文件 XYZ.TXT 的是_____。
   A) ＊Z.？   B) X＊.＊   C) ？Z,TXT   D) ?.?

96.【2002.4】为了要将当前盘目录中的可执行程序 ABC.EXE 的输出结果存放到当前盘当前目录中的文件 OUT.TXT 中,则应使用的 DOS 命令为_____。

97.【2002.4】计算机网络分为广域网和局域网,因特网属于_____。

98.【2002.4】要想在当前目录下方便地执行 C 盘\UCDOS 目录中的程序,就应该先执行预设搜索路径的命令,该 DOS 命令为_____。

99.【2002.4】要查看当前目录中扩展名为.DAT 的所有文件目录,应该使用的 DOS 命令为_____。

100.【2002.4】在 Windows 环境下,当进行复制操作时,其复制的内容将存放在_____中。

第 2 章

C 语言程序设计概述

【本章考点和学习目标】
1. 掌握程序的构成、main 函数和其它函数。
2. 掌握头文件、数据说明、函数的开始和结束标志以及程序中的注释。
3. 掌握源程序的书写格式以及基本的编程环境。
4. 了解 C 语言的风格。

【本章重难点】
掌握源程序的书写格式以及基本编程环境。

C 语言编写的程序既有操作系统、编译程序、汇编程序、数据库管理程序等系统软件,也有数值计算、文字处理、控制系统、游戏等应用软件。

2.1 C 语言概述

2.1.1 C 语言的发展

对 C 语言的研究起源于系统程序设计的深入研究和发展。C 语言的前身是 ALGOL60,1963 年英国的剑桥大学和伦敦大学将 ALGOL60 发展成 CPL(Combined Programming Language,混合编程语言)。1967 年,英国剑桥大学的 M. Richards 在 CPL 语言的基础上,实现并推出了 BCPL(Basic Combined Programming Language,基础混合编程语言)语言。1970 年,美国贝尔实验室的 K. Thompson 以 BCPL 语言为基础,设计了一种类似于 BCPL 的语言,称为 B 语言。他用 B 语言在 PDP-7 机上实现了第一个实验性的 UNIX 操作系统。1972 年,贝尔实验室的 Dennis M. Ritchie 为克服 B 语言的诸多不足,在 B 语言的基础上重新设计了一种语言,由于是 B 语言的后继,故称为 C 语言。到了 1973 年,K. Thompson 和 Dennis M. Ritchie 两个人合作把 UNIX 90%以上的内容用 C 语言进行了改写,即大家熟知的 UNIX 第 5 版。1977 年出现了独立于机器的 C 语言编译文本。1978 年,贝尔实验室正式发表了 C 语言。1983 年,ANSI(American National Standards Institute)为 C 语言制定了新的标准,称为 ANSI C。ANCI C 标准于 1989 年被采用,该标准一般称为 ANSI/ISO Standard C。于是,1989 年定义的 C 标准定义为 C89,到了 1995 年出现了 C 的修订版,其中增加了一些库函数,出现了初步的 C++,在此基础上,C89 成为 C++的子集。此后,C 语言不断发展,在 1999 年又推出了 C99,C99 在基本保留了 C 特性的基础上增加了一系列新的特性,随后又几经修改和完善,它也从面向过程的编程语言发展到面向对象的程序设计语言,目前可在微机上运行的 C 语言版本主要有 Microsoft C/C++、Turbo C、Quick C、Visual C/C++等版本。

2.1.2 C语言的特点

早期的C语言主要是用于UNIX系统。由于C语言的强大功能和各方面的优点逐渐被人们所认识,到了20世纪80年代,C开始进入其它操作系统,并很快在各类大、中、小和微型计算机上得到了广泛的使用,成为当代最优秀的程序设计语言之一。

C语言的特点如下:

① 简洁、紧凑,使用方便、灵活。

ANSI C 一共只有32个关键字:auto、break、case、char、const、continue、default、do、double、else、enum、extern、float、for、goto、if、int、long、register、return、short、signed、static、sizeof、struct、switch、typedef、union、unsigned、void、volatile、while。

9种控制语句,程序书写自由,主要用小写字母表示,压缩了一切不必要的成分。

【注意】在C语言中,关键字都是小写的。

② 运算符丰富,数据结构类型丰富。

运算符共有34种。C把括号、赋值、逗号等都作为运算符处理,从而使C的运算类型极为丰富,可以实现其它高级语言难以实现的运算。

③ 具有结构化的控制语句。

C语言提供了结构化程序所需的基本控制语句:如用于选择结构的 if 语句和 switch 语句;用于循环结构的 while 语句和 for 语句。这种结构化方式可使程序层次清晰,便于使用、维护以及调试。C语言的源程序由函数组成,每个函数都是独立的模块,可单独编译,生成目标代码,也可以与其它语言连接生成可执行文件,而且调试、维护起来比较方便。

④ 语法限制不太严格,程序设计自由度大。

⑤ C语言允许直接访问物理地址,可以进行位(bit)操作,可以实现汇编语言的大部分功能,可以直接对硬件进行操作。因此,有人把它称为中级语言。生成目标代码质量高,程序执行效率高。

⑥ 与汇编语言相比,用C语言写的程序可移植性好。

综上所述,C语言把高级语言的基本结构与低级语言的高效实用性很好地结合起来,不失为一个出色而有效的现代通用程序设计语言。但是,C语言对程序员要求也高,程序员用C写程序会感到限制少、灵活性大、功能强,但较其它高级语言在学习上要困难一些。

2.2 简单的C程序构成及格式

为了说明C语言源程序结构的特点,先看以下几个程序。这几个程序由简到难,表现了C语言源程序在组成结构上的特点。虽然有关内容还未介绍,但可从这些例子中了解到组成一个C源程序的基本部分和书写格式。

【例2.1】
```
main()
{
    printf("世界,您好! \n");
```

}

main 是主函数的函数名,表示这是一个主函数。每一个 C 源程序都必须有,且只能有一个主函数(main 函数)。函数调用语句,printf 函数的功能是把要输出的内容送到显示器去显示。printf 函数是一个由系统定义的标准函数,可在程序中直接调用。

【例 2.2】

```
#include<math.h>
#include<stdio.h>
main()
{
    double x,s;                    /* 说明部分 */
    printf("input number:\n");     /* 以下为执行部分 */
    scanf("%lf",&x);
    s=sin(x);
    printf("sine of %lf is %lf\n",x,s);
}
```

程序的功能是从键盘输入一个数 x,求 x 的正弦值,然后输出结果。include 称为文件包含命令;扩展名为.h 的文件称为头文件;程序中定义了两个实型变量,以备后面程序使用,接着显示提示信息,从键盘获得一个实数 x,求 x 的正弦,并把它赋给变量 s。最后显示程序运算结果。主函数 main 函数结束。

预处理命令还有其它几种,这里的 include 称为文件包含命令,其意义是把尖括号(〈〉)或引号("")内指定的文件包含到本程序来,成为本程序的一部分。被包含的文件通常是由系统提供的,其扩展名为.h。因此,也称为头文件或首部文件。C 语言的头文件中包括了各个标准库函数的函数原型。因此,凡是在程序中调用一个库函数时,都必须包含该函数原型所在的头文件。在本例中,使用了 3 个库函数:输入函数 scanf、正弦函数 sin 和输出函数 printf。sin 函数是数学函数,其头文件为 math.h 文件,因此在程序的主函数前用 include 命令包含了 math.h。scanf 和 printf 是标准输入/输出函数,其头文件为 stdio.h,在主函数前也用 include 命令包含了 stdio.h 文件。

需要说明的是,C 语言规定对 scanf 和 printf 这两个函数可以省去对其头文件的包含命令。所以在本例中也可以删去第二行的包含命令#include<stdio.h>。同样,在例 2.1 中使用了 printf 函数,也省略了包含命令。

在例题中的主函数体中又分为两部分,一部分为说明部分,另一部为分执行部分。说明是指变量的类型说明。例 2.1 中未使用任何变量,因此无说明部分。C 语言规定,源程序中所有用到的变量都必须先说明后使用,否则将会出错。说明部分是 C 源程序结构中很重要的组成部分。本例中使用了两个变量 x 和 s,用来表示输入的自变量和 sin 函数值。由于 sin 函数要求这两个量必须是双精度浮点型,故用类型说明符 double 来说明这两个变量。说明部分后的 4 行为执行部分或称为执行语句部分,用以完成程序的功能。执行部分的第一行是输出语句,调用 printf 函数在显示器上输出提示字符串,请操作人员输入自变量 x 的值。第二行为输入语句,调用 scanf 函数,接受键盘上输入的数并存入变量 x 中。第三行是调用 sin 函数并把函数值送到变量 s 中。第四行是用 printf 函数输出变量 s 的值,即 x 的正弦值。程序结束。

总结 C 源程序结构特点如下：
➢ 一个 C 语言源程序可以由 1 个或多个源文件组成。
➢ 每个源文件可由 1 个或多个函数组成。
➢ 一个源程序不论由多少个文件组成，都有 1 个且只能有 1 个 main 函数，即主函数。
➢ 源程序中可以有预处理命令（include 命令仅为其中的一种），预处理命令通常应放在源文件或源程序的最前面。
➢ 每一个说明，每一个语句都必须以分号结尾。但预处理命令，函数头和花括号"}"之后不能加分号。
➢ 标识符，关键字之间必须至少加一个空格以示间隔。若已有明显的间隔符，也可不再加空格来间隔。
➢ 可以使用/ * …… * /对 C 程序中任何部分进行注释，提高程序的可读性。

2.3　C 语言开发工具

2.3.1　C 语言的执行过程

C 语言程序的上机执行过程一般要经过编辑、编译、连接和运行 4 个步骤，如图 2-1 所示。下面分别说明程序的执行过程。

图 2-1　C 语言的执行过程

① 编辑 C 源程序。编辑是用户把编写好的 C 语言源程序输入计算机，并以文本文件的形式存放在磁盘上。其标识为"文件名.c"。其中文件名是由用户指定的符合 C 标识符规定的任意字符组合，扩展名要求为".c"，表示是 C 源程序，例如 a.c 和 sum.c 等。

② 编译 C 源程序。编译是把 C 语言源程序翻译成用二进制指令表示的目标文件。编译过程由 C 编译系统提供的编译程序完成。编译程序自动对源程序进行句法和语法检查，当发现错误时，就将错误的类型和所在的位置显示出来，提供给用户，以帮助用户修改源程序中的错误。如未发现句法和语法错误，则生成目标文件"文件名.obj"。扩展名".obj"是目标程序的文件类型标识。

③ 程序链接。程序链接过程是用系统提供的链接程序 LINK 将目标程序、库函数或其它目标程序链接生成可执行程序。可执行程序的文件名为"文件名.exe"，扩展名".exe"是可执行程序的文件类型标识。有的 C 编译系统把编译和链接放在一个命令文件中，用一条命令即可完成编译和链接，减少了操作步骤。

④ 运行程序。运行程序是指将可执行程序投入运行，以获取程序处理的结果。如果程序运行结果不正确，可重新回到第①步，重新对程序进行编辑、编译和运行。

必须指出的是，对不同型号计算机上的 C 语言版本，上机环境各不相同，编译系统支持性能各异，但逻辑上是基本相同的。目前在常用的 C 语言编译系统中，Borland International 公司的 Turbo C 和 Microsoft 公司的 Microsoft C、Quick C 等都被广泛使用。目前二级考试上机环境采用的是 Visual C++，这里重点介绍一下 Visual C++开发环境。

2.3.2　Visual C++开发环境介绍

VC++6.0 集成开发环境是集程序文件的输入、编辑、编译、链接、运行等各种操作为一体的、具有 Windows 窗口界面特色的环境。

使用 VC++6.0 编写程序的流程：可以先用文本编辑工具编写 C 程序，其文件后缀为 .cpp，这种形式的程序称为源代码(Source Code)，然后用编译器将源代码转换成二进制形式，文件后缀为 .obj，这种形式的程序称为目标代码(Objective Code)，最后将若干目标代码和现有的二进制代码库经过连接器连接，产生可执行代码(Executable Code)，文件后缀为 .exe，只有 .exe 文件才能运行。

1. 熟悉 Visual C++开发环境

① 启动 Developer Studio，看看初始化界面由哪些部分组成。

② 查看各级菜单项都有哪些命令。

③ 将鼠标移到左边的工作区窗口，按住鼠标左键不放，移动鼠标到屏幕中间，有什么现象发生？再将它拖到原来位置，又有什么现象发生？

④ 右击下边的输出窗口，弹出一个菜单，选择其中的菜单命令 Hide，结果如何？要重新显示该窗口，选择菜单命令 View→Output 即可。

⑤ 选择菜单命令 File→Exit，退出 Developer Studio。

2. 控制台应用程序的建立

用 Appwizard 建立一个控制台应用程序，在显示器上输出"Hello,World!"。

(1) 创建项目(Project)

首先创建一个项目，用来管理用户的应用程序。创建项目的步骤如下：

① 启动 Developer Studio。

② 从主菜单中选择菜单命令 File→New，打开 New 对话框。

③ 选择 Projects 标签，从项目列表中单击 Win32 Console Application 选项。在 project name 编辑框中键入项目的名字(如 hello)，系统将自动为用户的项目分配一个默认的目录。也可以在 Location 编辑框中重新输入项目存放路径。单击 OK 按钮继续。

④ 如果是 Visual C++6.0，系统将显示一个询问项目类型的程序向导，选择"an empty project"选项，单击 Finish 按钮显示新建项目信息，单击 Ok 按钮结束。

(2) 编辑源程序

在项目中添加一个文件：

① 从主菜单中选择菜单命令 File→New，打开 New 对话框。

② 在 New 对话框中选择 File 标签，单击 C++ Source File 选项，建立源文件(扩展名为 .cpp)。选中 Add to Project 复选框。在右边的 File name 编辑框中为文件指定一个名字，如 Hello，系统将自动加上后缀".cpp"。

这时在编辑窗口将自动打开一个新的空白文件，在文件中输入源程序。

本例中输入以下内容：

```
#include <iostream.h>
void main()
{
  cout<<"Hello,everyone!"<<endl;
}
```

仔细检查输入的内容,确保内容正确。

(3) 保存源文件

单击工具栏中的 Save 图标,或选择菜单命令 File→Save 保存源文件。

(4) 编译源文件

选择菜单命令 Build→Compile Hello.cpp 来编译源文件,如果输入的内容没有错误,那么在屏幕下方的输出窗口将会显示：

hello.obj——0 error(s),0 warning(s)

如果在编译时得到错误或警告,则表明源文件出现错误,检查源文件,改正错误后再编译,直至无误。

(5) 链接程序

选择菜单命令 Build→Build Hello.exe 链接程序,如果链接过程中没有错误,则在输出窗口会显示：

hello.exe——0 error(s),0 warning(s)

如果有错误,则应改正,然后重复步骤④、⑤,直至无误。

(6) 运行程序

选择菜单命令 Build→Execute Hello.exe 运行程序,将显示一个类似于 DOS 的窗口,在窗口中第一行输出"Hello,everyone!",第二行输出"Press any key to continue",提示用户按任意键回到开发环境。

2.4 良好的程序设计风格

程序是最复杂的,是需要用智力去把握的产品。编程时应强调程序的易读性,尤其在团队协作的情况下。一套鲜明的编程风格,可以让协作者、后继者和自己一目了然,在很短的时间内看清程序的结构,理解设计思路。

在简单的程序中,涉及编程风格的内容主要有以下 4 方面。

1. 缩进格式

缩进的大小是为了清楚地定义一个块的开始和结束.养成良好的缩进格式书写习惯,可以使得你对程序的理解更容易。另外还有一个好处就是：它能在你将程序变得嵌套层数太多的时候给出警告,告诉你应该修改程序。

人们常用的缩进格式是：逻辑上属于同一个层次的互相对齐；逻辑上属于内部层次的推到下一个对齐位置。例如：

```
if(x < max(y, z))
        sum = place[4] + y;
else
```

```
        {
            while (x)
            {
                sum += x;
                x--;
            }
            sum = sum + z;
        }
```

2. 大括号的位置

经典的《C语言程序设计》[14]将开始的大括号放在一行的最后,而将结束大括号放在一行的第一位,函数体的"{"和"}"则在最左边,如下:

```
if (x is true)
{
    we do y
}
```

3. 符号的声明和命名方式

C是一种简洁的语言,那么,命名也应该是简洁的。采用直观的符号为常量、变量、函数等命名,在团队开发中应有一套命名规范。

例如:

```
#define  TRUE   1
#define  FALSE  0
/* 判断正整数d是否为素数,若是返回TRUE,否则返回FALSE */
int  isPrime(int d)
{
    int  i;
    if (d < 2)
        return FALSE;
    for(i = 2; i <= (int)sqrt(d); i++)
    {
        if ( d % i == 0 )
            return FALSE;
    }
    return  TRUE;
}
int  isPrime(int d)
{
    int  i;
    if (d < 2)
        return FALSE;
    for(i = 2; i <= (int)sqrt(d); i++)  {
        if ( d % i == 0 )
            return FALSE;
```

```
    }
    return TRUE;
}
```

4. 注　释

注释是一件很好的事情,但是过多的注释也是危险的。编程中应当适当增加对变量的注释;对函数的功能和参数进行注释;对文件进行注释。通常情况下,注释是用来说明你的代码做些什么,而不是怎么做的。而且,要避免将注释插在一个函数体里。

本章小结

C语言是功能强大的高级语言,既适合作为系统描述语言,又适合作为通用的程序设计语言。C语言程序由函数组成,一个完整的 C 程序有且只有一个主函数 main,函数有系统提供的函数,也有用户自定义的函数。每个函数都由函数的说明部分和函数体两部构成。语句是组成程序的基本单位,每个语句都以分号作为结束标志。

一个 C 源程序需要经过编辑、编译和链接后才可运行,对 C 源程序编译后生成目标文件(.obj),对目标文件和库文件链接后生成可执行文件(.exe)。程序的运行是对可执行文件而言的。所以程序的开发需要语言处理系统的支持,选择一个功能强大的语言处理系统可以使程序的开发事半功倍。

历年试题汇集

1. 【2001.9】下列计算机语言中,CPU 能直接识别的是_____。
   A) 自然语言　　　　B) 高级语言　　　　C) 汇编语言　　　　D) 机器语言
2. 【2003.4】以下叙述中正确的是_____。
   A) C 语言比其它语言高级
   B) C 语言可以不用编译就能被计算机识别执行
   C) C 语言以接近英语国家的自然语言和数学语言作为语言的表达形式
   D) C 语言出现的最晚,具有其它语言的一切优点
3. 【2003.4】在一个 C 程序中_____。
   A) main 函数必须出现在所有函数之前　　B) main 函数可以在任何地方出现
   C) main 函数必须出现在所有函数之后　　D) main 函数必须出现在固定位置
4. 【2004.4】能将高级语言编写的源程序转换成目标程序的是_____。
   A) 链接程序　　　　B) 解释程序　　　　C) 编译程序　　　　D) 编辑程序
5. 【2004.9】用 C 语言编写的代码程序_____。
   A) 可立即执行　　　　　　　　　　　B) 是一个源程序
   C) 经过编译即可执行　　　　　　　　D) 经过编译解释才能执行
6. 【2005.4】算法具有 5 个特性,以下选项中不属于算法特性的是_____。
   A) 有穷性　　　　　B) 简洁性　　　　　C) 可行性　　　　　D) 确定性

7. 【2005.4】以下叙述中正确的是_____。
   A) 用 C 程序实现的算法必须要有输入和输出操作
   B) 用 C 程序实现的算法可以没有输出但必须要输入
   C) 用 C 程序实现的算法可以没有输入但必须要有输出
   D) 用 C 程序实现的算法可以既没有输入也没有输出

8. 【2005.9】以下叙述中正确的是_____。
   A) 程序设计就是编制程序   B) 程序的测试必须由程序员自己去完成
   C) 程序经调试改错后还应进行再测试   D) 程序经调试改错后不必进行再测试

9. 【2006.4】以下叙述中错误的是_____。
   A) C 语言源程序经编译后生成后缀为.obj 的目标程序
   B) C 程序经过编译、链接步骤之后才能形成一个真正可执行的二进制机器指令文件
   C) 用 C 语言编写的程序称为源程序,它以 ASCII 代码形式存放在一个文本文件中
   D) C 语言中的每条可执行语句和非执行语句最终都将被转换成二进制的机器指令

课后练习

一、选择题

1. 一个 C 程序的执行是从(   )。
   A) 该程序的 main 函数开始,到 main 函数结束
   B) 该程序文件的第一个函数开始,到程序文件的最后一个函数结束
   C) 该程序文件的第一个函数开始,到程序 main 函数结束
   D) 该程序的 main 函数开始,到程序文件的最后一个函数结束

2. 在 C 语言中,每条语句都必须以(   )结束。
   A) 回车符   B) 分号   C) 冒号   D) 逗号

3. 以下叙述不正确的是(   )。
   A) 一个 C 源程序必须包含 1 个 main 函数
   B) 一个 C 源程序可由 1 个或多个函数组成
   C) C 程序的基本组成单位是函数
   D) 在 C 程序中,注释说明只能位于一条语句的后面

4. 以下不属于算法基本特征的是(   )。
   A) 有穷性   B) 有效性   C) 可靠性   D) 有一个或多个输出

5. 以下叙述正确的是(   )。
   A) 在对一个 C 程序进行编译的过程中,可发现注释中的拼写错误
   B) 在 C 程序中,main 函数必须位于程序的最前面
   C) C 语言本身没有输入输出语句
   D) C 程序的每行中只能写一条语句

6. 一个 C 语言程序是由(   )。
   A) 一个主程序和若干个子程序组成   B) 函数组成
   C) 若干过程组成   D) 若干子程序组成

二、简答题
1. C语言有哪些特点？
2. C语言程序由哪几部分构成，简述C语言程序的执行过程。
三、程序题
请指出下列程序中的错误。

```
#include   "stdio.h";
main
{
float i,j,sum;
    i = 3.5;
    j = 9.2;
    sum = i + j                 /*求两个数据的和*/
    printf("%f\n",sum);
```

第 3 章

基本数据类型、运算符及表达式

【本章考点和学习目标】
1. 熟悉 C 的数据类型(基本类型、构造类型、指针类型、空类型)及其定义方法。
2. 掌握 C 运算符的种类、运算优先级和结合性。
3. 掌握不同类型数据间的转换与运算。
4. 掌握 C 表达式类型(赋值表达式、算术表达式、关系表达式、逻辑表达式、条件表达式以及逗号表达式)和求值规则。

【本章重难点】
重点：C 语言数据类型及定义方法。
难点：运算符的优先级和结合性。

在计算机处理问题时，程序的主要处理对象是数据，由此可见数据在 C 语言中是不可或缺的。C 语言按照数据的性质、表示形式、占据存储空间的多少、构造特点，可将数据划分为不同的数据类型。

3.1 C 语言的数据类型

在第 2 章中，我们已经看到程序中使用的各种变量都应预先加以定义，即先定义后使用。对变量的定义可以包括 3 个方面：数据类型、存储类型、作用域。

在本章中，我们只介绍数据类型的说明。其它说明在以后各章中陆续介绍。数据类型是按被定义变量的性质、表示形式、占据存储空间的多少、构造特点来划分的。在 C 语言中，数据类型可分为：基本数据类型、构造数据类型、指针类型和空类型 4 大类，如图 3-1 所示。

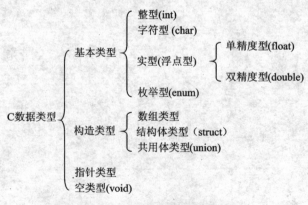

图 3-1　C 语言的数据类型

基本数据类型：基本数据类型最主要的特点是，其值不可以再分解为其它类型。也就是说，基本数据类型是自我说明的。

构造数据类型：构造数据类型是根据已定义的一个或多个数据类型用构造的方法来定义的。也就是说，一个构造数据类型的值可以分解成若干个"成员"或"元素"。每个"成员"都是一个基本数据类型，又是一个构造数据类型。在 C 语言中，构造数据类型有 3 种：数组类型；结构体类型；共用体（联合）类型。

指针类型：指针是一种特殊的，同时又是具有重要作用的数据类型。其值用来表示某个变量在内存储器中的地址。虽然指针变量的取值类似于整型量，但这是两个类型完全不同的量，因此不能混为一谈。

空类型：在调用函数值时，通常应向调用者返回一个函数值。这个返回的函数值是具有一定的数据类型的，应在函数定义及函数说明中予以说明，例如在例题中给出 max 函数定义中，函数头为"int max(int a,int b);"，其中类型说明符"int"即表示该函数的返回值为整型量。又如使用了库函数 sin，由于系统规定其函数返回值为双精度浮点型，因此在赋值语句"s＝sin(x);"中，s 也必须是双精度浮点型，以便与 sin 函数的返回值一致。所以在说明部分，把 s 说明为双精度浮点型。但是也有一类函数调用后并不需要向调用者返回函数值，这种函数可以定义为"空类型"，其类型说明符为 void。

在本章中，我们只介绍基本数据类型中的整型、浮点型和字符型。其余类型在以后各章中陆续介绍。

3.2 常量、变量和标识符

对于基本数据类型量，按其取值是否可改变又分为常量和变量两种。在程序执行过程中，其值不发生改变的量称为常量，其值可变的量称为变量。它们可与数据类型结合起来分类。例如可分为整型常量、整型变量、浮点常量、浮点变量、字符常量、字符变量、枚举常量、枚举变量。在程序中，常量是可以不经说明而直接引用的，而变量则必须先定义后使用。整型量包括整型常量、整型变量。

3.2.1 标识符

标识符是用来标识变量名、符号常量名、函数名、数组名、类型名、文件名的有效字符序列。任何一种高级语言都有自己的基本词汇符号和语法规则，程序代码都是由这些基本词汇符号（有时也称为标识符）并根据该语言的语法规则编写而成的，C 语言也不例外。C 语言规定了其所需的基本字符集和标识符。

C 语言的标识符是只起标识作用的一类符号，标识符由下划线或英文字母构成，它包括如下 3 类。

1. 保留字

所谓保留字就是这样一类标识符，其每一个都有特定含义，不允许用户把它们当作变量名使用，C 语言的保留字都用小写英文字母表示，共有如下 32 个保留字：

auto   break   case   char   const   continue
default   do   double   else   enum   extern

float	for	goto	if	int	long
register	return	short	signed	sizeof	static
struct	switch	typedef	union	unsigned	void
volatile	while				

这些保留字的用途与用法将在以后各章逐步涉及。

2. 预定义标识符

除了上述保留字外，还有一类具有特殊含义的标识符，它们被用作库函数名和预编译命令，这类标识符在 C 语言中称为预定义标识符。一般来说不要把标识符再定义为其它标识符（用户定义标识符）使用。预定义标识符包括预编译程序命令和 C 编译系统提供的库函数名。

其中预编译程序命令有：define、undef、include、ifdef、ifndef、endif、line。

3. 用户定义标识符

用户定义标识符是程序员根据自己的需要定义的一类标识符，用于标识变量、符号常量、用户定义函数、类型名和文件指针等。这类标识符主要由英文字母、数字和下划线构成，但开头字符一定是字母或下划线。下划线（ _ ）起到字母的作用。它还可用于一个长名字的描述，如有一个变量，名字为 checkdiskspace，这样识别起来就比较困难，如果合理使用下划线，把它写成 check_disk_space，那么标识符的可读性就大大增强。值得一提的是，一般初学者经常会死记硬背那些标识符、保留字等，实际上不必这么做，随着对编程语法的深入学习，自然就会避免将保留字定义成变量名，因此学习编程技术，关键在于理解并掌握基本原理、基本方法和技能，光靠记忆是不能解决问题的。

用户标识符应不要与保留字和预定义标识符同名。如果用户标识符与保留字相同，程序在编译时将给出出错信息；如果与预定义标识符相同，系统并不报错，只是该预定义标识符失去原定的含义，代之以同名用户标识符的含义，从而引发运行错误。

下面是合法的用户标识符：

a   w1   student_name   _buf   xy   x123

下面是一些非法的用户标识符：

5h   不是以字母开头

no.1   含非字母且非数字的字符

note book   空格不能出现在标识符当中

float   与保留字同名

3.2.2 常　量

常量是指在程序设计过程中已知的、在程序中直接写出的数值。在程序运行过程中，常量的值不能被改变。在 C 语言中，常量有直接常量和符号常量两种表现形式。

直接用数值表示的量为直接常量，可以为数值型，也可以为字符型。

例如：12、12.5、'A'、"QWE"等均为直接常量。

用标识符表示的常量为符号常量。

【例 3.1】符号常量用法。

```
#define  PI   3.1416
main()
{
  int  r;
  float area;
  r = 20;
  area = PI*r*r;
  printf("面积 =  %7.2f\n",area);
}
```

程序中用宏定义#define定义的PI就叫作符号常量,它在程序中的任何地方都代表3.1416。和直接常量一样,符号常量可以参与任何合法的运算。使用符号常量的目的在于方便程序的阅读、简化程序的书写和便于程序的修改。

程序中有多个地方使用了常量3.1416,现在都要换成3.1415926,如果逐处修改,不仅麻烦,而且容易出错,如用符号常量表示,仅仅改动符号常量代表的值即可,"一改全改",减少了工作量。

3.2.3 变　量

在程序运行过程中,其值可以被改变的量称为变量。变量在内存中占据一定的存储单元。C语言的变量具有3个要素:变量名、数据类型和变量的值,三者不要混淆。变量名是变量的名字,用标识符来标识,变量是用来存储数据的,存储的数据就是变量的值,数据类型决定了变量所占字节的多少。

C语言规定,程序中所要用到的变量必须先定义后使用,定义的一般形式为:

<类型名> <变量名表>

变量名表可以是相同类型的若干个变量名,变量名与变量名之间用逗号分隔。

例如:int a1;

　　　char ch;

变量在使用前必须定义的目的是:

① 未经定义的变量名,在程序中被认为是非法的,这样可以检查出变量名的书写错误。例如,如果定义了变量"int student;",而在语句中错写成了"studant",如:"studant = 30;",在编译时检查出"studant"未经定义,因此不作为变量名,输出"变量 studant 未经声明"的提示信息,便于编程者发现错误。

② 在定义变量的同时说明该变量的类型,系统在编译时就能根据定义及其类型为它分配相应字节数的存储空间。例如,r 被定义为 int 型,erea 被定义为 float 型,Turbo C 编译系统为 r 分配 2 个字节的存储单元,并以整数方式存储数据,而为 erea 分配 4 个字节的存储单元,并以浮点方式存储数据。

③ 各种类型的数据所定义的运算是不同的,因此通过变量的类型可以检查出在程序中该变量所进行的运算是否合法。例如,整型变量 a 和 b 可以进行求余运算 a%b。如果将 a 和 b 定义为实型变量,则不允许进行求余运算,在编译时会给出出错信息。

通常对变量的定义放在函数体的开头,也可以放在函数的外部或复合语句的开头。

C语言允许在定义变量的同时对变量进行初始化。一般形式为:

<类型名> <变量名>=<表达式>,…;

例如:

```
int     a = 3;          /*定义a为整型变量,初值为3*/
float   f = 3.56;       /*定义f为单精度实型变量,初值为3.56*/
char    c ='a';         /*定义c为字符型变量,初值为'a'*/
```

也可以使被定义的变量的一部分赋初值,如

int   a,b,c = 5;

表示定义a、b、c为整型变量,并且对c进行初始化,使c的值为5。

注意:如果对几个变量赋予初值5,应写成:

int   a = 5,b = 5,c = 5;

而不能写成

int   a = b = c = 5;

后者虽然也可以给几个变量赋值5,但含义不同。

3.3 整型数据

整型量包括整型常量、整型变量。

整型数据在内存中是以二进制形式存放的。计算机中内存储器的最小存储单位称为"位(bit)",每一个位中或者存放0,或者存放1,因此称为二进制位。大多数计算机用8个二进制位组成一个"字节(byte)",字节是存放数据的最小单位。

对于整型数据来讲,数值是以补码形式存储的。用补码存储一个有符号整数,最高位(最左边的一位)存放符号,若是正数,最高位置0,若是负数,最高位置1。

一个正整数的补码和其原码的形式相同,例如整数5的补码为:
0000000000000101

而一个负整数的补码是和其原码的形式不同的。求负数的补码的方法是:将该数的绝对值的二进制形式,按位取反再加1,得到的便是该数的补码。

例如,求-10的补码:

① 将10的二进制形式0000000000001010按位取反得1111111111110101;

② 加1得1111111111110110。

即-10的补码为1111111111110110。

反过来,把内存中以补码形式存放的二进制码转换成十进制的整数的方法是:先判断最高位,如果是0,则表明该数是正数,直接转换成十进制数;如果是1,则表明该数是负数,先对各位取反,再加1,转换成十进制数,加负号。

例如,有补码1111111111111010,求其对应的十进制负整数。

首先,因为该补码最高位为1,所以它表示的是一个负整数,然后按以下步骤转换:

① 先对各位取反,得0000000000000101;

② 加1得0000000000000110;

③ 转换成十进制数,得 6;
④ 加负号,得 -6。
即补码 1111111111111010 对应的十进制数为 -6。

由以上分析可知,用两个字节存放的最大有符号整数是 0111111111111111,它对应的十进制数为 32767;最小有符号整数是 1000000000000000,它对应的十进制数为 -32768;而 -1 的补码表示为 1111111111111111。

用两个字节存放一个无符号整数,因为无符号整数表示的都是正数,所以其中最高位不再存放整数的符号,16 个二进制位全部用来存放数。这时,16 个二进制位全部是 1 时,它所代表的整数就不再是 -1 而是 65535。

3.3.1 整型常量

整型常量就是整常数。

1. 整型常量的表示形式

在 C 语言中,使用的整常数有 3 种表示形式:八进制、十六进制和十进制。

(1) 八进制整常数

八进制整常数必须以 0 开头,即以 0 作为八进制数的前缀。数码取值为 0~7。八进制数通常是无符号数。

以下各数是合法的八进制数:

015(十进制为 13)、0101(十进制为 65)、0177777(十进制为 65 535)。

以下各数不是合法的八进制数:

256(无前缀 0)、03A2(包含了非八进制数码)、-0127(出现了负号)。

(2) 十六进制整常数

十六进制整常数的前缀为 0x。其数码取值为 0~9,A~F 或 a~f。

以下各数是合法的十六进制整常数:

0x2A(十进制为 42)、0xA0(十进制为 160)、0xFFFF(十进制为 65 535)。

以下各数不是合法的十六进制整常数:

5A(无前缀 0X)、0x3H(含有非十六进制数码)。

(3) 十进制整常数

十进制整常数没有前缀。其数码为 0~9。

以下各数是合法的十进制整常数:237、-568、65 535、1627。

以下各数不是合法的十进制整常数:023(不能有前导 0)、23D(含有非十进制数码)。

在程序中是根据前缀来区分各种进制数的。因此,在书写常数时不要把前缀弄错造成结果不正确。

2. 整型常量后缀

整型常数的后缀在 16 位字长的机器上,基本整型的长度也为 16 位,因此表示的数的范围也是有限定的。十进制无符号整常数的范围为 0~65535,有符号数为 -32768~+32767。八进制无符号数的表示范围为 0~0177777。十六进制无符号数的表示范围为 0x0~0xFFFF。如果使用的数超过了上述范围,就必须用长整型数来表示。长整型数是用后缀"L"或"l"来表示的。例如：

十进制长整常数：158L（十进制为158）、358000L（十进制为-358000）。

八进制长整常数：012L（十进制为10）、077L（十进制为63）、0200000L（十进制为65536）。

十六进制长整常数：0x15L（十进制为21）、0xA5L（十进制为165）、0x10000L（十进制为65536）。

长整数158L和基本整常数158在数值上并无区别。但对长整型量158L，C编译系统将为它分配4个字节存储空间。而对于158来说，因为是基本整型，只分配2字节的存储空间。因此在运算和输出格式上要予以注意，避免出错。无符号数也可用后缀表示，整型常数的无符号数的后缀为"U"或"u"。例如：358u、0x38Au、235Lu均为无符号数。前缀、后缀可同时使用以表示各种类型的数。

3.3.2 整型变量

1. 整型变量的分类

整型变量可分为以下4类。

(1) 基本型

类型说明符为int，在内存中占2字节，其取值为基本整常数。

(2) 短整量

类型说明符为short int 或 short'C110F1。所占字节和取值范围均与基本型相同。

(3) 长整型

类型说明符为long int 或 long，在内存中占4字节，其取值为长整常数。

(4) 无符号型

类型说明符为unsigned。无符号型又可与上述3种类型匹配而构成：

无符号基本型：类型说明符为unsigned int 或 unsigned。

无符号短整型：类型说明符为unsigned short。

无符号长整型：类型说明符为unsigned long。

各种无符号类型量所占的内存空间字节数与相应的有符号类型量相同。但由于省去了符号位，故不能表示负数。具体可参照表3-1。

表3-1 整型数据的类型描述

说　明	类　型	占字节数	取值范围
整型	[signed]int	4(32位)	$-2147483648 \sim 2147483647$，即 $-2^{31} \sim (2^{31}-1)$
短整型	[signed]short	2(16位)	$0 \sim 65535$ 即 $0 \sim 2^{16}-1$
长整型	[signed]long 或 [signed]long int	4(32位)	$-2147483648 \sim 2147483647$，即 $-2^{31} \sim (2^{31}-1)$
无符号型 无符号整型	unsigned int	2(16位)	$0 \sim 65535$ 即 $0 \sim 2^{16}-1$
无符号型 无符号短整型	unsigned short	2(16位)	$0 \sim 65535$ 即 $0 \sim 2^{16}-1$
无符号型 无符号长整型	unsigned long int	4(32位)	$0 \sim 4294967295$ 即 $0 \sim (2^{32}-1)$

2. 整型变量的定义

变量说明的一般形式为：

类型说明符 变量名标识符,变量名标识符,…;

例如：

int a,b,c;（a,b,c 为整型变量）

long x,y;（x,y 为长整型变量）

unsigned p,q;（p,q 为无符号整型变量）

在书写变量说明时,应注意以下几点：

① 允许在一个类型说明符后,说明多个相同类型的变量。各变量名之间用逗号间隔。类型说明符与变量名之间至少用一个空格间隔。

② 最后一个变量名之后必须以";"号结尾。

③ 变量说明必须放在变量使用之前。一般放在函数体的开头部分。

3. 使用整型数据应注意的问题

C 语言对每一种类型都规定了一定的字节数,由此决定了该类型的取值范围。所以在编程中一定要注意不要让一个整型变量或整型表达式的值超出该类型的取值范围,以免发生溢出错误。

【例 3.2】赋值时发生的溢出。

```
main()
{
  int  a;
  a = 32768;
  printf("%d",a);
}
```

运行结果为：

−32768

因为 a 是 int 类型变量,它只能存放范围在 −32768～32767 的数据,超出这个范围就会产生溢出错误。

【例 3.3】表达式计算时发生的溢出错误。

```
main()
{
  long  a;
  a = 32767+1;
  printf("%ld",a);
}
```

运行结果为：

−32768

显然和预期结果是不一样的。这是因为 32767 和 1 都是 int 类型常量,表达式 32767+1 是 int 类型表达式(见 2.5.1 小节),所能表达的数据范围为 −32768～32767,超出这个范围就会产生溢出错误。32 767 的 16 位二进制补码表示为 0111111111111111,加 1 便为 1000000000000000,这正是 −32 768 的二进制补码表示。尽管 a 是 long 型变量,但表达式 32767+1 已产生了溢出,a 的值为 −32 768 也就不奇怪了。

为了不出现上述错误,应将程序改写为:

```
main()
{
    long  a;
    a = 32767L+1;
    printf("%ld",a);
}
```

3.4 实型数据

实型常量又称实数或浮点数,在 C 语言中,实数只采用十进制表示,它有两种形式:十进制小数形式和指数形式。

小数形式:即数学中常用的实数形式。由数字和小数点组成(必须有小数点)。例如:123.、.123、0.123 都是合法的表示方法。

指数形式:由整数部分、小数点、小数部分和指数部分组成,其中指数部分跟在(E 或 e)后的部分。

其一般形式为:

aEn(a 为十进制数,n 为十进制整数)

其值为 $a×10^n$。如:2.1E5(等于 $2.1×10^5$)、3.7E−2(等于 $3.7×10^{-2}$)、0.5E7(等于 $0.5×10^7$)、−2.8E−2(等于 $−2.8×10^{-2}$)。

以下不是合法的实数:345(无小数点)、E7(阶码标志 E 之前无数字)、−5(无阶码标志)、53.−E3(负号位置不对)、2.7E(无阶码)。

标准 C 允许浮点数使用后缀。后缀为"f"或"F"即表示该数为浮点数,如 356f 和 356. 是等价的。

3.4.1 实型常量

实型常量有两种表示形式:

十进制小数形式:由数字和小数点组成(必须有小数点),如 0.123、123.、.23、0.0 等都是十进制小数形式。

指数形式:如 123×10³ 可以表示成 123e3 或 123E3。注意 e(或 E)前面必须有数字,E 后面必须是十进制整数,且 e 或 E 的前后以及数字之间都不得插入空格。如 e3、5e3.8、3 e5、e 等都不是合法的指数形式,而 −1.5E−3、.5e4 等都是合法的指数形式。

一个实数可以有多种指数表示形式。例如,123.456 可以表示为 123.456e0、12.345e1、1.23456e2、0.123456e3、0.0123456e4、0.00123456e5 等。把其中的 1.23456e2 称为"规范化的指数形式",即在字母 e(或 E)之前的小数部分中,小数点左边应有 1 位(且只能有 1 位)非零的数字。一个实数在用指数形式输出时,是按规范化的指数形式输出的。

实型常量缺省类型为双精度型(double 型);在数字后面加后缀字母 f 或 F 表示单精度型(float 型),例如 3.14259F;在数字后面加后缀字母 l 或 L 表示长双精度型(long double 型),例如 3.14259L。

使用实型数据应注意:由于实型数据是用有限的存储单元存储的,所提供的有效数字是有限的,有效位以外的数字将被舍弃,所以在计算时可能会产生误差,编程时要引起注意。

【例 3.4】将一个很大的数和一个很小的数相加。

```
main()
{
    float a,b;
    a = 123456.789e5;
    b = a+20;
    printf("%f,%f",a,b);
}
```

程序运行后,输出 b 的值与 a 相等。原因是:一个单精度的实型量只能保证 7 位有效数字。由于 a 的值比 20 大很多,把 20 加在 a 的后几位上是无意义的。虽然 a + 20 的理论值应是 12345678920,但运行程序得到的 a 和 b 的值都是 12345678848.000000,前 8 位是准确的,后几位是不准确的。

3.4.2 实型变量

(1) 实型变量的分类

实型变量分为单精度(float 型)、双精度(double 型)和长双精度(long double 型)3 类。通过表 3-2 来详细了解整型数据在内存中所占的字节数和数值范围。

表 3-2 实型数据的类型描述

说 明	类 型	占字节数	有效数字	取值范围
单精度	float	4(32)	6~7	$10^{-37} \sim 10^{38}$
双精度	double	8(64)	15~16	$10^{-307} \sim 10^{308}$
长双精度	long double	16(128)	18~19	$10^{-4931} \sim 10^{4932}$

(2) 实型变量在内存中的存储形式

实型数据一般占 4 字节(32 位)内存空间,按指数形式存储。实数 3.14159 在内存中的存放形式如下:

+	.314159	1
数符	小数部分	指数

由此可以得出如下结论:
① 小数部分占的位(bit)数愈多,数的有效数字愈多,精度愈高。
② 指数部分占的位数愈多,则能表示的数值范围愈大。

(3) 实型数据的舍入误差

由于实型变量是由有限的存储单元组成的,因此能提供的有效数字总是有限的。

【例 3.5】实型数据的舍入误差。

```
main()
{
    float a;
    double b;
    a = 33333.33333;
    b = 33333.33333333333333;
    printf(" %f\n %f\n",a,b);
}
```

程序运行结果

33333.332031

33333.333333

a 是单精度浮点型,有效位数只有 7 位,而整数部分已占 5 位,故小数点 2 位之后均为无效数字。b 是双精度型,有效位为 16 位,但 Turbo C 规定小数后最多保留 6 位,其余部分四舍五入。

3.5 字符型数据

3.5.1 字符型常量

字符型常量的两种表现形式:

普通字符:由一对单引号括起来的单个字符:

举例:'A','#','x','$'

转义字符:由一对单引号括起来的,里面是由反斜杠"\"引起的若干字符:

一般转义字符,如:'\t','\"','\\','\t','\n','\''

"\"与其后的 1~3 位八进制数组成的八进制转义字符,如:'\123','\0','\61','\101'。

"\x"与其后的 1~2 位十六进制数组成的十六进制转义字符,如:'\x41','\x61','\x7F'。

【注意】不能是大写的"\X"。

常见的转义字符含义如表 3-3 所列。

表 3-3 常用的转义字符及其含义

转义字符	功 能	ASCII 码
\n	回车换行	10
\t	横向跳到下一制表位置	9
\v	竖向跳格	11
\b	退格	8
\r	回车,将当前光标移到本行开头	13
\f	走纸换页,将当前光标移到下页开头	12
\\	反斜线符	92
\'	单引号符	39

续表 3-3

转义字符	功 能	ASCII 码
\"	双引号符	34
\a	鸣铃	7
\ddd	1~3 位八进制数所代表的字符	0~255
\xhh	1~2 位十六进制数所代表的字符	0~255

转义字符使用时应注意以下几个问题：
① 转义字符代表一个字符，在内存中只占 1 字节。
② 转义字符'\0'就是 ASCII 值为 0 的字符，用于表示字符串常量结束的标志。
③ '\ddd'形式的转义字符代表一个字符，此时反斜杠后的 1~3 位八进制数可以不以数字 0 开始。例如：'\103'表示 ASCII 为十进制数 67 的字符'C'；'\134'表示 ASCII 为十进制数 92 的"反斜线"符。
④ '\xhh'形式的转义字符中，反斜杠后的十六进制数只能由小写字母 x 开头，不允许用大写字母 X，也不能用 0x 开头。
例如：'\x41'表示 ASCII 为十进制数 65 的字母'A'；'\x32'   表示 ASCII 为十进制数 65 的字符'2'；
广义地讲，C 语言字符集中的任何一个字符均可用转义字符来表示。

3.5.2 字符型变量

字符变量用来存储字符常量，即单个字符。它在内存中占 1 字节，可以存放 ASCII 字符集中的任何字符。当把字符放入字符变量中时，字符变量的值就是该字符的 ASCII 值。

字符变量的类型说明符是 char，其类型定义的格式和书写规则都与整型变量相同。字符变量既可当作整型变量来处理，也可参与整型变量所允许的运算。例如：

```
char a,b;           /* 定义 a,b 均为字符型变量 */
int k = 5;          /* k 为整型,初值为 5 */
a = k + 7;          /* a 代表 ASCII 值为 12 的字符 */
```

3.5.3 字符串常量

字符串常量是由一对双引号括起的字符序列。例如："CHINA"、"C program："、"$12.5"等都是合法的字符串常量。字符串常量和字符常量是不同的量。它们之间主要有以下区别：
① 字符常量由单引号括起来，字符串常量由双引号括起来。
② 字符常量只能是单个字符，字符串常量则可以含一个或多个字符。
③ 可以把一个字符常量赋予一个字符变量，但不能把一个字符串常量赋予一个字符变量。在 C 语言中没有相应的字符串变量。
④ 字符常量占一个字节的内存空间。字符串常量占的内存字节数等于字符串中字节数加 1。增加的一个字节中存放字符"\0"（ASCII 码为 0）。这是字符串结束的标志。例如，字符串"C program"在内存中所占的字节为：C program\0。字符常量'a'和字符串常量"a"虽然都只有一个字符，但在内存中的情况是不同的。

例如：

字符常量'A'占内存空间1字节,可表示为：

| a |

而字符串常量"A"占2字节。可表示为：

| a | \0 |

3.6　C语言的运算符与表达式

　　C语言中运算符和表达式数量之多,在高级语言中是少见的。正是丰富的运算符和表达式使C语言功能十分完善。这也是C语言的主要特点之一。

　　C语言的运算符不仅具有不同的优先级,而且还有一个特点,就是它的结合性。在表达式中,各运算量参与运算的先后顺序不仅要遵守运算符优先级别的规定,还要受运算符结合性的制约,以便确定是自左向右进行运算还是自右向左进行运算。这种结合性是其它高级语言的运算符所没有的,因此也增加了C语言的复杂性。

3.6.1　C语言运算符的种类

　　C语言的运算符可分为以下几类：

　　算术运算符:用于各类数值间的运算。包括加（+）、减（-）、乘（*）、除（/）、求余（或称模运算,%）、自增（++）、自减（--）共7种。

　　关系运算符:用于比较运算。包括大于（>）、小于（<）、等于（==）、大于等于（>=）、小于等于（<=）和不等于（!=）6种。

　　逻辑运算符:用于逻辑运算。包括与（&&）、或（||）、非（!）3种。

　　条件运算符:这是一个三目运算符,用于条件求值（?:）。

　　赋值运算符:用于赋值运算,分为简单赋值（=）、复合算术赋值（+=，-=，*=，/=，%=）和复合位运算赋值（&=，|=，^=，>>=，<<=）3类共11种。

　　逗号运算符:用于把若干表达式组合成一个表达式（,）。

　　位操作运算符:参与运算的量,按二进制位进行运算。包括位与（&）、位或（|）、位非（~）、位异或（^）、左移（<<）、右移（>>）6种（将在后面章节中进行介绍）。

　　指针运算符:用于取内容（*）和取地址（&）2种运算（将在后面章节中进行介绍）。

　　求字节数运算符:用于计算数据类型所占的字节数（sizeof）。

　　特殊运算符:有括号()、下标[]、成员（→,.）等几种。

3.6.2　算术运算符及表达式

1. 算术运算符

　　常见的算术运算符包含以下6种：

　　① 加法运算符"+"加法运算符为双目运算符,即应有两个量参与加法运算,如a+b,4+8等,具有右结合性。

② 减法运算符"－"减法运算符为双目运算符。但"－"也可作负值运算符,此时为单目运算,如－x、－5 等具有左结合性。

③ 乘法运算符"*"双目运算,具有左结合性。

④ 除法运算符"/"双目运算具有左结合性。参与运算量均为整型时,结果也为整型,舍去小数。如果运算量中有一个是实型,则结果为双精度实型。

⑤ 求余运算符(模运算符)"%"双目运算,具有左结合性。要求参与运算的量均为整型。求余运算的结果等于两数相除后的余数。

⑥ 自增 1、自减 1 运算符。自增 1 运算符记为"++",其功能是使变量的值自增 1。自减 1 运算符记为"－－",其功能是使变量值自减 1。自增 1、自减 1 运算符均为单目运算,都具有右结合性。可有以下几种形式:

++i:i 自增 1 后再参与其它运算。

－－i:i 自减 1 后再参与其它运算。

i++:i 参与运算后,i 的值再自增 1。

i－－:i 参与运算后,i 的值再自减 1。

在理解和使用上容易出错的是 i++和 i－－。特别是当它们出现在较复杂的表达式或语句中时,常常难以弄清,因此应仔细分析。有如下程序:

```
void main(){
int i = 8;
printf("%d\n",++i);
printf("%d\n",--i);
printf("%d\n",i++);
printf("%d\n",i--);
printf("%d\n",-i++);
printf("%d\n",-i--);
}
```

i 的初值为 8;

第 2 行 i 加 1 后输出故为 9;

第 3 行减 1 后输出故为 8;

第 4 行输出 i 为 8 之后再加 1(为 9);

第 5 行输出 i 为 9 之后再减 1(为 8);

第6行输出-8之后再加1(为9);
第7行输出-9之后再减1(为8)。
```
void main(){
int i=5,j=5,p,q;
p=(i++)+(i++)+(i++);
q=(++j)+(++j)+(++j);
printf("%d,%d,%d,%d",p,q,i,j);
}
```
i<--5,j<--5,p<--0,q<--0
i+i+i-- ->p,i+1-->i,i+1-->i,i+1-->i
j+1->j,j+1->j,j+1->j,j+j+j-->q int i=5,j=5,p,q;
p=(i++)+(i++)+(i++);
q=(++j)+(++j)+(++j);

这个程序中,对 P=(i++)+(i++)+(i++)应理解为 3 个 i 相加,故 P 值为 15。然后,i 再自增 1 共 3 次相当于加 3,故 i 的最后值为 8。而对于 q 的值则不然,q=(++j)+(++j)+(++j)应理解为 q 先自增 1,再参与运算,由于 q 自增 1 共 3 次后值为 8,3 个 8 相加的和为 24,j 的最后值仍为 8。算术表达式是由常量、变量、函数和运算符组合起来的式子。一个表达式有一个值及其类型,它们等于计算表达式所得结果的值和类型。表达式求值按运算符的优先级和结合性规定的顺序进行。单个的常量、变量、函数可以看作是表达式的特例。

2. 优先级和结合性

基本算术运算符均属于双目运算,具有左结合性,即应有两个量参与运算,从左向右参与运算。它们的优先级、结合性可通过图 3-2 来表示:

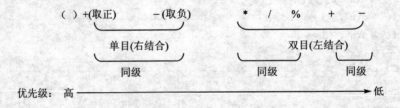

图 3-2 基本算术运算符的优先级及结合性

3. 算术表达式

算术表达式是由算术运算符和括号连接起来的式子。以下是算术表达式的例子:

| a+b | (a*2)/c | (x+r)*8-(a+b)/7 |
| ++i | sin(x)+sin(y) | (++i)-(j++)+(k--) |

3.6.3 关系运算符及表达式

1. 关系运算符及优先级

在程序中经常需要比较两个数的大小关系,以确定是否符合给定的条件。比较两个数大小的运算符称为关系运算符。进行关系运算后其结果为逻辑值(即"1"或者"0"),C 语言一共提供了 6 种关系运算符:

<　　小于运算符,如 a<b;
<=　　小于或等于运算符,如 a<=b+3;
>　　大于运算符,如 a>(b+c);
>=　　大于或等于运算符如 x>=y;
==　　等于运算符,如 a==b;
!=　　不等于运算符,如 2!=4。

使用关系运算符时应注意以下几个问题：
① 关系运算符都是双目运算符,其结合性均为左结合。
② 关系运算符的优先级低于算术运算符,高于赋值运算符,关系运算符的优先级及结合性如图3-3所示。
③ 关系运算符的优先级低于算术运算符,高于赋值运算符。
④ "=="是关系运算符,用来比较两个变量或表达式的值。而"="是赋值运算符,用于赋值运算。

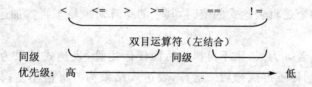

图3-3　关系运算符的优先级及结合性

2. 关系表达式

用关系运算符将2个或2个以上运算对象连接起来的式子,称为关系表达式。进行关系运算的对象可以是常量、变量或表达式。"a+b>=c-d;"、"-i-2*j==k+8;"都是合法的关系表达式。

另外关系表达式允许出现嵌套的情况。例如："a>(b>c)"、"a!=(c==d)"都是合法的关系表达式。

关系表达式的值是"0"或"1",C语言中没有专门的逻辑值,而是用"0"代表"假","非0"代表"真"。

3.6.4　逻辑运算符及表达式

1. 逻辑运算符

C语言一共提供了3种逻辑运算符：
&&　　与运算
||　　或运算
!　　非运算

进行逻辑运算要注意以下问题：
① 与运算符"&&"和或运算符"||"均为双目运算符,具有左结合性。而非运算符"!"为单目运算符,具有右结合性。
② 逻辑运算符的优先级次序为："!"(非)高于"&&"(与)高于"||"(或)。逻辑运算符和

其它运算符优先级的关系可表示为如图3-4所示。

```
      ！（非）    算术运算符    关系运算符    &&    ||    赋值运算符
高 ──────────────────────────────────────────────── 低
```

图3-4 各种运算符的优先级比较

例如：x=!a>b+c&&c==d
先计算!a→b+c→!a>(b+c)→c==d→(!a>(b+c))&&(c==d)

2. 逻辑表达式

由逻辑运算符和逻辑对象所组成的表达式称为逻辑表达式。逻辑表达式运算的对象是C语言中任意合法的表达式。逻辑表达式的值为"1"或"0",分别代表"真"或"假"。

3. 短路运算

值得注意的是,在求解逻辑表达式时并不是所有的运算都被执行,除了要考虑各种运算符的优先级和结合性,还要考虑注意"与(&&)"和"或(||)"运算符具有的短路性,即当某个运算对象的值可以确定整个逻辑表达式的值时,其余的运算对象将不再参加运算,通过以下几种情况来进行说明。

① a&&b&&c,若a为假,则不再执行后面任何运算,表达式结果为0,b和c的值不变;当a为真b为假时,同样不再执行后续运算,表达式结果为0,c值不变;只有当a,b都为真时才需要判断c的值。

② a||b||c,若a为真,则不再执行后面任何运算,表达式结果为1,b和c的值不变;当a为假b为真时,同样不再执行后续运算,表达式结果为1,c值不变;只有当a,b都为假时才需要判断c的值。

③ a&&b||c 或 a||b&&c,由于与(&&)的优先级大于或,因此可以将整个表达式看成或的表达式,按(2)来处理。

总之,与(&&)运算只有左边的运算对象为真(非零)时,才能继续右边的运算;而或(||)运算,只有左边的运算对象为假(0)时,才能继续右边的运算。

3.6.5 条件运算符与表达式

1. 条件运算符

条件运算符由问号(?)和冒号(:)组成,它是一个三目运算符,即有3个参与运算的量。它是C语言中唯一的一个三目运算符。

条件运算符的优先级高于赋值运算符和逗号运算符,但低于算术运算符、关系运算符和逻辑运算符。其结合性为右结合,即自右向左进行运算。

2. 条件表达式

由条件运算符将对象连接起来的式子,称为条件表达式。它通常用于赋值语句之中。
条件表达式的一般形式为:

表达式1? 表达式2：表达式3

其求值规则为:如果表达式1的值为真,则以表达式2的值作为条件表达式的值,否则以表达式2的值作为整个条件表达式的值。

例如：
int x=10,y;
y=x>9? 1? 0;   /* 赋给 y 的数值是 1,如果 x 赋给小于 9 的值,则 y 的值将为 0 */
使用条件表达式时,还应注意以下几点：
① 条件运算符"?"和":"是一对运算符,不能分开单独使用。
② 条件表达式允许嵌套,但要注意其结合方向是自右至左。
例如："a>b? a:c>d? c:d"应理解为"a>b? a(c>d? c:d)"。
即其中的表达式 3 又是一个条件表达式。

3.6.6　赋值运算符及表达式

1. 简单赋值运算符和表达式。

简单赋值运算符记为"="。由"="连接的式子称为赋值表达式。其一般形式为：
变量＝表达式
例如：

x = a + b
w = sin(a) + sin(b)

y=i++ + --j 赋值表达式的功能是计算表达式的值再赋予左边的变量。赋值运算符具有右结合性。因此,"a=b=c=5"可理解为"a=(b=(c=5))"。

在其它高级语言中,赋值构成了一个语句,称为赋值语句。而在 C 中,把"="定义为运算符,从而组成赋值表达式。凡是表达式可以出现的地方均可出现赋值表达式。例如,式子 x=(a=5)+(b=8)是合法的。它的意义是把 5 赋予 a,8 赋予 b,再把 a,b 相加,和赋予 x,故 x 应等于 13。

在 C 语言中也可以组成赋值语句。按照 C 语言的规定,任何表达式在其末尾加上分号就构成为语句。因此,如"x=8;"和"a=b=c=5;"都是赋值语句,在前面各例中我们已大量使用过了。

2. 复合赋值符及表达式

在赋值符"="之前加上其它二目运算符可构成复合赋值符。如＋＝、－＝、*＝、/＝、%＝、<<=、>>=、&=、^=、|=。构成复合赋值表达式的一般形式为："变量 双目运算符=表达式",它等效于"变量＝变量 运算 符表达式"。例如：a+=5 等价于 a=a+5,x*=y+7 等价于 x=x*(y+7),r%=p 等价于 r=r%p。

复合赋值符这种写法,对初学者可能不习惯,但十分有利于编译处理,能提高编译效率并产生质量较高的目标代码。

3.6.7　逗号运算符及表达式

C 语言中的逗号(,)也是一种运算符,称为逗号运算符。其功能是把两个表达式连接起来组成一个表达式,称为逗号表达式。其一般形式为：

表达式 1,表达式 2,……表达式 n

其求值过程是分别求两个表达式的值,并以表达式 n 的值作为整个逗号表达式的值。

```
void main()
{
    int a=2,b=4,c=6,x,y;
    x=a+b,y=b+c;
    printf("y=%d,x=%d",y,x);
}
```

本例中,y 等于整个逗号表达式的值,也就是表达式 2 的值,x 是第一个表达式的值。对于逗号表达式还要说明几点:

① 逗号表达式一般形式中的表达式 1 和表达式 2,也可以又是逗号表达式。例如:"表达式 1,(表达式 2,表达式 3)"形成了嵌套情形。因此可以把逗号表达式扩展为:"表达式 1,表达式 2,…表达式 n",整个逗号表达式的值等于表达式 n 的值。

② 程序中使用逗号表达式,通常是要分别求逗号表达式内各表达式的值,并不一定要求整个逗号表达式的值。

③ 并不是在所有出现逗号的地方都组成逗号表达式,如在变量说明中,函数参数表中逗号只是用作各变量之间的间隔符。

3.7 数据类型转换

变量的数据类型是可以转换的。转换的方法有两种,一种是自动转换,另一种是强制转换。

3.7.1 自动类型转换

自动转换发生在不同数据类型的量进行混合运算时,由编译系统自动完成。自动转换遵循以下规则:

① 若参与运算量的类型不同,则先转换成同一类型,然后再进行运算。

② 转换按数据长度增加的方向进行,以保证精度不降低。如 int 型和 long 型运算时,先把 int 型转成 long 型后再进行运算。

③ 所有的浮点运算都是以双精度进行的,即使仅含 float 单精度量运算的表达式,也要先转换成 double 型,再作运算。

④ char 型和 short 型参与运算时,必须先转换成 int 型。

⑤ 在赋值运算中,赋值号两边量的数据类型不同时,赋值号右边量的类型将转换为左边量的类型。如果右边量的数据类型长度左边长时,将丢失一部分数据,这样会降低精度。丢失的部分按四舍五入向前舍入。

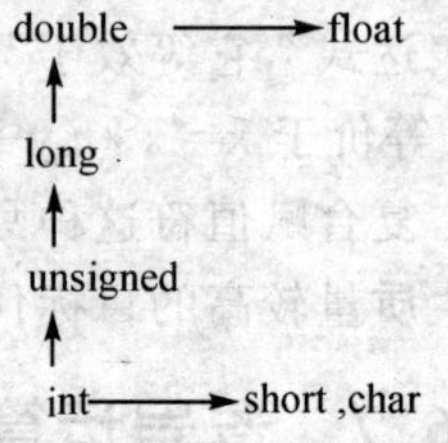

可以通过图 3-5 来理解它们的转换规则:

图 3-5 中向左的箭头表示必定转换,如 char 型必定先转换为 int 型,而 float 型先转换为 double 型,纵向向上的箭头表示当运算对象为不同类型时转换的方向,如 int 型与 long 型数据进行计算,必定先将 int 型数据转换为 long 类型,然后两个同类型(long)的数据再进行计算。

图 3-5 自动类型转换规则

3.7.2 强制类型转换

强制类型转换是通过类型转换运算来实现的。其一般形式为：

(类型说明符)(表达式)

其功能是把表达式的运算结果强制转换成类型说明符所表示的类型。例如："(float) a"为把 a 转换为实型，"(int)(x+y)"为把 x+y 的结果转换为整型。在使用强制转换时应注意以下问题：

① 类型说明符和表达式都必须加括号(单个变量可以不加括号)，如把"(int)(x+y)"写成"(int)x+y"则成了把 x 转换成 int 型之后再与 y 相加了。

② 无论是强制转换或是自动转换，都只是为了本次运算的需要而对变量的数据长度进行的临时性转换，而不改变数据说明时对该变量定义的类型。

```
main()
{
    float f = 5.75;
    printf("(int)f = %d,f = %f\n",(int)f,f);
}
```

将"float f"强制转换成"int f float f=5.75;printf("(int)f=%d,f=%f\n",(int)f,f);"。本例表明，f 虽强制转为 int 型，但只在运算中起作用，是临时的，而 f 本身的类型并不改变。因此，(int)f 的值为 5(删去了小数)，而 f 的值仍为 5.75。

本章小结

通过本章的学习，需要掌握以下几方面的内容：

① C语言的数据类型分 4 大类：基本类型、构造类型、指针类型、空类型。运算符的常用后缀 L 或 l 代表长整型，U 或 u 代表无符号数，F 或 f 代表浮点数。

② 常量和变量的定义，以及其不同数据类型在程序中的使用。

③ 各种运算符的作用及优先级结合性。一般而言，单目运算符优先级较高，赋值运算符优先级低；算术运算符优先级较高，关系和逻辑运算符优先级较低；多数运算符具有左结合性，单目运算符、三目运算符、赋值运算符具有右结合性。

④ 表达式是由运算符连接常量、变量、函数所组成的式子，每个表达式都有一个值和类型，表达式求值按运算符的优先级和结合性所规定的顺序进行。

⑤ 不同数据运算时要进行类型转换。系统内部自动进行的转换称为自动类型转换，由强制转换运算符完成转换称为强制转换。

历年试题汇集

1.【2000.4】设有 int x=11;则表达式 (x++ * 1/3)的值是_____。
   A) 3   B) 4   C) 11   D) 12

2. 【2000.4】下列程序执行后的输出结果是(小数点后只写一位)_____。
   A) 6 6 6.0 6.0   B) 6 6 6.7 6.7
   C) 6 6 6.0 6.7   D) 6 6 6.7 6.0

```
main()
{ double d;  float f;  long l;  int i;
  i = f = l = d = 20/3;
  printf("%d %ld %f %f \n",i,l,f,d);
}
```

3. 【2000.4】设有以下变量定义,并已赋确定的值 double
         char w; int x; float y; double z;
   则表达式:w*x+z-y 所求得的数据类型为_____。

4. 【2000.4】若 x 为 int 类型,请以最简单的形式写出与逻辑表达式!x 等价的 C 语言关系表达式_____。

5. 【2000.9】若变量已正确定义并赋值,下面符合 C 语言语法的表达式是_____。
   A) a:=b+1   B) a=b=c+2   C) int 18.5%3   D) a=a+7=c+b

6. 【2000.9】若已定义 x 和 y 为 double 类型,则表达式 x=1,y=x+3/2 的值是_____。
   A) 1   B) 2   C) 2.0   D) 2.5

7. 【2000.9】若变量 a、i 已正确定义,且 i 已正确赋值,合法的语句是_____。
   A) a==1   B) ++i;   C) a=a++=5;   D) a=int(i);

8. 【2000.9】若有以下程序段_____:

   ```
   int  c1 = 1, c2 = 2, c3;
   c3 = 1.0/c2 * c1;
   ```

   则执行后,c3 中的值是_____。
   A) 0   B) 0.5   C) 1   D) 2

9. 【2000.9】有如下程序:

   ```
   main()
   { int     y=3, x=3, z=1;
     printf("%d    %d\n",(++x,y++),z+2);
   }
   ```

   运行该程序的输出结果是_____。
   A) 3 4   B) 4 2   C) 4 3   D) 3 3

10. 【2000.9】以下程序的输出结果是_____。

    ```
    main()
    { unsigned short a = 65536;   int b;
      printf("%d\n",b=a);
    }
    ```

11. 【2000.9】若有定义"int a=10,b=9,c=8;",接着顺序执行下列语句后,变量 b 中的值是_____。

```
c = (a -_= (b-5));
c = (a%11)+(b=3);
```

12. 【2001.9】在C语言中,合法的长整型常数是_____。
    A) 0L   B) 4962710   C) 324562&   D) 216D

13. 【2001.9】以下有4组用户标识符,其中合法的一组是_____。
    A) For   B) 4d   C) f2_G3   D) WORD

14. 【2001.9】以下选项中合法的字符常量是_____。
    A)"B"   B) '\010'   C) 68   D) D

15. 【2001.9】假定x和y为double型,则表达式x=2,y=x+3/2的值是_____。
    A) 3.500000   B) 3   C) 2.000000   D) 3.000000

16. 【2001.9】以下合法的赋值语句是_____。
    A) x=y=100   B) d--;   C) x+y;   D) c=int(a+b)

17. 【2001.9】以下程序的输出结果是_____。
```
main()
{ char c='z';
  printf("%c",c-25);
}
```
    A) a   B) Z   C) z-25   D) y

18. 【2001.9】以下选项中,非法的字符常量是_____。
    A) '\t'   B) '\17'   C) "n"   D) '\xaa'

19. 【2001.9】语句"x++;□++x; x=x+1;□x=1+x;",执行后都使变量x中的值增1,请写出一条同一功能的赋值语句(不得与列举的相同)_____。

20. 【2001.9】设y是int型变量,请写出判断y为奇效的关系表达_____。

21. 【2002.9】以下选项中合法的实型常数是_____。
    A) 5E2.0   B) E-3   C) .2E0   D) 1.3E

22. 【2002.9】以下选项中合法的用户标识符是_____。
    A) long   B) _2Test   C) 3Dmax   D) A.dat

23. 【2002.9】已知大写字母A的ASCII码值是65,小写字母a的ASCII码是97,则用八进制表示的字符常量'\101'是_____。
    A) 字符A   B) 字符a   C) 字符e   D) 非法的常量

24. 【2002.9】以下非法的赋值语句是_____。
    A) n=(i=2,++i);   B) j++;
    C) ++(i+1);   D) x=j>0;

25. 【2002.9】设a和b均为double型变量,且a=5.5、b=2.5,则表达式(int)a+b/b的值是_____。
    A) 6.500000   B) 6   C) 5.500000   D) 6.000000

26. 【2002.9】以下选项中,与k=n++完全等价的表达式是_____。
    A) k=n,n=n+1   B) n=n+1,k=n   C) k=++n   D) k+=n+1

27. 【2003.9】以下叙述中正确的是_____。

A) C 程序中注释部分可以出现在程序中任意合适的地方
B) 花括号"{"和"}"只能作为函数体的定界符
C) 构成 C 程序的基本单位是函数,所有函数名都可以由用户命名
D) 分号是 C 语句之间的分隔符,不是语句的一部分

28. 【2003.9】以下选项中可作为 C 语言合法整数的是_____。
    A) 10110B   B) 0386   C) 0Xffa   D) x2a2

29. 【2003.10】以下不能定义为用户标识符的是_____。
    A) scanf   B) Void   C) _3com_   D) int

30. 【2003.9】有以下程序

    ```
    main()
    { int a;       char c = 10;
      float f = 100.0;   double x;
      a = f / = c * = (x = 6.5);
      printf("%d  %d  %3.1f  %3.1f\n",a,c,f,x);
    }
    ```

    程序运行后的输出结果是_____。
    A) 1   65   1   6.5   B) 1   65   1.5   6.5
    C) 1   65   1.0 6.5   D) 2   65   1.5   6.5

31. 【2003.9】以下选项中非法的表达式是_____。
    A) 0<=x<100   B) i=j==0   C) (char)(65+3)   D) x+1=x+1

32. 【2003.9】已定义 ch 为字符型变量,以下赋值语句中错误的是_____。
    A) ch="\";   B) ch=62+3;   C) ch=NULL;   D) ch="\xaa";

33. 【2003.9】已定义 c 为字符型变量,则下列语句中正确的是_____。
    A) c='97';   B) c="97";   C) c=97;   D) c="a";

34. 【2003.9】以下程序运行后的输出结果是_____。

    ```
    main()
    { int p = 30;
      printf("%d\n",(p/3>0 ? p/10 : p%3));
    }
    ```

35. 【2003.9】以下程序运行后的输出结果是_____。

    ```
    main()
    { char m;
      m = 'B' + 32;   printf("%c\n",m);
    }
    ```

36. 【2004.9】用 C 语言编写的代码程序_____。
    A) 可立即执行   B) 是一个源程序
    C) 经过编译即可执行   D) 经过编译解释才能执行

37. 【2004.9】结构化程序由 3 种基本结构组成,3 种基本结构组成的算法_____。
    A) 可以完成任何复杂的任务   B) 只能完成部分复杂的任务

C) 只能完成符合结构化的任务　　D) 只能完成一些简单的任务

38.【2004.9】以下定义语句中正确的是_____。
　　A) char a='A' b='B';　　　　　B) float a=b=10.0;
　　C) int a=10, *b=&a;　　　　　D) float *a,b=&a;

39.【2004.9】下列选项中,不能用作标识符的是_____。
　　A) _1234_　　B) _1_2　　C) int_2_　　D) 2_int_

40.【2004.9】有以下定义语句：

　　　double a,b; int w; long c;

　　若各变量已正确赋值,则下列选项中正确的表达式是_____。
　　A) a=a+b=b++　　　　　　　　B) w%(int)a+b)
　　C) (c+w)%(int)a　　　　　　　D) w=a==b;

41.【2005.9】以下叙述中错误的是_____。
　　A) 用户所定义的标识符允许使用关键字
　　B) 用户所定义的标识符应尽量做到"见名知意"
　　C) 用户所定义的标识符必须以字母或下划线开头
　　D) 用户定义的标识符中,大、小写字母代表不同标识

41.【2005.9】以下叙述中错误的是_____。
　　A) C语句必须以分号结束
　　B) 复合语句在语法上被看作一条语句
　　C) 空语句出现在任何位置都不会影响程序运行
　　D) 赋值表达式末尾加分号就构成赋值语句

42.【2005.9】以下叙述中正确的是_____。
　　A) 调用printf函数时,必须要有输出项
　　B) 使用putchar函数时,必须在之前包含头文件stdio.h
　　C) 在C语言中,整数可以以十二进制、八进制或十六进制的形式输出
　　D) 调用getchar函数读入字符时,可以从键盘上输入字符所对应的ASCII码

43.【2005.9】以下关于函数的叙述中正确的是_____。
　　A) 每个函数都可以被其它函数调用(包括main函数)
　　B) 每个函数都可以被单独编译
　　C) 每个函数都可以单独运行
　　D) 在一个函数内部可以定义另一个函数

44.【2005.9】以下不能正确计算代数式值的C语言表达式是_____。
　　A) 1/3*sin(1/2)*sin(1/2)　　　B) sin(0.5)*sin(0.5)/3
　　C) pow(sin(0.5),2)/3　　　　　D) 1/3.0*pow(sin(1.0/2),2)

45.【2005.9】以下能正确定义且赋初值的语句是_____。
　　A) int n1=n2=10;　　　　　　　B) char c=32;
　　C) float f=f+1.1;　　　　　　 D) double x=12.3E2.5;

46.【2005.9】已知字母A的ASCII码为65。以下程序运行后的输出结果是_____。

```
main()
{ char a, b;
a='A'+'5'-'3'; b=a+'6'-'2';
printf("%d %c\n", a, b);
}
```

课后练习

一、选择题

1. 合法的字符常量是(　　)。
   A) '\t'   B) 'A'   C) 'a'   D) '\x32'

2. 合法的字符常量是(　　)。
   A) '\084v'   B) '\84'   C) 'ab'   D) '\x43'

3. (　　)是C语言提供的合法的数据类型关键字。
   A) Float   B) signed   C) integer   D) Char

4. 属于合法的C语言长整型常量的是(　　)。
   A) 5876273   B) 0L   C) 2E10   D) (long)5876273

5. 下面选项中，不是合法整型常量的是(　　)。
   A) 160   B) -0xcdg   C) -01   D) -0x48a

6. 判断"int x=0xaffbc;"，x的结果是(　　)。
   A) 赋值非法   B) 溢出   C) 为 affb   D) 为 ffbc

7. 在C语言中，要求参加运算的数必须时整数的运算符是(　　)。
   A) /   B) *   C) %   D) =

8. 在C语言中，字符型数据在内存中以(　　)形式存放。
   A) 原码   B) BCD 码   C) 反码   D) ASCII 码

9. (　　)是非法的C语言转义字符。
   A) '\b'   B) '\0xf'   C) '\037'   D) '\''

10. 对于语句:f=(3.0,4.0,5.0),(2.0,1.0,0.0);的判断中，(　　)是正确的。
    A) 语法错误   B) f 为 5.0   C) f 为 0.0   D) f 为 2.0

11. 与代数式(x*y)/(u*v)不等价的C语言表达式是(　　)。
    A) x*y/u*v   B) x*y/u/v   C) x*y/(u*v)   D) x/(u*v)*y

12. C语言中整数-8在内存中的存储形式为(　　)。
    A) 1111111111111000   B) 1000000000001000
    C) 0000000000001000   D) 1111111111110111

13. 假定 x 和 y 为 double 型，则表达式 x=2,y=x+3/2 的值是(　　)。
    A) 3.500000   B) 3   C) 2.000000   D) 3.000000

14. 设变量 n 为 float 型，m 为 int 类型，则以下能实现将 n 中的数值保留小数点后两位，第三位进行四舍五入运算的表达式是(　　)。
    A) n=(n*100+0.5)/100.0   B) m=n*100+0.5,n=m/100.0

C) n=n*100+0.5/100.0   D) n=(n/100+0.5)*100.0

15. 设以下变量均为 int 类型,则值不等于 7 的表达式是(   )。
    A) (x=y=6,x+y,x+1)   B) (x=y=6,x+y,y+1)
    C) (x=6,x+1,y=6,x+y)   D) (y=6,y+1,x=y,x+1)

二、填空题

1. 在 C 语言中(以 32 位 PC 机为例),一个 char 数据在内存中所占字节数为_____,其数值范围为_____;一个 int 数据在内存中所占字节数为_____,其数值范围为_____;一个 long 数据在内存中所占字节数为_____,其数值范围为_____;一个 float 数据在内存中所占字节数为_____,其数值范围为_____。

2. C 语言的标识符只能由大小写字母、数字和下划线 3 种字符组成,而且第一个字符必须为_____。

3. 设 x、i、j、k 都是 int 型变量,表达式 x=(i=4,j=16,k=32)计算后,x 的值为_____。

4. 设 x=2.5,a=7,y=4.7,则 x+a%3*(int)(x+y)%2/4 为_____。

5. 设 a=2,b=3,x=3.5,y=2.5,则(float)(a+b)/2+(int)x%(int)y 为_____。

10. 已知:char a='a',b='b',c='c',i;则表达式 i=a+b+c 的值为_____。

11. 设 int a;float f;double i;则表达式 10+'a'+i*f 值的数据类型是_____。

12. 若 a 为 int 型变量,则表达式 (a=4*5,a*2),a+6 的值为_____。

13. 假设所有变量均为整型,则表达式(a=2,b=5,a++,b++,a+b)的值为_____。

14. 定义:int m=5, n=3;则表达式 m/=n+4 的值是_____,表达式 m=(m=1,n=2,n-m)的值是_____,表达式 m+=m-=(m=1)*(n=2)的值是_____。

15. 表达式 5%(-3)的值是_____,表达式 -5%(-3)的值是_____。

16. 若 a 是 int 变量,则执行表达式 a=25/3%3 后,a 的值是_____。

三、程序阅读题

1. 写出以下程序运行的结果。

```
main( )
{
    char c1 ='a',c2 ='b',c3 ='c',c4 ='\101',c5 ='\116';
    printf("a%c b%c\tc%c\tabc\n",c1,c2,c3);
    printf("\t\b%c %c",c4,c5);
}
```

2. 写出以下程序运行的结果。

```
main( )
{
    int i,j,m,n;
    i = 8;
    j = 10;
    m = ++i;
    n = j++ ;
    printf("%d,%d,%d,%d",i,j,m,n);
```

}

四、编程题

1. 假设 m 是一个三位数,则写出将 m 的个位、十位、百位反序而成的三位数(例如:123 反序为 321)的 C 语言表达式。

2. 已知 int x=10,y=12;写出将 x 和 y 的值互相交换的表达式。

第 4 章

顺序结构程序设计

【本章考点和学习目标】
1. 了解 C 语言的 3 种基本结构。
2. 掌握 5 种基本语句:表达式语句、函数控制语句、控制语句、空语句、复合语句的使用方法。
3. 掌握基本输入/输出函数的调用及使用方法,能够正确输入数据并设计输出格式。

【本章重难点】
数据的输入/输出的格式控制。

C 语言是一种结构化程序设计语言,掌握了基本数据类型定义方式后,即可开始编写简单的程序。顺序结构就为简单程序提供了一个框架,依据这个框架我们可以编写出简单且具有完整功能的程序。

4.1 C 语言的 3 种基本结构

结构化程序设计方法,使程序结构清晰、易读性强,从而提高程序设计的质量和效率。结构化程序由若干个基本结构组成。每一个基本结构可以包含一个或若干个语句。

4.1.1 流程图

在早期语言阶段,流程图是一种传统的算法表示法。由于流程图能简明地表述算法,因此成为程序员们交流的重要手段,直到结构化的程序设计语言出现,对流程图的依赖才有所降低。流程图利用几何图形的框来代表各种不同性质的操作,用流程线来指示算法的执行方向。由于它可以简单、直观地表达出程序设计者的思想,所以应用非常广泛。

图 4-1 所示为常见的流程图符号。

起止框通常用于流程图程序的开始和结束部分;输入/输出框用在程序的开始或最后,用来对数据进行输入或对结果进行输出;判断框一般用于选择结构中,对条件进行判断;处理框用于进行数学计算;流程线表明了程序执行的顺序;连接点只有当从一页跳到下一页进行连接时才使用。

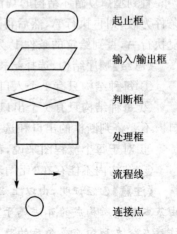

图 4-1 流程图符号

4.1.2　3种基本结构

C语言程序通常分为3种基本结构：顺序结构、选择结构、循环结构。大多数情况下，程序都不会是简单的顺序结构，而是顺序、选择、循环3种结构的复杂组合。

顺序结构：通常的计算机程序总是由若干条语句组成，从执行方式上看，从第一条语句到最后一条语句完全按顺序执行，这就是简单的顺序结构。如图4-2所示，虚线框内是一个顺序结构。其中A和B两个框是顺序执行的。即在执行完A框所指定的操作后，必须接着执行B框所指定的操作。顺序结构是最简单的一种基本结构。

选择结构：若在程序执行过程当中，根据用户的输入或中间结果去执行若干不同的任务则为选择结构，或称选取结构，或称分支结构。如图4-3所示，虚线框内是一个选择结构。此结构中必包含一个判断框。根据给定的条件p的值为真或假而选择执行对应的A框或B框。

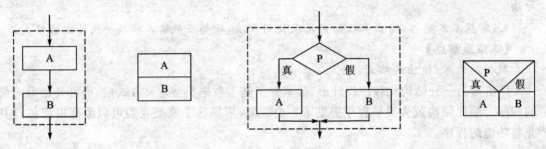

图4-2　顺序结构的流程图及N-S图　　　　图4-3　选择结构的流程图及N-S图

循环结构：如果在程序的某处，需要根据某项条件重复地执行某项任务若干次或直到满足或不满足某条件为止，这就构成循环结构，又称重复结构，即反复执行某一部分的操作。可分为两类循环结构，如图4-4所示。

当型（while型）循环结构的功能是先执行判断条件P是否为真，当条件为真则执行A框后，再次判断P条件是否成立，若成立则反复执行A框，若P条件不成立，则脱离循环执行后续语句。

直到型（U）循环结构的功能是先执行A框，然后再判断给定的P条件是否成立，如果P条件为假，则再执行A，然后再对P条件进行判断，如果P条件仍然不成立，又执行A，如此反复执行A，直到给定的条件P为真为止，则不再执行A，脱离循环结构执行后续语句。

【总结】顺序结构、选择结构、循环结构具有以下共同特点：

① 每种结构只有1个入口。

② 每种结构只有1个出口。请注意，1个判断框有2个出口，而1个选择结构只有1个出口。不要将判断框的出口和选择结构的出口混淆。

③ 对于每个流程图来说，都应当有一条从入口到出口的路径。

④ 结构内不能存在"死循环"，即无终止的循环。

【注意】已经证明，由以上3种基本结构顺序组成的算法结构，可以解决任何复杂的问题。由基本结构所构成的算法属于"结构化"的算法，它不存在无规律的转向，只在基本结构内才允许存在分支和向前或向后的跳转。

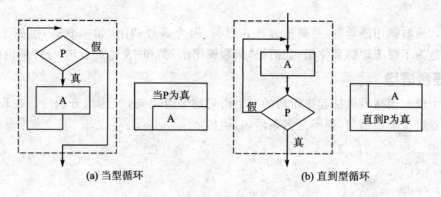

(a) 当型循环　　　　　(b) 直到型循环

图 4-4　循环结构流程图及 N-S 图

4.2　C 语言的语句

和其它高级语言一样，C 语言的语句主要用来向计算机系统发出操作指令。一个语句经编译后产生若干条机器指令，一个实际的程序由若干个语句组成。程序的主要功能是由执行语句实现的。C 语句可分为以下 5 类。

1. 表达式语句

表达式能构成语句是 C 语言的一个重要特色，表达式加上分号";"就组成表达式语句。其一般形式为"表达式；"。执行表达式语句就是计算表达式的值。任何表达式都可以加上分号而成为语句。例如："y+z;"也是一个语句，作用是完成 y+z 的操作，它是合法的，但是并不把 y+z 的和赋给另一个变量，所以它并无实际意义，与"x=y+z;"的区别在于后者的结果保留在变量 x 中，而前者的结果无保留。

2. 控制语句

控制语句用于控制程序的流程，以实现程序的各种结构方式。它们由特定的语句定义符组成。C 语言有 9 种控制语句，可分成以下 3 大类：

(1) 条件判断语句

　　　if()…else…，switch 语句

(2) 循环执行语句

　　　while()…，do…while()，for()…

(3) 转向语句

　　　break 语句、goto 语句、continue 语句、return 语句

以上 9 种语句中的括号"()"表示其中是一个条件，"…"表示内嵌的语句。我们将在以后的章节中进行详细介绍。

3. 函数调用语句

函数调用语句由函数名、实际参数加上分号";"组成。其一般形式为："函数名(实际参数表)；"。执行函数语句就是调用函数体并把实际参数赋予函数定义中的形式参数，然后执行被调函数体中的语句，求取函数值。例如："printf("This is a C Program");"调用库函数，输出字

符串。

其实,"函数调用语句"也是属于表达式语句,因为函数调用(如 sin(x))也属于表达式的一种。只是为了便于理解和使用,我们把"函数调用语句"和"表达式语句"分开来说明。

4. 复合语句

把多个语句用括号{}括起来组成的一个语句称复合语句,又称为分程序。在程序中应把复合语句看成是单条语句,而不是多条语句,例如:

```
{
    x = y + z;
    y = b * c;
    printf("%d%d",x,y);
}
```

【注意】复合语句中最后一个语句中最后的分号不能忽略不写,括号"}"外不能加分号。
C语言允许一行写几个语句,也允许一个语句拆开写在几行上,书写格式无固定要求。

5. 空语句

即只有分号";"组成的语句称为空语句。空语句是什么也不执行的语句。有时用来做被转向点,或循环语句中的循环体(循环体是空语句,表示循环体什么也不做)。例如:while (getchar()!='\n');本语句的功能是,只要从键盘输入的字符不是回车则重新输入。

4.3 格式输入/输出函数

在程序的运行过程中,常常需要由用户输入一些数据,而程序运算所得到的计算结果等又需要输出给用户,从而实现人与计算机之间的交互,所以在程序设计中,输入/输出语句是一类必不可少的重要语句,C语言本身并不提供数据输入/输出语句,所有的输入/输出操作都是通过对标准I/O库函数的调用实现。

在C语言的标准函数中提供了以下6个输入/输出函数:

printf();   /* 把键盘中的各类数据,加以格式控制输出到显示器屏幕上 */
scanf();   /* 从键盘上输入各类数据,并存放到程序变量中 */
puts();   /* 把数组变量中的一个字符串常量输出到显示器屏幕上 */
gets();   /* 从键盘上输入一个字符串常量并放到程序的数组中 */
getchar();   /* 从键盘上输入一个字符常量,此常量就是该函数的值 */
sscanf();   /* 从一个字符串中提取各类数据 */

这些函数都是针对系统特定的输入/输出函数(如键盘、显示屏等)而言的。由于标准函数库中所用到的变量定义和宏定义均在扩展名为.h的头文件中描述,因此在使用标准函数库时,必须用预编译命令"include"将相应的头文件包含到用户程序中。例如:"#include<stdio.h>"或"#include"stdio.h""。

在以上6个输入/输出函数中,格式化输入/输出函数scanf()和printf()是使用频率最高的2个函数,系统允许在使用这2个函数时可不加"#include< stdio.h >"或"#include "stdio.h""。

4.3.1 格式输出函数——printf 函数

printf()函数是格式化输出函数,一般用于向标准输出设备按规定格式输出信息。printf()函数的调用一般形式为:

printf("格式控制串",输出列表);

主要功能:输出任何类型的数据。

例如"printf("x=%d,y=%f,z=%c\n",x,y,z);",其中格式控制部分用于指定输出格式。格式控制串可由格式字符串和非格式字符串两种组成。输出列表中给出了各个输出项,要求格式字符串和各输出项在数量和类型上一一对应。

1. 格式字符串

格式字符串是以%开头的字符串,在%后面跟有各种格式字符,以说明输出数据的类型、形式、长度、小数位数等。如"%d"表示按十进制整型输出,"%ld"表示按十进制长整型输出,"%c"表示按字符型输出等。

格式字符串的一般形式为:

%[标志][输出最小宽度][.精度][长度]类型

其中方括号[]中的项为可选项。各项的意义如下。

(1) 标　志

标志字符为 -、+、#、空格共 4 种,其意义如表 4-1 所列。

表 4-1　标志及其意义

标　志	意　义
-	结果左对齐,右边填空格
+	输出符号(正号或负号)空格输出值为正时冠以正号,为负时冠以负号
#	对 c、s、d、u 类无影响;对 o 类,在输出时加前缀 o;对 x 类,在输出时加前缀 0x;对 e、g、f 类当结果有小数时才给出小数点
空格	输出值为正时冠以空格,为负时冠以负号

%-md:m 为指定的输出字段的宽度。符号"-"为左端对齐,如果数据的位数小于 m,则右端补以空格,若大于 m,则按实际位数输出。

例如"printf("a=%-4d,b=%-4d",a,b);",若 a=100,b=10000,则输出结果为:"a=100␣,b=10000"。

例如"printf("a=%+d,b=%+d",a,b);",若 a=100,b=-100,则输出结果为:"a=+100,b=-100"。

例如"printf("a=%#o,b=%#x",a,b);",若 a=100,b=1000,则输出结果为:"a=0144,b=0x3e8"。

例如"printf("a=%　d,b=%　d",a,b);",若 a=100,b=-100,则输出结果为:"a= 100,b=-100"。

(2) 输出最小宽度

用十进制整数来表示输出的最少位数。若实际位数多于定义的宽度,则按实际位数输出,若实际位数少于定义的宽度则补以空格或0。

%md:m为指定的输出字段的宽度。若数据的位数小于m,则左端补以空格,若大于m,则按实际位数输出。

%mc:m为指定的输出字段的宽度。若m大于一个字符的宽度,则输出时向右对齐,左端补以空格。

%ms:m为输出时字符串所占的列数。如果字符串的长度(字符个数)大于m,则按字符串的本身长度输出,否则输出时字符串向右对齐,左端补以空格。

%me:m为指定的输出项的宽度。若数据的位数小于m,则左端补以空格,若大于m,则按实际位数输出。

例如:

printf("a=%4d,b=%4d",a,b);若a=100,b=10000,

输出结果为:

a= 100,b=10000

例如:

main( )
{
    printf("%s,%2s,%6s%-6s\n","china","china","china","china");
}

输出结果为:

china,china, china,china

例如:

printf("%e,%10e,%10.2e,%.2e,%-10.2e\n",x,x,x,x,x);

如果 x=1234.56,则输出结果为:

1.234560e+003,1.234560e+003, 1.23e+003,1.23e+003,1.23e+003

    13列   13列   10列   9列   10列

另外,在实际应用中,还有一种更灵活的宽度控制方法,用常量或变量的值作为输出宽度,方法是以一个"*"作为修饰符,插入到%之后。

例如:i=123;

printf("%*d",5,i);

(3) 精 度

精度格式符以"."开头,后跟十进制整数。本项的意义是:如果输出数字,则表示小数的位数;如果输出的是字符,则表示输出字符的个数;若实际位数大于所定义的精度数,则截去超过的部分。

%m.nf:m为浮点型数据所占的总列数(包括小数点),n为小数点后面的位数。如果数据的长度小于m,则输出时向右对齐,左端补以空格。

%m.ns:输出字符串总共占m列,但只取字符串中左端n个字符。若n<m,n个字符输

出在 m 列范围的右侧,左补空格。若 n>m,则 m 自动取 n 值,按实际字符个数输出。

例如:

```
float x = 111111.111;
printf("x = %.1f,%12.1f\n",x,x);
```

输出结果为:
x=111111.1,⎵⎵⎵⎵⎵111111.1

例如:

```
main( )
{
    printf("%s,%7.2s,%.4s,%-5.3s\n","china","china","china","china");
}
```

输出结果为:
china,⎵⎵⎵⎵⎵ch,chin,chi⎵⎵

(4) 长　度

长度格式符分为 h 和 l 两种,其意义如表 4-2 所列。

%ld:输出长整型数据。

例如:

```
long   a = 123456;
printf("a = %ld",a);
```

输出结果为:a=123456

整型数据的范围为 -32768~+32767,如果用%d 输出,就会发生错误。因此,对 long 型数据应当用%ld 格式输出。

(5) 输出类型

常见输出类型及对应意义见表 4-3。

表 4-2　长度及意义

长度	意义
h	按短整型量输出
l	表示按长整型量输出

表 4-3　输出类型及意义

输出类型	意义
d	按十进制形式输出带符号的整数(正数前无+号)
o	按八进制无符号形式输出整数(不输出前导符 0)
x	按十六进制无符号形式输出整数(不输出前导符 0x)
u	按无符号十进制形式输出整数
c	按字符形式输出,只输出一个字符
f	按十进制形式输出单、双精度浮点数(默认 6 位小数)
e	按指数形式输出单、双精度浮点数
s	输出以"\0"结尾的字符串
g	选用%f 或%e 格式中输出宽度较短的一种格式,不输出无意义的 0

d 格式:按整型数据的实际长度输出。

例如:

printf("%d,b=%d",100,10000);

则输出结果为:100,10000。

o 格式:以八进制形式输出整数。由于是将内存单元中各位的值(0 或 1)按八进制形式输出,因此输出的数值不带符号(即将符号位也一起作为八进制数的一部分输出)。

例如:

int a = -1;
printf("%d,%o",a,a);

输出结果为:
-1,177777

x 格式:以十六进制数形式输出整数。同 o 格式符一样,同样不会出现负的十六进制数。

例如:

int a=-1;
printf("a=%d,%o,%x",a,a,a);

则输出结果为:

a=-1,177777,ffff

u 格式:以十进制形式输出 unsigned 型数据,即无符号数。一个有符号整数(int 型)也可以用%u 格式输出;反之,一个 unsigned 型数据也可以用%d 格式输出。按相互赋值的规则处理。同样,unsigned 型数据也可用%o 或%x 格式输出。

例如:

main()
{
unsigned int a = 65535;
int b = -2;
printf("a=%d,%o,%x,%u\n",a,a,a,a);
printf("b=%d,%o,%x,%u\n",b,b,b,b);
}

c 格式:输出单个字符。一个整数,只要它的值在 0~255 范围内,也可以用字符形式输出,在输出前系统会将该整数作为 ASCII 码转换成相应的字符;反之,一个字符数据也可以用整数形式输出。

例如:

main()
{
char a='b';
int b = 98;
printf("%c,%d\n",a,a);
printf("%c,%d\n",b,b);
}

输出结果：
b,98
b,98

f 格式：用来以小数形式输出实数（包括单、双精度）。不指定字段宽度，由系统自动指定，使整数部分全部如数输出，并输出 6 位小数。

例如：实数的输出。

```
main( )
{ float x,y,z;
  x = 111111.111;
  y = 222222.222;
  z = x + y;
  printf("z = %f",z);
}
```

输出结果：
z=333333.328125

另外，双精度数也可用%f格式输出，它的有效位数一般为 16 位，给出 6 位小数，因此最后 3 位（超过 16 位部分）是无意义的。

e 格式：以指数形式输出实数。不指定输出数据所占的宽度和数字部分的小数位数，有的 c 编译系统自动指定给出 6 位小数，指数部分占 5 位（如 e+001），其中"e"占 1 位，指数符号占 1 位，指数占 3 位。数值按规范化指数形式输出。

例如：

printf("%e",1234.56);

输出结果为：1.234560e+003。即输出的实数共占用 13 列。

s 格式：用来输出一个字符串。按字符的实际宽度进行输出。

例如：

printf("%s","student");

输出结果为：

student

g 格式：用来输出实数，它根据数值的大小，自动选 f 格式或 e 格式，选择输出时占宽度较小的一种，且不输出无意义的零。

例如：

printf("%f,%e,%g\n",x,x,x);

如果 x=123.456，则输出结果为：

123.456000, 1.234560e+002, 123.456

   10 列   13 列   10 列

2. 非格式字符串

非格式字符串在输出时原样照印,在显示中起提示作用。

例如:

```
printf("a=%d,b=%d",a,b);
```

若已知 a 和 b 的值分别为 3 和 4,则输出为 a=3,b=4。其中字符 a= 和 b= 均为提示字符,按照原样输出。

3. 输出表列

printf 函数中的"输出表"是要输出的一些数据,也可以是表达式。这些表达式应与"格式控制"字符串中的格式说明符的类型一一对应,若"输出表"中有多个表达式,则每个表达式之间应由逗号隔开。

例如:

```
#include <stdio.h>
main()
{
    int a;
    long int b;
    short int c;
    unsigned int d;
    char e;
    float f;
    double g;
    a=1023;
    b=2222;
    c=123;
    d=1234;
    e='x';
    f=3.1415926535898;
    g=3.1415926535898;
    printf("a=%d\n",a);
    printf("a=%0\n",a);
    printf("a=%x\n",a);
    printf("b=%ld\n",b);
    printf("c=%d\n",c);
    printf("d=%u\n",d);
    printf("e=%c\n",e);
    printf("f=%f\n",f);
    printf("g=%f\n",g);
    printf("\n");
}
```

执行该程序,输出为:

a=1023

a＝1777
a＝3ff
b＝2222
c＝123
d＝1234
e＝x
f＝3.141593
g＝3.141593

例如：

```
#include <stdio.h>
main()
{
  int a=1,b=2;
  float x=12.3456,y=-789.124;
  char ch='A';
  long num=1234567;
  unsigned unum=65535;
  printf("a=%d,b=%d\n",a,b);
  printf("%4d,%4d\n",a,b);
  printf("%f,%f\n",x,y);
  printf("%8.2f,%8.2f,%4f,%4f,%.3f,%.3f\n",x,y,x,y,x,y);
  printf("%e,%10.2e\n",x,y);
  printf("%c,%d,%o,%x\n",ch,ch,ch,ch);
  printf("%ld,%lo,%x\n",num,num,num);
  printf("%u,%o,%x,%d\n",unum,unum,unum,unum);
  printf("%s,%5.4s","ABCDEFG","ABCDEFG");
}
```

输出结果为：

a＝1,b＝2
　　1　　2
12.345600,-789.124000
12.35,-789.12,12.345600,-789.124000,12.346,-789.124
1.234560e+001,-7.89e+002
A,65,101,41
1234567,4553207,d687
65535,177777,ffff,-1
ABCDEFG,ABCD

这里请注意输出格式的特殊用法。

%n 令 printf() 把从字符串开始到%n位置已经输出的字符总数放到后面相应的输出项所指向的整型变量中，printf 返回后，%n 对应的输出项指向的变量中存放的整型值为出现%n时已经由 printf 函数输出的字符总数，%n 对应的输出项是记录该字符总数的整型变量的地址。

举个最简单的例子：

```
#include "stdio.h"
main()
{
    int counter = 0;
    printf("iafjd%nfdfkjfa",&counter);
    printf("%d",counter);
}
```

这样 counter 的值为 5，因为在%n 之前的字符有 5 个。

4.3.2 格式输入函数——scanf 函数

格式化输入函数 scanf() 的功能是从键盘上输入数据，该输入数据按指定的输入格式被赋给相应的输入项。函数一般格式为：

scanf("格式控制",输入列表);

它用来输入任何类型的数据，可以同时输入多个同类型的数据。格式控制部分规定数据的输入格式，必须用双引号括起，其内容是由格式说明字符和普通字符两部分组成。输入列表由一个或多个变量地址组成，当变量地址有多个时，各变量地址之间用逗号（,）间隔。

1. 格式控制

格式控制部分规定了输入项中的变量以何种类型的数据格式被输入，形式如下：

%[*][输入数据宽度][长度]类型

其中有方括号[]的项为任选项，各种输入类型修饰及意义如表 4-4 所列。

星号"*"：用来跳过相对应的输入值。
例如：
scanf("%d %*d %d",&a,&b);
当输入为 4、5、6 时，把 4 赋予 a，5 被跳过，6 赋予 b。

输入数据宽度：用十进制整数指定输入数据的宽度。

例如："scanf("%7d",&a);"，当输入为 123456789 时，把 1234567 赋予变量 a，其余部分舍去。

长度：长度修饰符分为两种，即 l 和 h。l 表示输入长整型数据（如%ld）和双精度浮点数（如%lf）。h 表示输入短整型数据。

表 4-4 输入类型

输入类型	意　义
d	输入十进制整数
o	输入八进制整数
x	输入十六进制整数
c	输入单个字符
s	输入字符串
f	输入浮点数（小数或指数形式）
e	输入浮点数（指数形式）

表 4-5 长度修饰符

长度修饰符	意　义
l	用于输入长整型数据（可用%ld,%lo,%lx），以及 double 型数据（用%lf 或%le）
H	用于输入短整型数据（可用%hd,%ho,%hx）
域宽（为正整数）	指定输入数据所占宽度（列数）

2. 输入列表

scanf 函数中的"输入列表"部分是由变量的地址组成的,如果有多个变量,则各变量之间用逗号隔开。地址运算符为"&",如变量 a 的地址可以写为 &a。

【注意】scanf()中各输入变量必须加地址操作符,即变量前加"&",这是初学者经常容易忽略的一个问题,还要注意输入类型与变量类型一致。

例如:

```
main()
{
  long a;
  printf("input a long integer\n");
  scanf("%ld",&a);
  printf("%ld",a);
}
```

运行结果为:
input a long integer
1234567890
1234567890

当输入数据改为长整型后,输入/输出数据相等。

使用输入函数时需要注意如下问题:

① scanf 函数中只有长度控制,而没有精度控制,否则程序将会出错。

例如:

"scanf("%3d,%10.3f",&x,&y);"中%3d 是合法的,但%10.3f 显然是不合法的。

② 如果在"格式控制"字符串中除了格式说明以外还有其它字符,则在输入数据时应输入与这些字符相同的字符。

例如:

scanf("x=%d,y=%d",&x,&y);

输入时应用如下形式:1,2↙

输入格式与 scanf 函数中的"格式控制"中的格式不对应,不能正确赋值。正确的写法是:x=1,y=2。

③ 在输入数据时,遇空格或按"回车"或"跳格"(tab)键均认为输入结束,但要注意输出类型为字符时,空格、跳格都算作字符。

例如:

```
main()
{
  char a,b;
  printf("input character a,b\n");
  scanf("%c%c",&a,&b);
  printf("\n%c%c\n",a,b);
}
```

输入格式为：

ab(回车)　　　为正确输入格式；

a　　b　　　　为错误的输入格式；

a(回车)

b(回车)　　　为错误的输入格式。

④ 在连续使用多个 scanf 函数时，由于第一个输入行末尾输入的"回车"要被后一个 scanf 函数接收，因此后面的 scanf 函数中格式控制的最前面应加一个空格字符，以抵消上行输入的"回车"。

例如：

```
main( )
{ int a,b;
  float x;
  char c1,c2;
  scanf("a=%d,b=%d",&a,&b);
  scanf(" %f",&x);
  scanf(" %c %c",&c1,&c2);
}
```

运行时应在键盘上按如下格式输入：

a=3,b=4 ↙

␣12.34 ↙

·␣a␣b ↙

4.4　字符数据的输入/输出函数

4.4.1　字符输出函数——putchar 函数

putchar()函数是向标准输出设备输出一个字符。其一般形式为：

　　　putchar(ch);

其中 ch 为一个字符变量或常量。

putchar()函数的作用等同于"printf("%c", ch);"。

例如：

```
#include<stdio.h>
main()
{
    char c;              /*定义字符变量*/
    c='B';               /*给字符变量赋值*/
    putchar(c);          /*输出该字符*/
    putchar('\x42');     /*输出字母 B*/
    putchar(0x42);       /*直接用 ASCII 码值输出字母 B*/
}
```

顺序结构程序设计 4

从此例中的连续4个字符输出函数语句可以分清字符变量的不同赋值方法,不仅仅是普通字符还可以是转义字符。

4.4.2 字符输入函数——getchar函数

getchar函数的功能是从键盘上输入一个字符。其一般形式为:

  getchar();

通常把输入的字符赋予一个字符变量,构成赋值语句,如:

char c;
c = getchar();

【注意】函数的值可以送给字符变量,也可以送给整型变量。

```
#include <stdio.h>
main()
{
  char c;
  c = getchar();
}
```

【注意】getchar( )函数只能接收一个字符。getchar( )函数得到的字符可以赋给一个字符变量或整型变量,也可以不赋给任何变量,作为表达式的一部分。

4.5 顺序结构程序举例

【例4.1】下面的程序是一个复数加法的例子。

```
#include<stdio.h>
main()
{
  float a1,b1,a2,b2;
  char ch;
  printf("\t\t\tcomplexsAddition\n");
  printf("pleaseinputthefirstcomplex:\n");
  printf("\trealpart:");
  scanf("%f",&a1);
  printf("\tvirtualpart:");
  scanf("%f",&b1);
  printf("%5.2f+i%5.2f\n",a1,b1);
  printf("\npleaseinputthesecondcomplex:\n");
  printf("\trealpart:");
  scanf("%f",&a2);
  printf("\tvirtualpart:");
  scanf("%f",&b2);
  printf("%5.2f+i%5.2f\n",a2,b2);
  printf("\nTheadditionis:");
```

```
        printf("%6.3f+i%6.3f\n",a1+a2,b1+b2);
        printf("programnormalterminated,pressenter…");
        ch = getchar();
        ch = getchar();
}
```

运行结果如下:

```
complexsaddition
pleaseinputthefirstcomplex:
realpart:1.2
virtualpart:3.4
1.20 + i3.40
pleaseinputthesecondcomplex:
realpart:5.6
virtualpart:7.8
5.60 + i7.80
Theadditionis:6.800 + i11.200
programnormalterminated,pressenter....
```

【例 4.2】求一元二次方程 $ax^2+bx+c=0$ 的根,a、b、c 由键盘输入,设 $b^2-4ac>0$。

求根公式为: $x=\dfrac{-b\pm\sqrt{b^2-4ac}}{2a}$

令, $p=\dfrac{-b}{2a}$ $q=\dfrac{\sqrt{b^2-4ac}}{2a}$

则 x1=p+q,x2=p-q。

源程序如下:

```
#include<math.h>
main()
{
    float a,b,c,disc,x1,x2,p,q;
    scanf("a=%f,b=%f,c=%f",&a,&b,&c);
    disc = b*b-4*a*c;
    p = -b/(2*a);
    q = sqrt(disc)/(2*a);
    x1 = p+q; x2 = p-q;
    printf("\nx1 = %5.2f\nx2 = %5.2f\n",x1,x2);
}
```

【例 4.3】已知地球的半径为 6371 km,计算地球的表面积和体积。

源程序如下:

```
#define PI 3.1415926
main()
{
    double r = 6371,s,v;
```

```
s = 4 * PI * r * r;
v = 4 * PI * r * r * r/3;
printf("s = %15.4e\nv = %15.4e\n",s,v);
}
```

【运行结果】

5.101e+08v=15.4e

【例 4.4】 已知匀加速运动的初速度 v0、加速度 a 和运行的时间 t,求时间 t 时的速度、时间 t 内走过的路程及平均速度。

源程序如下:

```
# include "stdio.h"
main()
{
  float v0,vt,a,t,s,v;
  printf("input vo,a,t = ");
  scanf("%f,%f,%f",&v0,&a,&t);
  vt = v0 + a * t;
  s = vo * t + a * t * t/2;
  v = (v0 + vt)/2;
  printf("vt = %10.2fs = %10.2fv = %10.2f\n",vt,s,v);
}
```

【运行结果】

输入数据:

3.2,2.5,22.5

结果是:

vt=59.45   s=704.81   v=31.33

本章小结

本章主要介绍了 C 语言 3 种基本结构、5 种基本语句、数据的输入/输出、格式的输入/输出。主要知识点如下:

3 种基本结构:顺序结构、选择结构、循环结构。

5 种基本语句及其使用方法:表达式语句、函数控制语句、控制语句、空语句、复合语句。

格式输出函数 printf():一般输出项的个数等于格式控制说明符的个数,但是如果输出项的个数多于格式控制说明符的个数,则没有格式控制说明符的输出项不输出;如果格式控制说明符的个数多于输出项的个数,则按格式控制说明符输出对应输出项的值,对应多余的格式说明符输出随机值(不确定值)。printf 中输出格式符的 d 的含义是以带符号的十进制形式输出整数;o 的含义是以无符号的八进制形式输出整数;x 的含义是以无符号的十六进制形式输出整数。另一点需要注意的是,C 语言中常用加前缀或后缀的办法来表示常数的不同类型和形式,常用的前缀有以下两种:

用 O 表示八进制整型数,如 O73、O132 等;

用 0x 表示十六进制整型数,如 0x72、0xlc3 等。

在用 printf 输出变量时,并不输出表示常数类型和形式的前缀符号,即十进制正整数不输出符号,八进制整数不输出前缀 O,十六进制形式整数不输出前缀 0x。

scanf 语句中,在格式控制字符串(即双引号内的字符串)中除了格式说明外还有其它字符,在从键盘输入数据时应输入与这些字符相同的字符。

getchar 函数是从终端(或系统隐含指定的输入设备)输入一个字符;此函数无参数。一般形式为:

  getchar()

函数值是从输入设备得到的字符。

putchar 函数是向终端输出一个字符,返回值是输出的字符。一般形式为:

  putchar(c)

c 可以是字符型常量、字符型变量、整型常量、整型变量表达式。

在使用标准输入/输出(I/O)库函数时,要用 #include<stdio.h> 预编译命令。

本章介绍了语句的分类、常用的输入/输出函数以及顺序结构程序设计。

历年试题汇集

1. 【2000.4】下列程序执行后的输出结果是_____。

   ```
   main()
   { int x='f'; printf("%c \n",'A'+(x-'a'+1)); }
   ```

   A) G   B) H   C) I   D) J

2. 【2000.4】下列程序执行后的输出结果是_____。

   ```
   main()
   { char x=0xFFFF; printf("%d \n",x--); }
   ```

   A) −32767   B) FFFE   C) −1   D) −32768

3. 【2000.4】语句 printf("a\bre\'hi\'y\\\bou\n"); 的输出结果是_____。

   A) a\bre\'hi\'y\\\bou   B) a\bre\'hi\'y\bou
   C) re'hi'you   D) abre'hi'y\bou

   (说明:\b 是退格符)

4. 【2000.4】下列程序的输出结果是_____。

   ```
   main()
   { double d=3.2; int x,y;
     x=1.2; y=(x+3.8)/5.0;
     printf("%d \n", d*y);
   }
   ```

   A) 3   B) 3.2   C) 0   D) 3.07

5. 【2000.4】下列变量定义中合法的是_____。
   A) short _a=1-.1e-1;   B) double b=1+5e2.5;
   C) long do=0xfdaL;   D) float 2_and=1-e-3;

6. 【2000.4】下列程序的运行结果是_____。
   ```
   #include <stdio.h>
   main()
   { int a=2,c=5;
     printf("a=%d,b=%d\n",a,c); }
   ```
   A) a=%2,b=%5   B) a=2,b=5
   C) a=d, b=d   D) a=%d,b=%d

7. 【2001.9】设正 x、y 均为整型变量,且 x=10 y=3,则以下语句的输出结果是_____。
   ```
   printf("%d,%d\n",x--,--y);
   ```
   A) 10,3   B) 9,3   C) 9,2   D) 10,2

8. 【2001.9】x、y、z 被定义为 int 型变量,若从键盘给 x、y、z 输入数据,正确的输入语句是_____。
   A) INPUT x、y、z;   B) scanf("%d%d%d",&x,&y,&z);
   C) scanf("%d%d%d",x,y,z);   D) read("%d%d%d",&x,&y,&z);

9. 【2001.9】以下程序的输出结果是_____。
   ```
   main()
   { int  a=3;
     printf("%d\n",(a+=a-=a*a));
   }
   ```
   A) -6   B) 12   C) 0   D) -12

10. 【2002.9】已知 i、j、k 为 int 型变量,若从键盘输入:1,2,3<回车>,使 i 的值为 1、j 的值为 2、k 的值为 3,以下选项中正确的输入语句是_____。
    A) scanf("%2d%2d%2d",&i,&j,&k);
    B) scanf("%d   %d   %d",&i,&j,&k);
    C) scanf("%d,%d,%d",&i,&j,&k);
    D) scanf("i=%d,j=%d,k=%d",&i,&j,&k);

11. 【2002.9】与数学式子对应的 C 语言表达式是_____。
    A) 3*x^n(2*x-1)   B) 3*x**n(2*x-1)
    C) 3*pow(x,n)*(1/(2*x-1))   D) 3*pow(n,x)/(2*x-1)

12. 【2002.9】设有定义:long x=-123456L;,则以下能够正确输出变量 x 值的语句是_____。
    A) printf("x=%d\n",x);   B) printf("x=%1d\n",x);
    C) printf("x=%8dL\n",x);   D) printf("x=%LD\n",x);

13. 【2002.9】若有以下程序:
    ```
    main()
    ```

```
    { int k=2,i=2,m;
        m=(k+=i*=k);printf("%d,%d\n",m,i);
    }
```

执行后的输出结果是_____。

A) 8,6   B) 8,3   C) 6,4   D) 7,4

14.【2002.9】已有定义:int x=3,y=4,z=5;,则表达式!(x+y)+z-1 && y+z/2 的值是_____。

A) 6   B) 0   C) 2   D) 1

15.【2002.9】有以下程序：

```
#include <stdio.h>
main()
{ char c;
    while((c=getchar())!='?') putchar(--c);
}
```

程序运行时,如果从键盘输入:Y? N?<回车>,则输出结果为_____。

16.【2003.9】有定义语句:int x,y;,若要通过 scanf("%d,%d",&x,&y);语句使变量 x 得到数值11,变量 y 得到数值12,下面四组输入形式中,错误的是_____。

A) 11   12<回车>   B) 11,12<回车>

C) 11,12<回车>   D) 11,<回车>12<回车>

17.【2003.9】设有如下程序段:

```
int x=2002,y=2003;
printf("%d\n",(x,y));
```

则以下叙述中正确的是_____。

A) 输出语句中格式说明符的个数少于输出项的个数,不能正确输出

B) 运行时产生出错信息

C) 输出值为 2002

D) 输出值为 2003

18.【2003.9】设变量 x 为 float 型且已赋值,则以下语句中能将 x 中的数值保留到小数点后两位,并将第三位四舍五入的是_____。

A) x=x*100+0.5/100.0;   B) x=(x*100+0.5)/100.0;

C) x=(int)(x*100+0.5)/100.0;   D) x=(x/100+0.5)*100.0;

19.【2004.9】有以下程序:

```
main()
{ int m=3,n=4,x;
    x=-m++;
    x=x+8/++n;
    printf("%d\n",x);
}
```

程序运行后的输出结果是_____。

A) 3   B) 5   C) -1   D) -2

20. 【2004.9】有以下程序：

```
main()
{ char a='a',b;
  print("%c,",++a);
  printf("%c\n",b=a++);
}
```

程序运行后的输出结果是_____。
A) b,b   B) b,c   C) a,b   D) a,c

21. 【2004.9】有以下程序：

```
main()
{ int m=0256,n=256;
  printf("%o %o\n",m,n);
}
```

程序运行后的输出结果是_____。
A) 0256 0400   B) 0256 256   C) 256 400   D) 400 400

22. 【2004.9】有以下程序：

```
main()
{ int a=666,b=888;
  printf("%d\n",a,b);
}
```

程序运行后的输出结果是_____。
A) 错误信息   B) 666   C) 888   D) 666,888

23. 【2004.9】有以下程序：

```
main()
{ char a,b,c,d;
  scanf("%c,%c,%d,%d",&a,&b,&c,&d);
  printf("c,%c,%c,%c\n",a,b,c,d);
}
```

若运行时从键盘上输入：6,5,65,66，则输出结果是_____。
A) 6,5,A,B   B) 6,5,65,66   C) 6,5,6,5   D) 6,5,6,6

24. 【2004.9】有以下程序：

```
main()
{ unsigned int a;
  int b=-1;
  a=b;
  printf("%u",a);
}
```

程序运行后的输出结果是_____。

A) -1　　　　　B) 65535　　　　　C) 32767　　　　　D) -32768

25.【2004.9】以下程序段的输出结果是_____。

```
int i = 9;
printf("%o\n",i);
```

26.【2004.9】以下程序运行后的输出结果是_____。

```
main()
{ int a,b,c;
  a = 25;
  b = 025;
  c = 0x25;
  printf("%d %d %d\n",a,b,c);
}
```

27.【2005.9】以下程序的功能是：给 r 输入数据后计算半径为 r 的圆面积 s。程序在编译时出错。

```
main()
/* Beginning */
{ int r; float s;
  scanf("%d",&r);
  s = *p*r*r; printf("s = %f\n",s);
}
```

出错的原因是_____。

A) 注释语句书写位置错误

B) 存放圆半径的变量 r 不应该定义为整型

C) 输出语句中格式描述符非法

D) 计算圆面积的赋值语句中使用了非法变量

28.【2005.9】有以下程序：

```
main()
{ char a1='M', a2='m';
  printf("%c\n",(a1,a2));}
```

以下叙述中正确的是_____。

A) 程序输出大写字母 M　　　　　B) 程序输出小写字母 m

C) 格式说明符不足，编译出错　　　D) 程序运行时产生出错信息

29.【2005.9】有以下程序：

```
#include
main()
{ char c1='1',c2='2';
  c1=getchar(); c2=getchar(); putchar(c1); putchar(c2);
}
```

当运行时输入:a<回车>后,以下叙述正确的是_____。

A) 变量 c1 被赋予字符 a,c2 被赋予回车符
B) 程序将等待用户输入第 2 个字符
C) 变量 c1 被赋予字符 a,c2 中仍是原有字符 2
D) 变量 c1 被赋予字符 a,c2 中将无确定值

30. 【2005.9】以下程序运行后的输出结果是_____。

    main()
    { int x = 0210; printf("%X\n",x);
    }

31. 【2005.9】以下程序运行后的输出结果是_____。

    main()
    { char c; int n = 100;
      float f = 10; double x;
      x = f * = n/ = (c = 50);
      printf("%d %f\n",n,x);
    }

课后练习

一、选择题

1. C语言的程序一行写不下时,可以(   )。
   A) 用逗号换行   B) 用分号换行
   C) 在任意一空格处换行   D) 用回车符换行

2. putchar( )函数可以向终端输出一个(   )。
   A) 整型变量表达式值   B) 实型变量值
   C) 字符串   D) 字符或字符型变量值

3. 执行下列程序片段时输出结果是(   )。

   unsigned int a = 65535;
   printf("%d",a);

   A) 65535   B) -1   C) -32767   D) 1

4. 执行下列程序片段时输出结果是(   )。

   float x = -1023.012
   printf("\n%8.3f,",x);
   printf("%10.3f",x);

   A) 1023.012,-1023.012   B) -1023.012,-1023.012
   C) -1023.012,1023.012   D) 1023.012,1023.012

5. 已有如下定义和输入语句,若要求 a1、a2、c1、c2 的值分别为 10、20、A 和 B,当从第一列开始输入数据时,正确的数据输入方式是(   )。

   int a1,a2; char c1,c2;

```
scanf("%d%c%c",&a1,&a2,&c1,&c2);
```

  A) 10A 20B   B) 10 A 20 B
  C) 10A20B   C) 10A20 B

6. 对于下述语句,若将10赋给变量k1和k3,将20赋给变量k2和k4,则应按( )方式输入数据。

```
int k1,k2,k3,k4;
scanf("%d%d",&k1,&k2);
scanf("%d,%d",&k3,&k4);
```

  A) 1020

  B) 10 20

  C) 10,20

  D) 10 20 1020 10 20 10,20 10,20

7. 执行下列程序片段时输出结果是( )。

```
int x=13,y=5;
printf("%d",x%=(y/=2));
```

  A) 3   B) 2   C) 1   D) 0

8. 下列程序的输出结果是( )。

```
main()
{ int x=023;
  printf("%d",--x);
}
```

  A) 17   B) 18   C) 23   D) 24

9. 已有如下定义和输入语句,若要求a1,a2,c1,c2的值分别为10,20,A和B,当从第一列开始输入数据时,正确的输入方式是( )。

```
int a1,a2; char c1,c2;
scanf("%d%d",&a1,&a2);
scanf("%c%c",&c1,&c2);
```

  A) 1020AB B) 10 20 AB C) 10 20 AB D) 10 20AB

10. 执行下列程序片段时输出结果是_____。

```
int x=5,y;
y=2+(x+=x++,x+8,++x);
printf("%d",y);
```

  A) 13   B) 14   C) 15   D) 16

11. 若定义x为double型变量,则能正确输入x值的语句是_____。

  A) scanf("%f",x);   B) scanf("%f",&x);
  C) scanf("%lf",&x);   D) scanf("%5.1f",&x);

12. 若运行时输入:12345678↵,则下列程序运行结果为_____。

```
main( )
{
  int a,b;
  scanf("%2d%2d%3d",&a,&b);
  printf("%d\n",a+b);
}
```

A) 46　　　　　　　B) 579　　　　　　　C) 5690　　　　　　D) 出错

13. 已知 i,j,k 为 int 型变量,若从键盘输入:1,2,3<回车>,使 I 的值为 1,j 的值为 2,k 的值为 3,以下选项中正确的输入语句是_____。

　　A) scanf("%2d%2d%2d",&i,&j,&k);
　　B) scanf("%d_%d_%d",&i,&j,&k);
　　C) scanf("%d,%d,%d",&i,&j,&k);
　　D) scanf("i=%d,j=%d,k=%d",&i,&j,&k);

14. 若 int x,y; double z;以下不合法的 scanf 函数调用语句是_____。
　　A) scanf("%d%lx,%le",&x,&y,&z);
　　B) scanf("%2d*%d%lf",&x,&y,&z);
　　C) scanf("%x%*d%o",&x,&y);
　　D) scanf("%x%o%6.2f",&x,&y,&z);

15. 有输入语句:scanf("a=%d,b=%d,c=%d",&a,&b,&c);为使变量 a 的值为 1,b 的值为 3,c 的值为 2,则正确的数据输入方式是_____。
　　A) 132↙　　B) 1,3,2↙　　C) a=1 b=3 c=2↙　　D) a=1,b=3,c=2↙

二、填空题

1. C 语句的最后用_____结束。
2. C 语句中的语句可以分为_____、_____、_____、_____和_____5 大类。
3. C 语言库函数中常用的输入输出函数共有四个,它们是:_____、_____、_____和_____。
4. 赋值表达式后跟一个分号组成_____。
5. C 语言中的 3 大基本结构是_____、_____和_____。
6. printf 函数的作用是_____。
7. scanf 函数的作用是_____。
8. putchar 函数的作用是_____,而 getchar 函数的作用是_____。

三、简答题

1. C 语言中的语句有哪几类? C 语句与其它语言中的语句有哪些异同?
2. 怎样区分表达式和表达式语句? C 语言为什么要设表达式语句? 什么时候用表达式,什么时候用表达式语句?
3. C 为什么要把输入/输出的功能作为函数,而不作为语言的基本部分?

四、上机操作题

1. 输入以下程序,观察运行结果。每小题都是对原来的程序进行修改:

```
main()                                    /*行1*/
{                                         /*行2*/
  char a,b,c;                             /*行3*/
  a='A'; b='B'; c='C';                    /*行4*/
  printf("%c, %c, %c\n",a,b,c);           /*行5*/
}
```

求运行结果：
(1) 将第 5 行改为：
printf("%d, %d, %d\n",a,b,c);
运行结果为_____。
(2) 将第 3 行改为：
int a,b,c;
运行结果为_____。
(3) 将第 4 行改为：
a=65; b=98; c=53;
运行结果为_____。

2. 输入下面程序并运行，观察屏幕显示结果。

```
main()                                    /*行1*/
{                                         /*行2*/
  float x;                                /*行3*/
  char y;                                 /*行4*/
  y='x';x=3.156;                          /*行5*/
  printf("%f\n",x);                       /*行6*/
  printf("%c\n",y);                       /*行7*/
}
```

运行结果为_____。
(1) 若将第 6 行改为：
printf("%0.2f\n",x);
(2) 若将第 7 行改为：
printf("%2c\n",y);
运行结果为_____。

3. 输入下面程序并运行，观察屏幕显示结果。

```
#include "stdio.h"
main()
{
  char c;
  c=getchar();
  putchar(c);
  printf("%c",c);
}
```

4. 编写程序。

(1) 输入两个整数 a、b,将它们交换后输出。

```
# include "stdio.h"
main()
{
    int a,b,t;
    scanf("%d,%d",&a,&b);
    printf("a=%d,b=%d\n",a,b);
    t=a;a=b;b=t;
    printf("a=%d,b=%d\n",a,b);
}
```

(2) 计算给定半径的圆的周长和面积。程序运行时,提示用户输入圆的半径,并以此计算出圆的周长与面积。

```
# include "stdio.h"
main()
{
    float PI=3.1415926;
    float r,s,area;
    printf("请输入圆的半径:");
    scanf("%f",&r);
    s=2*r*PI;
    area=PI*r*r;
    printf("圆周长=%.2f\n",s);
    printf("圆面积=%.2f\n",area);
}
```

五、程序阅读题

1. 用下面的 scanf 函数输入数据,使 a=3,b=7,x=8.5,y=71.82,c1='A',c2='a',问在键盘上如何输入?

```
main()
{
    int a,b;
    float x,y;
    char c1,c2;
    scanf("a=%d b=%d",&a,&b);
    scanf("%f %e",&x,&y);
    scanf("%c %c",&c1,&c2);
}
```

2. 写出以下程序的输出结果。

```
main()
{
    int y=3,x=3,z=1;
```

```
    printf("%d %d\n",(++x,y++),z+2);
}
```

3. 写出以下程序的输出结果。

```
main()
{
    int a=12345;
    float b=-198.345,c=6.5;
    printf("a=%4d,b=%-10.2e,c=%6.2f\n",a,b,c);
}
```

4. 写出以下程序的输出结果。

```
main()
{
int x=-2345;
float y=-12.3;
printf("%6D,%06.2F",x,y);
}
```

5. 写出以下程序的输出结果。

```
main()
{
    int a=252;
    printf("a=%o a=%#o\n",a,a);
    printf("a=%x a=%#x\n",a,a);
}
```

6. 写出以下程序的输出结果。

```
main()
{
    int x=12; double a=3.1415926;
    printf("%6d##,%-6d##\n",x,x);
    printf("%14.101f##\n",a);
}
```

六、程序题

1. 输入一个4为正整数,以相反的次序输出。例如:输入1234,输出4321。
2. 已知三角形的两边及夹角,求第三边长和面积。
3. 任意输入一个字符,输出该字符及它的ASCII码值。
4. 编写一个程序,输出下面两行文字。

    I have a computer.

    I study the C language.
5. 如果 x=8,y=7.5,希望输出下面的结果,请编写程序:

    x*y=8*7.5=60

第 5 章

选择结构程序设计

【本章考点和学习目标】
1. 熟练使用 if 语句的 3 种形式,掌握用 if 语句实现选择结构方法。
2. 掌握用 switch 语句实现多分支选择结构的方法。
3. 掌握选择结构的嵌套。

【本章重难点】
重点:if 语句的 3 种形式。
难点:选择结构的嵌套。

选择结构是 C 语言 3 大基本结构之一,是计算机科学用来描述自然界和社会生活中分支现象的手段。分支结构与顺序结构不同,其执行是依据一定的条件选择执行路径,而不是严格按照语句出现的物理顺序。分支结构的程序设计方法的关键在于构造合适的分支条件和分析程序流程,根据不同的程序流程选择适当的分支语句。

5.1 选择结构概述

一个表达式的返回值都可以用来判断真假,除非没有任何返回值的 void 型和返回无法判断真假的结构。当表达式的值不等于 0 时,它就是真,否则就是假。一个表达式可以包含其它表达式和运算符,并且基于整个表达式的运算结果可以得到一个真/假的条件值。因此,当一个表达式在程序中被用于检验其真/假的值时,就称为一个条件。选择结构就是根据条件命令执行相对应程序段的一种框架。

选择结构的特点:根据所给定选择条件为真与否,决定从各实际可能的不同操作分支中执行某一分支的相应操作,并且任何情况下都有"无论分支多少,必择其一"的特性。

选择结构的主要用途:它适合于带有逻辑条件判断的计算。用来判断程序的下一步走向。当用户需要做出选择时,就用到了选择机构与分支结构。设计这类程序时往往都要先绘制其程序流程图,然后根据程序流程写出源程序,这样做可以把程序设计分析与语言分开,使得问题简单化,易于理解。程序流程图是根据解题分析所绘制的程序执行流程图。

5.2 if 语句的 3 种基本形式

用 if 语句可以构成分支结构。它根据给定的条件进行判断,以决定执行某个分支程序段。C 语言的 if 语句有 3 种基本形式。

5.2.1 if 语句的 3 种形式

1. 单分支 if 语句

一般形式为：

```
if(条件)
{
    块(一条或多条语句)
}
```

当分支结构中的块是一条语句时,"{ }"可以省略；当分支结构中的块是多条语句时,"{ }"不能省略。它有两条分支路径可选,一条是条件为真,执行块,另一条是条件不满足,跳过块。

如果表达式的值为真,则执行其后的语句,否则不执行该语句。其过程可表示为图 5-1。

【例 5.1】输入两个整数,找出其中的大数。

```
main()
{
    int a,b,max;
    printf("\n input two numbers: ");
    scanf("%d%d",&a,&b);
    max = a;
    if (max<b) max = b;
    printf("max = %d",max);
}
```

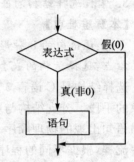

图 5-1 单分支结构流程图

输出结果为：

```
scanf("%d%d",&a,&b);
max = a;
if (max<b) max = b;
printf("max = %d",max);
```

本例程序中,输入两个数 a 和 b。先把 a 赋予变量 max,再用 if 语句判别 max 和 b 的大小,如 max 小于 b,则把 b 赋予 max。因此 max 中总是大数,最后输出 max 的值。

2. 双分支 if-else 语句

一般形式为：

```
if(条件)
{
    块 1
}
else
{
    块 2
}
```

首先计算条件的值,如果其值为真(为非 0),则执行块 1;否则,如果其值为"假"(为 0),则执行块 2。块 1 和块 2 是一条语句时,花括号可以省略掉。块 1 和块 2 是多条语句时,也要用花括号括起来。其流程图如图 5-2 所示。

【注意】此种结构题目一般也可以用条件表达式来计算。

【例 5.2】同例 5.1。

解法 1:用双分支结构编写程序如下:

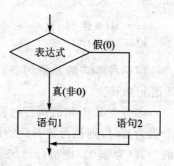

图 5-2 双分支结构流程图

```
main()
{
    int x,y,max;
    printf("\n input two numbers: ");
    scanf("%d%d",&x,&y);
    if(x>y)
        max = x;
    else
        max = y;
    printf("max = %d\n",max);
}
```

解法 2:用条件表达式来编写程序如下:

```
main()
{
    int x,y,max;
    printf("\n input two numbers: ");
    scanf("%d%d",&x,&y);
    max = x>y? x:y;
    printf("max = %d\n",max);
}
```

执行程序:

input two numbers:1　2(✓)
max=2

输入两个数分别赋予变量 x 和 y,输出其中较大的数。

3. 多分支 if 语句

一般形式为:

```
if(条件1)
{
    块 1
}
else if(条件2)
{
    块 2
}
else if(条件3)
{
```

```
    块 3
  }
  ……
  else if(条件 n) {块 n}
  else {块 n+1}
```

前两种形式的 if 语句一般都用于两个分支的情况。当有多个分支选择时,可采用多分支 if 语句来解决。

多分支 if 语句的执行过程如图 5-3 所示。首先计算表达式 1 的值,依次计算,当出现某个值为真时,则执行其对应的语句。若前 n-1 个表达式的值为假(为 0),但第 n 个表达式的值为真(为非 0),则执行语句 n,若所有表达式的值都为假(为 0),则执行语句 n+1。

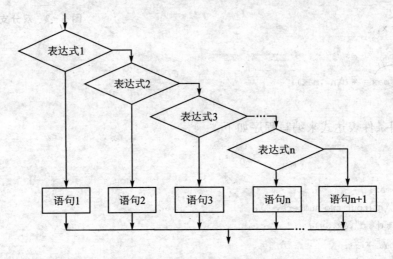

图 5-3 多分支结构流程图

【注意】在 if-else 结构中,任何 else 语句均不能单独作为语句使用,它必须和 if 语句配对使用。

多分支结构也可以用多个并列的 if 语句来代替,但写法有时稍麻烦。通过下面例题体会具体编写方法。

【例 5.3】从键盘输入 x 的值,求 y 的值并输出。

$$y=\begin{cases} 1 & x>0 \\ 0 & x=0 \\ -1 & x<0 \end{cases}$$

解法 1:用多分支结构编写程序:

```
main()
{
  float x,y;
  scanf("%f",&x);
  if(x>0)
    y=1;
  else if(x==0)
```

```
    y = 0;
  else
    y = -1;
  printf("y = %f\n",y);
}
```

解法 2：用并列的 if 语句编写程序：

```
main()
{
  float x,y;
  scanf("%f",&x);
  if(x>0)
    y = 1;
  if(x==0)
    y = 0;
  if(x<0)
    y = -1;
  printf("y = %f\n",y);
}
```

【例 5.4】从键盘输入一个字符，若为小写字母，则转化为大写字母；若为大写字母，则转化为小写字母，否则保持不变。

解法 1：

```
#include <stdio.h>
main()
{
  char ch1,ch2;
  ch1 = getchar();
  if(ch1>='a'&&ch1<='z')
    ch2 = ch1 - 32;
  else  if(ch1>='A'&&ch1<='Z')         /* 此处 else 不能缺省 */
    ch2 = ch1 + 32;
  else
    ch2 = ch1;
  putchar(ch2);
}
```

解法 2：

```
#include <stdio.h>
main()
{
  char ch;
  ch = getchar();
  if(ch>='a'&&ch<='z')
    ch = ch - 32;
```

```
    else    if(ch>='A'&&ch<='Z')            /*此处else不能缺省*/
        ch=ch+32;
    putchar(ch);
}
```

4. if 语句中需要注意的问题

① 在3种形式的 if 语句中,在 if 关键字之后均为表达式。该表达式通常是逻辑表达式或关系表达式,但也可以是其它表达式,如赋值表达式等,甚至也可以是一个变量。

② 在 if 语句中,条件判断表达式必须用括号括起来,在语句之后必须加分号。

③ 在 if 语句的3种形式中,所有的语句应为单个语句,如果要想在满足条件时执行一组(多个)语句,则必须把这一组语句用{}括起来组成一个复合语句。但要注意的是在}之后不能再加分号。

例如:

```
if(a>b)
{
  a--;
  a=b++;
}
else
{
  a=0;
  b=1;
}
```

5.2.2 if 语句的嵌套

当 if 语句中的执行语句又是 if 语句或者 else 语句的执行语句为 if 语句时,就构成了 if 语句嵌套。其一般形式为:

```
①      if(表达式)
            if 语句;
②      if(表达式)
        else
        if 语句;
③      if(表达式)
            if 语句
        else
        if 语句;
```

【注意】为了避免这种二义性,C 语言规定,else 总是与它前面最近的未配对的 if 配对。

【例5.5】比较两个数的大小关系。

```
main()
{
  int a,b;
```

```
    printf("please input A,B: ");
    scanf("%d%d",&a,&b);
    if(a>=b)
      if(a>b) printf("A>B\n");
      else printf("A=B\n");
    else printf("A<B\n");
}
```

总结本例中用了 if 语句的嵌套结构。"if(a>b)"嵌套在第一个"if(a!=b)"中,它和"else printf("A<B\n");"配对;"if(a!=b)"和"else printf("A=B\n");"语句配对。

嵌套结构一般使用在对 3 种以上情况进行判断的时候,本题中用到了 3 个分支,即 A>B、A<B 或 A=B。本题还有多种方法进行编写,读者自己动手编写其它嵌套方法。

```
main()
{
    int a,b;
    printf("please input A,B: ");
    scanf("%d%d",&a,&b);
    if(a==b) printf("A=B\n");
    else if(a>b) printf("A>B\n");
    else printf("A<B\n");
}
```

5.3 switch 语句

switch 语句属于多分支选择语句。if 语句一般适用于两个分支供选择的情况,即在两个分支中选择其中一个执行,尽管可以通过 if 语句的嵌套形式来实现多路分支程序的编写,但这样做的结果使得 if 语句的嵌套层次太多,削弱了程序的可读性。C 语言中的 switch 语句,提供了更方便地进行多路选择的功能。

一般形式为:

switch 语句:
```
        {
            case 常量 1:
                语句 1 或空;
            case 常量 2:
                语句 2 或空;
                  :
            case 常量 n:
                语句 n 或空;
            default:
                语句 n+1 或空;
        }
```

其执行顺序如图 5-4 所示流程图,首先计算 switch 后表达式的值,并逐个与其后的 case

对应的常量表达式值相比较。当表达式的值与某个常量表达式的值相等时,即执行其后的语句系列,然后不再进行判断,继续执行后面所有 case 后的语句。如表达式的值与所有 case 后的常量表达式均不相同时,则执行 default 后的语句。

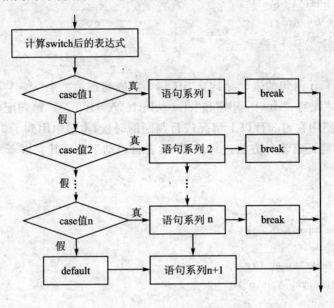

图 5-4　switch 结构流程图

使用 switch 语句的注意事项:

① switch 后面圆括号内表达式的值和 case 后面常量表达式的值,都必须是整型或字符型的,不允许是浮点型的。

② switch 语句中的 case 和 default 语句无先后次序,default 可以位于 case 的前面,也可以位于 case 之后。

③ 在 switch 语句中,如果"case 常量表达式"部分没有"break"语句,程序将自动执行后续语句而不再进行条件判断。

例如:

```
switch(n)
{
    case 3:
        x = 1;
    case 4:
        x = 2;
}
```

当 n=3 时,将连续执行下面两个语句:

x=1;

x=2;

因此 switch 语句执行时,通常和 break 语句搭配使用。

④ 每个 case 的后面既可以是一个语句,也可以是多个语句,当是多个语句的时候,不需要

用花括号括起来。

⑤ 多个 case 的后面可以共用一组执行语句。例如：

```
switch(n)
{
    case 3:
    case 4:
        x = 1;
        break;
}
```

它表示当 n=3 或 n=4 时，都执行下面两个语句：

x=10;

break;

总之，switch 语句使用的时候有很多技巧，我们可以通过下面几个例子来体会它的具体用法。

【例 5.6】从键盘输入一个百分制分数，将其转化为等级分输出。

解法 1：多分支编写程序：

```
main()
{
    int score;
    char ch;
    scanf("%d",&score);
    if(score>=90)
        ch='A';
    else if(score>=80)         /*此处 else 不能缺省*/
        ch='B';
    else if(score>=70)         /*此处 else 不能缺省*/
        ch='C';
    else if(score>=60)         /*此处 else 不能缺省*/
        ch='D';
    else
        ch='E';
    printf("Grade is %c\n",ch);
}
```

解法 2：switch-case 语句编写程序：

```
main()
{
    int g;                     /*g 为整数*/
    char ch;
    scanf("%d",&g);
    switch(g/10)
    {case 10:
     case 9:ch='A';break;
```

```
    case 8:ch='B';break;
    case 7:ch='C';break;
    case 6:ch='D';break;
    default:ch='E';break;
    }
    printf("Grade is %c\n",ch);
}
```

解法 3：switch-case 结构的第二种方法：

```
main()
{
    float g;              /* g为实数 */
    char ch;
    scanf("%f",&g);
    switch((int)g/10)
    {case 10:
    case 9:ch='A';break;
    case 8:ch='B';break;
    case 7:ch='C';break;
    case 6:ch='D';break;
    default:ch='E';break;
    }
    printf("%c\n",ch);
}
```

5.4 选择结构程序举例

【例 5.7】输入一个数，如果大于 0，输出 plus；如果是负数，输出 negative；如果正好是 0，则输出 zero。

```
main()
{
    float num;
    scanf(%f,&f);
    if(num>0)
        printf(plus\n);
    else if(num<0)
        printf(negative\n);
    else
        printf(zero\n);
}
```

先定义两个变量，然后输入一个数，然后判断这个数的范围，输出对应的字符串。

【例 5.8】输入某年某月，输出该月的天数。

提示：每年的 1、3、5、7、8、10、12 月都有 31 天；4、6、9、11 月都有 30 天；2 月闰年有 29 天，

平年有 28 天。

```c
#include "stdio.h"
main()
{
    int y,m,days;
    printf("input year and month:");
    scanf("%d,%d",&y,&m);
    switch(m)
    { case 1:
      case 3:
      case 5:
      case 7:
      case 8:
      case 10:
      case 12:days=31;break;
      case 4:
      case 6:
      case 9:
      case 11:days=30;break;
      case 2:if(y%4==0 && y%100!=0 || y%400==0) days=29;
             else days=28;
    }
    printf("days=%d\n",days);
}
```

运行结果如下：

输入年、月数据：

2008,6

输出结果是：

days=30

本题目主要掌握判断闰年的算法（y%4==0 && y%100!=0 || y%400==0），及 switch 语句的使用。

【例 5.9】对于一个不多于 5 位的正整数，求：①它是几位数；②逆序输出各位数字。

程序代码如下：

```c
#include "stdio.h"
main()
{
    long a,b,c,d,e,x;
    printf("Input a number less than 100000:\n");
    scanf("%ld",&x);
    a=x/10000;                /*分解出万位*/
    b=x%10000/1000;           /*分解出千位*/
    c=x%1000/100;             /*分解出百位*/
```

```
d = x%100/10;            /*分解出十位*/
e = x%10;                /*分解出个位*/
if (a!=0) printf("there are 5,%ld%ld%ld%ld%ld\n",e,d,c,b,a);
else if (b!=0) printf("there are 4,%ld%ld%ld%ld\n",e,d,c,b);
else if (c!=0) printf("there are 3,%ld%ld%ld\n",e,d,c);
else if (d!=0) printf("there are 2,%ld%ld\n",e,d);
else if (e!=0) printf("there are 1,%ld\n",e);
}
```

程序运行结果：

Input a number less than 100000：

98326

there are 5,6 2 3 8 9

语句也是多分支选择语句，又称为多路开关语句。到底执行哪一块取决于开关设置，也就是表达式的值与常量表达式相匹配的那一路，它不同 if-else 语句，它的所有分支都是并列的，程序执行时由第一分支开始查找，如果相匹配，则执行其后的块，接着执行第 2 分支，第 3 分支……的块，直到遇到 break 语句；如果不匹配，则查找下一个分支是否匹配。

本章小结

本章主要讲解了选择结构设计方法，其中包括 if 条件判断语句、嵌套的选择结构的使用方法、switch 语句的基本用法。选择结构程序属于 3 种基本的程序设计方法之一。通过对历年试卷内容的分析，本章考核内容约占 4%。

1. 用 if 语句实现选择结构

C 语言提供了 3 种形式的 if 语句：

① 单分支 if 语句。

  if(条件)

   {块(一条或多条语句)}

② 双分支 if 语句。

  if(条件)

  {块 1}

  else

  {块 2}

③ 多分支 if 语句。

  if(条件 1)

  {块 1}

  else if(条件 2)

  {块 2}

  else if(条件 3)

  {块 3}

......
　　else if(条件 n){块 n}
　　else{块 n+1}

2. 选择结构的嵌套

　　if 语句的嵌套中,else 和 if 的配对的原则是:一个 else 应与其之前距离最近且没有与其它 else 配对的 if 相配对。

3. switch 语句

　　实现多选择判定的另一种方法是使用 switch 语句。它可以比较方便和清楚地列出各种情况,以及在每种情况下应执行的语句。

历年试题汇集

1. 【2000.9】C 语言中运算对象必须是整型的运算符是_____。
   A) %=　　　　　　B) /　　　　　　C) =　　　　　　D) <=
2. 【2000.9】能正确表示逻辑关系："a≥=10 或 a≤0"的 C 语言表达式是_____。
   A) a>=10 or a<=0　　　　　　B) a>=0|a<=10
   C) a>=10 && a<=0　　　　　　D) a>=10 || a<=0
3. 【2000.9】有如下程序:
   ```
   main()
   { int   x=1,a=0,b=0;
     switch(x){
     case 0:   b++;
     case 1:   a++
     case 2:   a++;b++
     }
     printf("a=%d,b=%d\n",a,b);
   }
   ```
   该程序的输出结果是_____。
   A) a=2,b=1　　　B) a=1,b=1　　　C) a=1,b=0　　　D) a=2,b=2
4. 【2000.9】有如下程序:
   ```
   main()
   { int   a=2,b=-1,c=2;
     if(a<b)
     if(b<0)   c=0;
     else   c++;
     printf("%d\n",c);
   }
   ```
   该程序的输出结果是_____。
   A) 0　　　　　　B) 1　　　　　　C) 2　　　　　　D) 3

5.【2000.9】表示"整数 x 的绝对值大于 5"时值为"真"的 C 语言表达式是_____。

6.【2001.9】设 a、b、c、d、m、n 均为 int 型变量,且 a=5、b=6、c=7、d=8、m=2、n=2,则逻辑表达式(m=a>b)&&(n=c>d)运算后,n 的值位为_____。
   A) 0   B) 1   C) 2   D) 3

7.【2001.9】阅读以下程序:

```
main()
{ int  x;
  scanf("%d",&x);
  if(x-- <5) printf("%d"'x);
  else     printf("%d"'x++);
}
```

程序运行后,如果从键盘上输入 5,则输出结果是_____。
   A) 3   B) 4   C) 5   D) 6

8.【2001.9】假定 w、x、y、z、m 均为 int 型变量,有如下程序段:

```
w=1; x=2;  y=3; z=4;
m=(w<x)? w; x;    m=(m<y)? m;y;    m=(m<z)? m; z;
```

则该程序运行后,m 的值是_____。
   A) 4   B) 3   C) 2   D) 2

9.【2002.9】有一函数,以下程序段中不能根据 x 值正确计算出 y 值的是_____。
   A) if(x>0) y=1;   B) y=0;
      else if(x==0) y=0;   if(x>0) y=1;
      else y=-1;   else if(x<0) y=-1;
   C) y=0;   D) if(x>=0)
      if(x>=0);   if(x>0) y=1;
      if(x>0) y=1;   else y=0;
      else y=-1;   else y=-1;

10.【2002.9】有以下程序:

```
main()
{ int a=15,b=21,m=0;
  switch(a%3)
  { case 0:m++;break;
    case 1:m++;
    switch(b%2)
      { default:m++;
        case 0:m++;break;
      }
  }
  printf("%d\n",m);
}
```

程序运行后的输出结果是_____。

A) 1　　　　　B) 2　　　　　C) 3　　　　　D) 4

11. 【2002.9】以下程序运行后的输出结果是_____。

    ```
    main()
    { int x = 10,y = 20,t = 0;
      if(x = = y)t = x;x = y;y = t;
      printf("%d,%d\n",x,y);
    }
    ```

12. 【2003.9】有以下程序：

    ```
    main()
    { int  a = 1,b = 2,m = 0,n = 0,k;
      k = (n = b>a)||(m = a<b);
      printf("%d,%d\n",k,m);
    }
    ```

    程序运行后的输出结果是_____。
    A) 0,0　　　　B) 0,1　　　　C) 1,0　　　　D) 1,1

13. 【2003.9】有定义语句：int a=1,b=2,c=3,x;　则以下选项中各程序段执行后,x的值不为3的是_____。

    A) if (c<a) x=1;　　　　　　B) if (a<3) x=3;
       else if (b<a) x=2;　　　　else if (a<2) x=2;
       else x=3;　　　　　　　　else x=1;
    C) if (a<3) x=3;　　　　　　D) if (a<b) x=b;
       if (a<2) x=2;　　　　　　if (b<c) x=c;
       if (a<1) x=1;　　　　　　if (c<a) x=a;

14. 【2003.9】以下程序运行后的输出结果是_____。

    ```
    main()
    { int  a = 1, b = 3, c = 5;
      if (c = a + b) printf("yes\n");
      else   printf("no\n");
    }
    ```

15. 【2003.9】以下程序运行后的输出结果是_____。

    ```
    main()
    { int  i,m = 0, n = 0, k = 0;
      for (i = 9; i<= 11; i++)
      switch(i/10)
      { case  0 :  m++;n++; break;
        case 10:  n++;break;
        default:  k++;n++;
      }
      printf("%d %d %d\n",m,n,k);
    }
    ```

16.【2004.9】若 x 和 y 代表整型数,以下表达式中不能正确表示数学关系|x-y|<10 的是_____。

　　A) abs(x-y)<10　　　　　　　　B) x-y>-10&& x-y<10
　　C) @(x-y)<-10||!(y-x)>10　　　 D) (x-y)*(x-y)<100

17.【2004.9】有以下程序:

```
main()
{
    int a=3,b=4,c=5,d=2;
    if(a>b)
    if(b>c)
    printf("%d",d++ +1);
    else
    printf("%d",++d +1);
    printf("%d\n",d);
}
```

程序运行后的输出结果是_____。
　　A) 2　　　　B) 3　　　　C) 43　　　　D) 44

18.【2004.9】下列条件语句中,功能与其它语句不同的是_____。

　　A) if(a) printf("%d\n",x); else printf("%d\n",y);
　　B) if(a==0) printf("%d\n",y); else printf("%d\n",x);
　　C) if (a!=0) printf("%d\n",x); else printf("%d\n",y);
　　D) if(a==0) printf("%d\n",x); else printf("%d\n",y);

19.【2004.9】以下程序运行后的输出结果是_____。

```
main()
{ int x=1,y=0,a=0,b=0;
    switch(x)
    { case 1:switch(y)
        {case 0:a++; break;
         case 1:b++; break;
        }
    case 2:a++;b++; break;
    }
    printf("%d %d\n",a,b);
}
```

20.【2005.9】当把以下 4 个表达式用作 if 语句的控制表达式时,有一个选项与其它 3 个选项含义不同,这个选项是_____。

　　A) k%2　　　B) k%2==1　　　C) (k%2)!=0　　　D) !k%2==1

21.【2005.9】设有定义:int k=1,m=2; float f=7;,则以下选项中错误的表达式是_____。

　　A) k=k>=k　　B) -k++　　　C) k%int(f)　　　D) k>=f>=m

22.【2005.9】设有定义：int a=2,b=3,c=4;,则以下选项中值为 0 的表达式是_____。
    A) (!a==1)&&(!b==0)   B) (a<B)&&!c||1
    C) a && b   D) a||(b+b)&&(c-a)

23.【2005.9】有以下程序段：
    int k=0,a=1,b=2,c=3;
    k=ac?c:k;

    执行该程序段后,k 的值是_____。
    A) 3   B) 2   C) 1   D) 0

24.【2005.9】以下程序运行后的输出结果是_____。
    main()
    { int a=1,b=2,c=3;
      if(c=a) printf("%d\n",c);
      else printf("%d\n",b);
    }

课后练习

一、选择题

1. 逻辑运算符两侧运算对象的数据类型(　　)。
    A) 只能是 0 或 1   B) 只能是 0 或非 0 正数
    C) 只能是整型或字符型数据   D) 可以是任何类型的数据

2. 下列表达式中,不满足"当 x 的值为偶数时值为真,为奇数时值为假"的要求(　　)。
    A) x%2==0   B) !x%2!=0
    C) (x/2*2-x)==0   D) !(x%2)

3. 以下程序片段,输出结果为(　　)。
    int x=2,y=3;
    printf( );

    A) 什么都不输出   B) 输出为：***x=2
    C) 输出为：###y=2   D) 输出为：###y=3

4. 能正确表示"当 x 的取值在[1,10]和[200,210]范围内为真,否则为假"的表达式是(　　)。
    A) (x>=1) && (x<=10) && (x>=200) && (x<=210)
    B) (x>=1) || (x<=10) || (x>=200) || (x<=210)
    C) (x>=1) && (x<=10) || (x>=200) && (x<=210)
    D) (x>=1) || (x<=10) && (x>=200) || (x<=210)

5. C 语言对嵌套 if 语句的规定是：else 总是与(　　)配对。
    A) 其之前最近的 if   B) 第一个 if
    C) 缩进位置相同的 if   D) 其之前最近的且尚未配对的 if

6. 设：int a=1,b=2,c=3,d=4,m=2,n=2；执行(m=a>b)&&(n=c>d)后 n 的值为( )。
   A) 1　　　　　　　B) 2　　　　　　　C) 3　　　　　　　D) 4

7. 下面( )是错误的 if 语句(设 int x,a,b;)：
   A) if (a=b) x++;　　　　　　　　　　B) if (a=<b) x++;
   C) if (a-b) x++;　　　　　　　　　　D) if (x) x++;

8. 以下程序片段( )。
   ```
   main ( )
   { int x=0,y=0,z=0;
     if (x=y+z)
        printf("***");
     else
        printf("###");
   }
   ```
   A) 有语法错误，不能通过编译　　　　　B) 输出：***
   C) 可以编译，但不能通过连接，所以不能运行　　D) 输出：###

9. 对下述程序，( )是正确的判断。
   ```
   main ( )
   { int x,y;
     scanf("%d,%d",&x,&y);
     if (x>y)
        x=y;y=x;
     else
        x++;y++;
     printf("%d,%d",x,y);
   }
   ```
   A) 有语法错误，不能通过编译　　　　　B) 若输入 3 和 4,则输出 4 和 5
   C) 若输入 4 和 3,则输出 3 和 4　　　　D) 若输入 4 和 3,则输出 4 和 5

10. 若 w=1,x=2,y=3,z=4,则条件表达式 w<x ? w : y<z ? y : z 的值是( )。
    A) 4　　　　　　　B) 3　　　　　　　C) 2　　　　　　　D) 1

11. 下述表达式中,( )可以正确表示 x≤0 或 x≥1 的关系。
    A) (x>=1) || (x<=0)　　　　　　　　B) x>=1 | x<=0
    C) x>=1 && x<=0　　　　　　　　　D) (x>=1) && (x<=0)

12. 下述程序的输出结果是( )。
    ```
    main ( )
    { int a=0,b=0,c=0;
      if ( ++a>0 || ++b>0)
         ++c;
      printf("%d,%d,%d",a,b,c);
    }
    ```

A) 0,0,0　　　　　B) 1,1,1　　　　　C) 1,0,1　　　　　D) 0,1,1

13. 下述程序的输出结果是(　　)。

    ```
    main()
    { int x=-1,y=4,k;
      k=x++<=0&&!(y--<=0);
      printf("%d,%d,%d",k,x,y);
    }
    ```

    A) 0,0,3　　　　　B) 0,1,2　　　　　C) 1,0,3　　　　　D) 1,1,2

14. 以下程序输出结果是(　　)。

    ```
    main()
    { int x=1,y=0,a=0,b=0;
      switch(x) {
          case 1:switch(y) {
                  case 0:a++;break;
                  case 1:b++;break;
                  }
          case 2:a++;b++;break;
          case 3:a++;b++;
          }
      printf("a=%d,b=%d",a,b);
    }
    ```

    A) a=1,b=0　　　B) a=2,b=1　　　C) a=1,b=1　　　D) a=2,b=2

15. 下述程序的输出结果是(　　)。

    ```
    main()
    { int a,b,c;
      int x=5,y=10;
      a=(--y=x++)?--y:++x;
      b=y++;c=x;
      printf("%d,%d,%d",a,b,c);
    }
    ```

    A) 6,9,7　　　　　B) 6,9,6　　　　　C) 7,9,6　　　　　D) 7,9,7

16. 当a=1,b=3,c=5,d=4时,执行完下面一段程序后x的值是(　　)。

    ```
    if (a<b)
    if (c<d) x=1;
    else
        if (a<c)
            if (b<d) x=2;
            else x=3;
        else x=6;
    else x=7;
    ```

    A) 1　　　　　　B) 2　　　　　　C) 3　　　　　　D) 4

17. 在下面的条件语句中(其中 S1 和 S2 表示 C 语言语句),只有一个在功能上与其它三个语句不等价。

  A) if (a) S1; else S2;　　　　　　　　B) if (a==0) S2; else S1;

  C) if (a!=0) S1; else S2;　　　　　　　D) if (a==0) S1; else S2;

18. 若 int i=0;执行下列程序后,变量 i 的正确结果是(　　)。

```
switch (i) {
    case 9: i += 1 ;
    case 10: i += 1 ;
    case 11: i += 1 ;
    default : i += 1 ;
}
```

  A) 10　　　　　B) 11　　　　　C) 12　　　　　D) 13

19. 若有说明语句 int i=5,j=4,k=6;float f;则执行 f=(i<j&&i<k)? i:(j<k)? j:k;语句后,f 的值为(　　)。

  A) 4.0　　　　B) 5.0　　　　C) 6.0　　　　D) 7.0

20. 若有定义:int a=3,b=2,c=1;并有表达式:①a%b,②a>b>c,③b&&c+1,④c+=1,则表达式值相等的是(　　)。

  A) ①和②　　　B) ②和③　　　C) ①和③　　　D) ③和④

二、填空题

1. C 语言提供 6 种关系运算符,按优先级的高低排列它们分别是_____、_____、_____、_____、_____、_____。

2. C 语言提供 3 种逻辑运算符,按照优先级高低排列它们,分别是_____、_____、_____。

3. 将条件"y 能被 4 整除但不能被 100 整除,或 y 能被 400 整除"写成逻辑表达式_____。

4. 设 x、y、z 均为 int 型变量;写出描述"x,y 和 z 中有两个为负数"的 C 语言表达式_____。

5. 已知 A=7.5,B=2,C=3.6,表达式 A>B && C>A || A<B && !C>B 的值是_____。

6. 有 int x=3,y=-4,z=5;则表达式(x&&y)==(x||z)的值为_____。

7. 若有 x=1,y=2,z=3,则表达式(x<y? x:y)==z++的值是_____。

8. 执行以下程序段后,a=_____,b=_____,c=_____。

```
int x=10,y=9 ;
int a,b,c ;
a = (x-- = y++) ? x-- : y++ ;
b = x++ ;
c = y ;
```

9. 设变量 a、b、c、d、m、n 均为 0,执行(m=a==b)||(n=c==d)后,m、n 的值分别是_____。

10. 若 w=1,x=2,y=3,z=4,则条件表达式 w>x? w:y<z? y:z 的结果是_____。

三、判断题

1. if 语句中的表达式不限于逻辑表达式,可以是任意的数值类型。(   )
2. switch 语句可以用 if 语句完全代替。(   )
3. switch 语句的 case 表达式必须是常量表达式。(   )
4. if 语句,switch 语句可以嵌套,而且嵌套的层数没有限制。(   )
5. 条件表达式可以取代 if 语句,或者用 if 语句取代条件表达式。(   )
6. switch 语句的各个 case 和 default 的出现次序不影响执行结果。(   )
7. 多个 case 可以执行相同的程序段。(   )
8. 内层 break 语句可以终止嵌套的 switch,使最外层的 switch 结束。(   )
9. switch 语句的 case 分支可以使用{ }复合语句,多个语句序列。(   )
10. switch 语句的表达式与 case 表达式的类型必须一致。(   )

四、读程序写结果

1. 若运行时输入 100✓,写出以下程序的运行结果。

```
main ( )
{ int a ;
  scanf("%d",&a);
  printf("%s",(a%2!=0)?"No":"Yes");
}
```

2. 写出以下程序的运行结果。

```
main ( )
{ int a=2,b=7,c=5;
    switch (a>0) {
        case 1: switch (b<0) {
                case 1: printf("@"); break ;
                case 2: printf("!"); break ;
                }
        case 0: switch (c==5) {
                case 1: pritnf("*") ; break ;
                case 2: printf("#") ; break ;
                default : printf("#") ; break ;
                }
        default : printf("&");
        }
    printf("\n");
}
```

五、程序判断题

1. 下面程序将输入的大写字母改写成小写字母输出,其它字符不变;请判断下面程序的正误,如果错误请改正过来。

```
main()
{ char c;
  c = getchar();
  c = (c>='A'||c<='Z') ? c-32 : c+32;
  printf("%c",c);
}
```

2. 下面程序输入 2 个运算数 x、y 和 1 个运算符号 op,然后输出该运算结果的值,例如输入 3+5↙得到结果 8。请判断下面程序的正误,如果错误请改正过来。

```
main()
{
    float x,y,r;
    char op;
    scanf("%f%c%f",&x,&op,&y);
    switch(op){
        case '+': r=x+y;
        case '-': r=x+y;
        case '*': r=x+y;
        case '/': r=x+y;
    }
    printf("%f",r);
}
```

六、程序填空题

1. 根据以下函数关系,对输入的每个 x 值,计算出相应的 y 值,并填空使程序完整。

```
main()
{
    int x,c,m;
    float y;
    scanf("%d",&x);
    if _____ c = -1;
    else c = _____;
    switch(c){
        case -1: y=0; break;
        case 0: y=x; break;
        case 1: y=10; break;
        case 2:
        case 3: y=-0.5*x+20; break;
        default: y=-2;
    }
    if _____
        printf("y=%f",y);
    else
        printf("error!");
}
```

2. 以下程序输出 x、y、z 这 3 个数中的最小值，请填空使程序完整。

```
main( )
{ int x=4,y=5,z=8;
  int u,v;
  u = x<y ? _____;
  v = u<z ? _____;
  printf("%d",v);
}
```

第6章 循环结构程序设计

【本章考点和学习目标】
1. 熟练掌握 while 语句、do-while 语句和 for 语句的使用方法。
2. 掌握2种循环控制语句 break、continue 的使用方法。
3. 掌握循环结构的嵌套。

【本章重难点】
重点:for 语句的用法。
难点:循环结构的嵌套。

循环结构的程序设计方法。循环结构又称为重复结构,主要用来解决程序中那些需要重复执行的操作。循环结构在3种基本结构中占据重要地位,其特点是:在给定条件成立时,反复执行某程序段,直到条件不成立为止。给定的条件成为循环条件,反复执行的程序段成为循环体。

6.1 循环结构

学习之前我们应该知道什么是循环?以及为什么要使用循环?首先提出循环的定义:解决某一问题要重复执行某些指令的情况就是循环。使用循环可以使我们解决问题变得更简单一些,通过生活实例即可说明。

【例 6.1】 如果程序中需要输入5个学生的成绩,并将其输出,最简单的办法如下:

```c
#include "stdio.h"
main()
{
    int n;
    printf("请输入成绩:");
    scanf("%d", &n);
    printf("成绩为:%d", n);
    printf("请输入成绩:");
    scanf("%d", &n);
    printf("成绩为:%d", n);
    printf("请输入成绩:");
    scanf("%d", &n);
    printf("成绩为:%d", n);
    printf("请输入成绩:");
    scanf("%d", &n);
```

```
        printf("成绩为：%d", n);
        printf("请输入成绩：");
        scanf("%d", &n);
        printf("成绩为：%d", n);
}
```

本例题结构非常简单,但是书写起来非常麻烦,重复工作做了 5 次。如果这个班的人数不止 5 人,而是几十人呢?

我们之所以学习程序设计,就是要把复杂的问题简单化,而不是把简单的问题变得更复杂。循环结构的目的就是减少重复代码,减轻程序员的负担。就形式而言,在 C 语言中有 3 种循环结构:while 循环、do-while 循环和 for 循环。

6.2 while 语句

while 循环又称为"当型"循环。其一般形式如下:

```
while(条件表达式)
{
        循环体语句
}
```

它的执行过程是:先判断 while 后的表达式,表达式值为真则反复执行循环体,当表达式的值为假时跳出循环。具体过程如图 6-1 所示。

使用 while 循环时需要注意如下几点:

① 循环每次先检查表达式,后执行循环体语句,也就是说循环体中的语句只能在条件为真的时候才执行。如果第一次检查条件的结果为假,则循环中的语句根本不会执行。

② 因为 while 循环取决于表达式的值,因此,它可用在循环次数不固定或者循环次数未知的情况下。

③ 一旦循环执行完毕(当条件的结果为假时),程序就从循环最后一条语句之后的代码行继续执行。

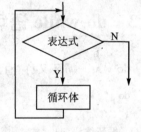

图 6-1 while 循环执行过程

④ 如果循环体中包含多条语句,必须用{}括起来。

⑤ while 循环体中的每条语句应以分号";"结束。

⑥ while 循环条件中使用的变量必须先声明并初始化,才能用于 while 循环条件中。

⑦)while 循环体中的语句必须有能改变循环条件的语句,这样循环才可能结束。如果条件表达式中变量保持不变,则循环将永远不会结束,从而成为死循环。

【例 6.2】统计从键盘输入一行字符的个数。

```
#include <stdio.h>
main()
{
        int n = 0;
        printf("input a string:\n");
```

```
    while(getchar()! = '\n')
    n ++ ;
    printf(" % d",n);
}
```

本例程序中的循环条件为 getchar()!='\n',其意义是,只要从键盘输入的字符不是回车就继续循环。循环体 n++完成对输入字符个数计数,从而程序实现了对输入一行字符的字符个数计数。

【例 6.3】 输出 1~10 之间数乘以 10 的积。

```
#include<stdio.h>
void main()
{
    int num = 1,result;
    while (num< = 10)
    {
        result = num * 10;
        printf(" % d× 10 =  % d \n",num,result);
        num ++ ;
    }
}
```

本例中 num<=10 是循环条件,num=1 是循环变量的初始化,num++;是改变循环条件的语句。

6.3 do-while 语句

do-while 循环又称"直到型"的循环结构。其一般形式为:

```
do
{
  循环体语句;
} while(表达式);
```

其中表达式是循环条件,用来判断循环是否执行。它的执行过程是:先执行循环体语句一次,再判断表达式的值,若为真(非 0)则继续执行循环,否则终止循环。具体过程如图 6-2 所示。

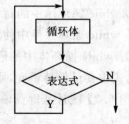

图 6-2 do-while 循环执行过程

使用 do-while 循环时需要注意如下几点:

① 在 if 语句,while 语句中,表达式后面都不能加分号,而在 do-while 语句的表达式后面则必须加分号。

② do-while 语句也可以组成多重循环,而且也可以和 while 语句相互嵌套。

③ 在 do 和 while 之间的循环体由多个语句组成时,也必须用{}括起来组成一个复合语句。

④ do-while 和 while 语句可相互替换时,要注意修改循环控制条件。例如:

方法 1:do-while 循环:

```
void main()
{
  int a = 0,n;
  printf("\n input n: ");
  scanf(" % d",&n);
  do
    printf(" % d ",a++ * 2);
  while(--n);
}
```

方法 2:while 循环

```
void main()
{
  int a = 0,n;
  printf("\n input n: ");
  scanf(" % d",&n);
  while(--n)
  printf(" % d ",a++ * 2);
}
```

上例中,两个程序分别是用 while 语句和 do-while 语句编写的,但两者执行结果却不相同,如果输入 n 的值为 5,则方法 1 中循环体执行了 5 次,而方法 2 中循环体执行了 4 次,如果想保证两者功能完全相同,需要修改循环控制条件,可将方法 2 中循环条件改为"n—"即可。

【注意】do-while 语句和 while 语句的区别在于 do-while 是先执行后判断,因此 do-while 至少要执行一次循环体;而 while 是先判断后执行,如果条件不满足,则一次循环体语句也不执行。

【例 6.4】求 n!=1*2*3*……*(n-1)*n。

```
#include "stdio.h"
main()
{
  int i, n,s;
  i = 1;
  s = 1;
  printf ("Please input n:\n");
  scanf (" % d",&n);
  do {s = s * i;
    i++;
   } while (i<= n);
  printf ("s = % d\n", s);
}
```

执行程序:

Please input n:

```
5
s = 120
```

这是若干项的连乘问题。与求和的算法类似,连乘问题的算法可以归纳为:

```
s = 1
s = s * i ( i = 1, 2, ……, n )
```

这里 s 的初值定为 1,是为了保证做第一次乘法后,s 中存放第一项的值。当 n 的值取的太大时,可以将 s 的数据类型定义为浮点型,否则的话,会发生溢出现象。

【例 6.5】do-while 语句和 switch 语句的综合应用。

```
#include "stdio.h"
main()
{
  int i = 5;
  do{
      switch(i%2)
      {
          case 0: i-- ;break;
          case 1: i-- ;break;
      }
      i = i - 2;
      printf("i = %d\n",i);
  }while(i>0);
}
```

运行结果如下:

```
i = 2
i = -1
```

本例中 do-while 循环一共执行了两次,第一次进入循环,执行 switch 语句中 i%2 结果为 1,所以执行对应的 case 1,i 的值变为 4,执行 i=i-2;后,i 的值变为 2,并输出,2>0 成立,接着执行第二次循环。i%2=0,则执行 case 0,i 的值变为 1,执行 i=i-2;后,i 的值为 -1。

6.4　for 语句

for 语句是 C 语言中最常用也是最重要的一种循环语句。它是功能更强,使用更广泛的一种循环语句。其一般形式为:

  for(表达式 1;表达式 2;表达 3)
   循环体语句;

表达式 1　通常用来给循环变量赋初值,一般是赋值表达式。也允许在 for 语句外给循环变量赋初值,此时可以省略该表达式。

表达式 2　通常是循环条件,一般为关系表达式或逻辑表达式。

表达式 3　通常可用来修改循环变量的值,一般是赋值语句。

这3个表达式都可以是逗号表达式,即每个表达式都可由多个表达式组成。3个表达式都是任选项,都可以省略。

for 语句的执行过程如下:

① 首先计算表达式1的值。

② 再计算表达式2的值,若值为真(非0)则执行循环体一次,否则跳出循环。

③ 然后再计算表达式3的值,转回第②步重复执行。在整个 for 循环过程中,表达式1只计算一次,表达式2和表达式3则可能计算多次。循环体可能多次执行,也可能一次都不执行。for 语句的具体执行过程如图6-3所示。

for 语句最容易理解、最常用的形式为:

for(循环变量赋初值;循环条件;循环变量修正)
循环体;

使用 for 循环时需要注意以下几点:

① for 循环中语句可以为语句体,但要用{和}将参加循环的语句括起来。

② for 语句中的各表达式都可省略,但分号间隔符不能少。如:"for(;表达式;表达式)"省去了表达式1;"for(表达式;;表达式)"省去了表达式2。如省略去表达式2或者3则将造成无限循环,这时应在循环体内设法结束循环。例如:

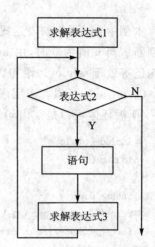

图6-3 for循环执行过程

```
void main()
{
    int a = 0,n;
    printf("\n input n: ");
    scanf("%d",&n);
    for(;n>0;)
    {
        a++;
        n--;
        printf("%d",a*2);
    }
}
```

本例中省略了表达式1和表达式3,由循环体内的 n-- 语句进行循环变量 n 的递减,以控制循环次数。

```
void main()
{
    int a = 0,n;
    printf("\n input n: ");
    scanf("%d",&n);
    for(;;)
    {
        a++;
```

```
      n--;
      printf("%d",a*2);
      if(n==0)    break;
   }
}
```

本例中 for 语句的表达式全部省去。由循环体中的语句实现循环变量的递减和循环条件的判断。当 n 值为 0 时，由 break 语句中止循环，转去执行 for 以后的程序。在此情况下，for 语句已等效于 while(1)语句。如在循环体中没有相应的控制手段，则造成死循环。

③ for 循环可以有多层嵌套。

④ 循环体可以是空语句。例如：

```
#include"stdio.h"
void main()
{
   int n=0;
   printf("input a string:\n");
   for(;getchar()!='\n';n++);
      printf("%d",n);
}
```

本例中，省去了 for 语句的表达式 1，表达式 3 也不是用来修改循环变量，而是用作输入字符的计数。这样就把本应在循环体中完成的计数放在表达式中完成了。因此循环体是空语句。应注意的是，空语句后的分号不可少，如缺少此分号，则把后面的 printf 语句当成循环体来执行。

⑤ for 语句也可与 while、do-while 语句相互嵌套，构成多重循环。以下都是合法的嵌套。例如两个 for 语句的嵌套：

```
void main(){
int i,j,k;
for(i=1;i<=3;i++)
{
   for(j=1;j<=3-i+5;j++)
      printf(" ");
      for(k=1;k<=2*i-1+5;k++)
      {
         if(k<=5) printf(" ");
         else printf("*");
      }
      printf("\n");
   }
}
```

⑥ 表达式 1 可以是设置循环变量初值的表达式（常用），也可以是与循环变量无关的其它表达式；表达式 1、表达式 3 可以是简单表达式，也可以是逗号表达式。

例如：for(i=1, s=0; i<=10; i++, s=s+i) printf("%d",s);

⑦ 表达式 2 一般为关系表达式或逻辑表达式,也可以是数值表达式或字符表达式。
例如:for(;(c=getchar())!='\0';i+=c) printf("%c",c);

【例 6.6】从 0 开始,输出 n 个连续的偶数。

```
main()
{
  int a=0,n;
  printf("\n input n:");
  scanf("%d",&n);
  for(;n>0;a++,n--)
    printf("%d",a*2);
}
```

本例的 for 语句中,表达式 1 已省去,循环变量的初值在 for 语句之前由 scanf 语句取得,表达式 3 是一个逗号表达式,由 a++、n-- 两个表达式组成。每循环 1 次,a 自增 1,n 自减 1。a 的变化使输出的偶数递增,n 的变化控制循次数。

【例 6.7】找出 1～100 之间既能被 5 整除又能被 3 整除的数。

```
#include "stdio.h"
main()
{
  int i;
  for(i=1;i<=100;i++)
    if(i%5==0&&i%3==0)
      printf("%d   ",i);
}
```

执行结果如下:
15   30   45   60   75   90

本例中,循环结构的循环体是一个分支语句。要想找到既能被 5 整除又能被 3 整除的数,必须满足这个数除以 5 得到的余数为 0,并且同时除以 3 得到的余数也为 0。由于循环体是一条 if 语句,所以,循环体外不用再加大括号。

6.5　break 语句和 continue 语句

6.5.1　break 语句

break 语句通常用在循环语句和 switch 开关语句中。其一般形式为:
　　break;
当 break 用于开关语句 switch 中时,可使程序跳出 switch 而执行 switch 以后的语句;如果没有 break 语句,则将在找到匹配的 case 后,执行后续所有 case 语句。break 在 switch 中的用法已在前面介绍开关语句时的例子中碰到,这里不再举例。

当 break 语句用于 do-while、for、while 循环语句中时,可使程序终止循环而执行循环后面的语句,在循环语句中,break 常常和 if 语句一起使用,表示当条件满足时,立即终止循环。注意：break不是跳出if语句,而是跳出循环语句。当循环语句嵌套使用时,break语句只能跳出(终止)其所在的循环,而不能跳出多层循环。

【例6.8】break语句用法1。

```
main()
{
    int sn = 0,i;
    for(i = 1;i<= 100;i++)
    {
        if(i==61) break;        /*如果i等于61,则跳出循环*/
        sn+= i;                 /*1+2+…+50*/
    }
    printf(%d\n,sn);
}
```

可以看出,最终的结果是1+2+…+60。因为在i等于61的时候,就跳出循环了。读者可以试试例6.8如何用while和do-while和break语句编写?

【例6.9】break语句用法2。

```
main()
{
    int i,j;
    printf(i j\n);
    for(i = 0;i<2;i++)
        for(j = 0;j<3;j++)
        {
            if(j== 2) break;
            printf(%d %d\n,i,j);
        }
}
```

输出结果为:

i j
0 0
0 1
1 0
1 1

当i==0,j==2时,执行break语句,跳出到外层的循环,i变为1。

【注意】break语句对if-else的条件语句不起作用。在多层循环中,一个break语句只向外跳一层。

6.5.2 continue语句

continue语句的作用是跳过循环本中剩余的语句而强行执行下一次循环。continue语句只用在for、while、do-while等循环体中,常与if条件语句一起使用,用来加速循环。其一般形式为：

       continue ；

【注意】continue 语句只终止本次循环，而不能使整个循环终止；break 语句是终止整个循环，不再进行条件判断。break 语句还可以用在 switch 语句中，而 continue 语句不可以。

【例 6.10】求 100～200 内的全部素数。

```
#include<math.h>
main()
{
    int m,i,k,n=0;
    for(m=101;m<=200;m=m+2)
    {
      k=sqrt(m);
      for(i=2;i<=k;i++)
        if(m%i==0)break;
        if(i>=k+1)
        {printf("%d",m);
          n=n+1;}
          if(n%n==0)printf("\n"); }
    printf("\n");
    }
}
```

6.6 goto 语句

goto 语句是一种无条件转移语句，它的一般格式为：

goto   语句标号；

其中，标号是一个有效的标识符。这个标识符加上一个":"一起出现在函数内某处，执行 goto 语句后，程序将跳转到该标号处并执行其后的语句。另外，标号必须与 goto 语句同处于一个函数中，但可以不在一个循环层中。通常 goto 语句与 if 条件语句连用，当满足某一条件时，程序跳到标号处运行。

【注意】goto 语句通常不用，主要因为它将使程序层次不清，且不易读，但在多层嵌套退出时，用 goto 语句则比较合理。

【例 6.11】goto 语句用法：

```
main()
{
    int sn=0,i;
    for(i=1;i<=100;i++)
    {
      if(i==51) goto loop;      /*如果 i 等于 51,则跳出循环*/
      sn+=i;                    /*1+2+…+50*/
    }
```

```
    loop: ;
    printf("%d\n",sn);
}
```

可以看出,这儿的 goto 语句和 break 语句作用类似。
这里的
loop: ;
printf("%d\n",sn);
也可以写成
loop: printf("%d\n",sn);
又如:

```
main()
{
    int sn = 0,i;
    for(i = 1;i <= 100;i++)
    {
        if(i == 51) goto loop;      /* 如果 i 等于 51,则跳出本次循环 */
        sn += i;                     /* 1+2+…+50+52+…+100 */
        loop: ;
    }
    printf("%d\n",sn);
}
```

可以看出这儿的 loop 语句与 continue 语句的作用类似。
但是某些情况下又必须使用 goto 语句,否则会让程序变得极其臃肿。如:

```
main()
{
    int i,j,k;
    printf("i j k\n");
    for(i = 0;i<2;i++)
        for(j = 0;j<3;j++)
            for(k = 0;k<3;k++)
            {
                if(k == 2) goto loop;
                printf("%d %d %d\n",i,j,k);
            }
            loop: ;
}
```

输出结果为:
```
              i j k
              0 0 0
              0 0 1
```

如果不使用 goto 语句,而使用 break、continue 语句,则应这样:

```
main()
{
    int i,j,k;
    printf(i j\n);
    for(i=0;i<2;i++)
    {
        for(j=0;j<3;j++)
        {
            for(k=0;k<3;k++)
            {
                if(k==2) break;
                printf(%d %d %d\n,i,j,k);
            }
            if(k==2) break;
        }
        if(k==2) break;
    }
}
```

输出结果为:
  i j k
  0 0 0
  0 0 1

所以在同时跳出多层循环时,应该使用 goto 语句。记住:所有的 goto 语句其实都是可以用 break、continue 语句代替的。

6.7 循环的嵌套

  在一个循环结构中,又包含另一个完整的循环结构,称为循环的嵌套。当内嵌的循环中含有另一个嵌套的循环时,称为多重循环。3 种循环语句不仅可以嵌套自身,而且可以互相嵌套。但要注意,一个循环结构必须完整地包含在另一个循环结构中,两个循环不能交叉。在执行循环的嵌套时,外层循环体每执行一次,内层循环要整体循环一遍。

  【例 6.12】编程显示以下图形:
  *
  * *
  * * * *
  * * * * * *
  * * * * * * * *

  分析:二维图形的输出要通过双重循环来实现;其中行数是由外层循环来控制,而每行中输出图标的个数则由内循环来控制,故:

```
#include "stdio.h"
main()
{
    int i,j;
    for(i=1;i<=5;i++)
    {  for(j=1;j<=2*i-1;j++)
         printf("*");
       printf("\n");
    }
}
```

6.8 循环结构程序举例

【例6.13】求 $1-1/2+1/3-1/4+1/5-1/6+\cdots-1/100$ 的值。

```
main()
{
    int i,t=1;
    float s=0;
    for(i=1;i<=100;i++)
    {  s=s+t*1.0/i;
       t=-t;
    }
    printf("s=%f\n",s);
}
```

程序运行结果如下：
s=0.688172

本例是一个典型的求和程序。需要注意的是，要用一个变量专门处理符号位，每处理一个数后，将符号位变量取反，注意符号位变量的初值，它必须与第一个数的符号保持一致。

【例6.14】打印出100~999之间所有的"水仙花数"。所谓"水仙花数"是指一个三位数，其各位数字立方和等于该数本身。例如 $153=1^3+5^3+3^3$。

```
#include "stdio.h"
main()
{
    int i,j,k,n;
    for(n=100;n<=999;n++)
    {
        i=n/100;              /*分解出百位*/
        j=(n-100*i)/10;       /*分解出十位*/
        k=n%10;               /*分解出个位*/
        if(n==i*i*i+j*j*j+k*k*k)
            printf("%d\n",n);
    }
```

}

程序运行结果如下：
153
370
371
407

利用 for 循环控制 100～999 个数,把每个三位数的个位数字、十位数字和百位数字分离出来。

"i=n/100;"三位数的变量 n 除以 100 并取整数部分,得到的就是这个三位数的最高位数字,也就是百位。

"j=(n−100*i)/10;"计算表达式"n−100*i"得到三位数中的后两位,除以 10 并取整,得到的就是十位。

"k=n%10;"三位数的变量 n 除以 10 所得的余数就是个位。

【例 6.15】现有 5 本新书,要借给 A、B、C 3 位小朋友,若每人每次只能借 1 本,则可以有多少种不同的借法？

```
main()
{
    int a,b,c,n=0;
    for(a=1;a<=5;a++)           /*穷举第一个人借 5 本书中的 1 本的全部情况*/
    for(b=1;b<=5;b++)           /*穷举第二个人借 5 本书中的 1 本的全部情况*/
        for(c=1;c<=5;c++)       /*穷举第三个人借 5 本书中的 1 本的全部情况*/
            if(a!=b&&c!=a&&c!=b)  /*判断三个人借的书是否不同*/
                n++;
    printf("n=%d\n",n);
}
```

程序运行结果如下：
n=60

本问题实际上是一个排列问题,即求从 5 个中取 3 个进行排列的方法的总数。首先对 5 本书从 1 至 5 进行编号,然后使用穷举的方法:假设 3 个人分别借这 5 本书中的 1 本,当 3 个人所借的书的编号都不相同时,就是满足题意的一种借阅方法。本例采用了 for 循环的三层嵌套,循环体一共执行了 60 次。

本章小结

本章介绍了构成循环结构的 3 种循环语句:while 语句、do-while 语句和 for 语句。if 语句和 goto 语句虽然可以构成循环,但效率不如循环语句,更重要的是,结构化程序设计不主张使用 goto 语句,因为它会搅乱程序流程,降低程序的可读性。break 语句和 continue 语句都能改变循环的执行流程。break 语句能终止整个循环语句的执行,而 continue 语句只能结束本次循环。

历年试题汇集

1. 【2000.9】有如下一段 C 程序：

    ```
    main()
    { float x=2.0,y;
      if(x<0.0)  y=0.0;
      else  if(x<10.0) y=1.0/x;
      else  y=1.0;
      printf("%f\n",y);
    }
    ```

    该程序的输出结果是_____。

    A) 0.000000　　　　B) 0.250000　　　　C) 0.500000　　　　D) 1.000000

2. 【2000.9】有如下程序：

    ```
    main()
    { int  i,sum;
      for(i=1;i<=3;sum++)   sum+=i;
      printf("%d\n",sum);
    }
    ```

    该程序的执行结果是_____。

    A) 6　　　　　　　　B) 3　　　　　　　　C) 死循环　　　　　D) 0

3. 【2000.9】有如下程序：

    ```
    main()
    { int  x=23;
      do
      { printf("%d",x--);}
      while(!x);
    }
    ```

    该程序的执行结果是_____。

    A) 321　　　　　B) 23　　　　　C) 不输出任何内容　　　　D) 陷入死循环

4. 【2000.9】有如下程序：

    ```
    main()
    {
      int  n=9;
      while(n>6)  {n--;printf("%d",n);}
    }
    ```

    该程序段的输出结果是_____。

    A) 987　　　　　B) 876　　　　　C) 8765　　　　　D) 9876

5. 【2000.9】要使以下程序段输出 10 个整数,请填入一个整数。
   for(i=0;i<=_____;printf("%d\n",i+=2));

6. 【2000.9】函数 pi 的功能是根据以下近似公式求 π 值:
   (π×π)/6=1+1/(2×2)+1/(3×3)+⋯+1/(n×n)
   现在请你在下面的函数中填空,完成求 π 的功能。

   ```
   #include  "math.h"
   double  pi(long n)
   { double  s=0.0;    long i;
     for(i=1;i<=n;i++)s=s+_____;
     return(sqrt(6*s));
   }
   ```

7. 【2001.9】t 为 int 类型,进入下面的循环之前,t 的值为 0
   while(t=1)
   { … }

   则以下叙述中正确的是_____。
   A) 循环控制表达式的值为 0   B) 循环控制表达式的值为 1
   C) 循环控制表达式不合法   D) 以上说法都不对

8. 【2001.9】以下程序的输出结果是_____。

   ```
   main()
   { int   num=0;
     while(num<=2)
      { num++;  printf("%d\n",num);
    }
   ```

   A) 1   B) 1   C) 1   D) 1
      2   2   2
      3   3
      4

9. 【2001.9】以下程序的输出结果是_____。

   ```
   main()
   { int   a,b;
       for(a=1, b=1;a<=100; a++)
      {  if(b>=10) break;
         if (b%3==1)
         {  b+=3;      continue;  }
       }
       printf("%d\n",a);
   }
   ```

   A) 101   B) 6   C) 5   D) 4

10.【2001.9】以下程序运行后的输出结果是_____。
```
main()
{ int  i=10, j=0;
  do
  { j=j+i; i--;
  while(i>2);
  printf("%d\n",j);
  }
}
```

11.【2001.9】t 为 int 类型,进入下面的循环之前,t 的值为 0:
```
while( t = 1)
{  ...  }
```
则以下叙述中正确的是_____。

A) 循环控制表达式的值为 0   B) 循环控制表达式的值为 1
C) 循环控制表达式不合法   D) 以上说法都不对

12.【2001.9】以下程序的输出结果是_____。
```
main()
{ int  num=0;
  while(num<=2)
  { num++; printf("%d\n",num);}
}
```

A) 1   B) 1   C) 1   D) 1
   2   2   2
   3   3
   4

13.【2001.9】以下程序的输出结果是_____。
```
main()
{ int  a,b;
  for(a=1, b=1;a<=100; a++)
  {  if(b>=10) break;
     if(b%3==1)
     { b+=3;     continue; }
  }
  printf("%d\n",a);
}
```

A) 101   B) 6   C) 5   D) 4

14.【2001.9】以下程序运行后的输出结果是_____。
```
main()
{   int  i=10,  j=0;
```

```
  do
  { j = j + i;   i -;
  while(i>2);
  printf("%d\n",j);
}
```

15.【2001.9】设有以下程序：
```
main()
{ int   n1,n2;
  scanf("%",&n2);
  while(n2! = 0)
  { n1 = n2 % 10;
    n2 = n2/10;
    printf("%d",n1);
  }
}
```

程序运行后，如果从键盘上输入1298；则输出结果为_____。

A) 11   B) 13
C) 15   D) 19

16.【2001.9】以下程序的输出结果是_____。
```
main()
{ int   num = 0;
  while(num< = 2)
  { num + +;   printf("%d\n",num);}
}
```

A) 1   B) 1   C) 1   D) 1
  2   2   2
  3   3
  4

17.【2001.9】以下程序的输出结果是_____。
```
main()
{ int    a, b;
  for(a = 1, b = 1; a< = 100; a + +)
  { if(b> = 10)  break;
    if (b%3 == 1)
    { b + = 3;       continue;  }
  }
  printf("%d\n",a);
}
```

A) 101   B) 6   C) 5   D) 4

18.【2001.9】以下程序运行后的输出结果是_____。

```
main()
{ int  i = 10, j = 0;
  do
  { j = j + i; i-;
    while(i>2);
    printf("%d\n",j);
  }
}
```

19.【2001.9】设有以下程序：

```
main()
{ int  n1,n2;
  scanf("%d",&n2);
  while(n2! = 0)
  { n1 = n2 % 10;
    n2 = n2/10;
    printf("%d",n1);
  }
}
```

程序运行后，如果从键盘上输入1298；则输出结果为_____。

20.【2002.9】以下程序的功能是：按顺序读入10名学生4门课程的成绩，计算出每位学生的平均分并输出，程序如下：

```
main()
{ int n,k;
  float score,sum,ave;
  sum = 0.0;
  for(n = 1;n<= 10;n++)
  { for(k = 1;k<= 4;k++)
    { scanf("%f",&score); sum += score;}
    ave = sum/4.0;
    printf("NO%d:%f\n",n,ave);
  }
}
```

上述程序运行后结果不正确，调试中发现有一条语句出现在程序中的位置不正确。这条语句是_____。

  A) sum=0.0;   B) sum+=score;
  C) ave=sun/4.0;   D) printf("NO%d:%f\n",n,ave);

21.【2002.9】有以下程序段：

```
int n = 0,p;
do{scanf("%d",&p);n++;}while(p! = 12345 &&n<3);
```

此处 do-while 循环的结束条件是_____。

  A) P的值不等于12345并且n的值小于3

B) P 的值等于 12345 并且 n 的值大于等于 3
C) P 的值不等于 12345 或者 n 的值小于 3
D) P 的值等于 12345 或者 n 的值大于等于 3

22.【2002.9】以下程序运行后的输出结果是_____。

```
main()
{ int x=15;
  while(x>10 && x<50)
  { x++;
    if(x/3){x++;break;}
    else continue;
  }
  printf("%d\n",x);
}
```

23.【2002.9】以下程序运行后的输出结果是_____。

```
void fun(int x,int y)
{ x=x+y;y=x-y;x=x-y;
  printf("%d,%d,",x,y);     }
main()
{ int x=2,y=3;
  fun(x,y);
  printf("%d,%d\n",x,y);
}
```

24.【2002.9】以下函数的功能是计算 s=1+ + +…+,请填空。

```
double fun(int n)
{ double s=0.0,fac=1.0;  int  i;
  for(i=1,i<=n;i++)
  { fac=fac;
    s=s+fac;
  }
  return s;
}
```

25.【2003.9】有以下程序：

```
main()
{ int  s=0,a=1,n;
  scanf("%d",&n);
  do
  { s+=1;    a=a-2; }
  while(a!=n);
  printf("%d\n",s);
}
```

若要使程序的输出值为 2,则应该从键盘给 n 输入的值是_____。

A) -1　　　　　　B) -3　　　　　　C) -5　　　　　　D) 0

26.【2003.9】若有如下程序段,其中 s、a、b、c 均已定义为整型变量,且 a、c 均已赋值(c 大于0):

```
s=a;
for(b=1;b<=c;b++) s=s+1;
```

则与上述程序段功能等价的赋值语句是_____。

A) s=a+b;　　　B) s=a+c;　　　C) s=s+c;　　　D) s=b+c;

27.【2003.9】有以下程序:

```
main()
{ int k=4,n=4;
  for( ;n<k ;)
  { n++;
    if(n%3!=0)  continue;
    k--; }
  printf("%d,%d\n",k,n);
}
```

程序运行后的输出结果是_____。

A) 1,1　　　　　B) 2,2　　　　　C) 3,3　　　　　D) 4,4

28.【2003.9】要求以下程序的功能是计算：

```
main()
{ int n; float s;
  s=1.0;
  for(n=10;n>1;n--)
  s=s+1/n;
  print("%6.4f\n",s);
}
```

程序运行后输出结果错误,导致错误结果的程序行是_____。

A) s=1.0;　　　　　　　　　　B) for(n=10;n>1;n--)
C) s=s+1/n;　　　　　　　　　D) printf("%6.4f/n",s);

29.【2003.9】执行以下程序后,输出"#"号的个数是_____。

```
#include <stdio.h>
main()
{ int i,j;
  for(i=1; i<5; i++)
  for(j=2; j<=i; j++)  putchar('#');
}
```

30.【2003.9】以下程序的功能是调用函数 fun 计算：m=1-2+3-4+…+9-10,并输出结果。请填空。

```
int fun(int  n)
```

```
{ int  n = 0,f = 1,i;
    for (i = 1; i<= n; i++)
    { m+ = i*f;
      f = _____;
    }
    return  m;
}
main()
{ printf("m = %d\n",_____);}
```

31. 【2004.9】有以下程序：

```
main()
{ int i;
  for(i = 0;i<3;i++)
  switch(i)
  {
    case 0:printf("%d",i);
    case 2:printf("%d",i);
    default:printf("%d",i);
  }
}
```

　程序运行后的输出结果是_____。
　A) 022111　　　　　B) 021021　　　　C) 000122　　　　D) 012

32. 【2004.9】有以下程序：

```
main()
{ int i = 0,x = 0;
  for (;;)
  {
    if(i == 3||i == 5) continue;
    if (i == 6) break;
    i++;
    s+ = i;
  };
  printf("%d\n",s);
}
```

程序运行后的输出结果是_____。
　A) 10　　　　　B) 13　　　　C) 21　　　　D) 程序进入死循环

33. 【2004.9】若变量已正确定义,要求程序段完成求 5! 的计算,不能完成此操作的程序段是_____。
　A) for(i=1,p=1;i<=5;i++) p*=i;
　B) for(i=1;i<=5;i++){ p=1; p*=i;}
　C) i=1;p=1;while(i<=5){p*=i; i++;}

D) i=1;p=1;do{p*=i;i++;}while(i<=5);

34. 【2005.9】有以下程序段:

    ```
    int n,t=1,s=0;
    scanf("%d",&n);
    do{ s=s+t; t=t-2;}while(t!=n);
    ```

    为使此程序段不陷入死循环,从键盘输入的数据应该是_____。
    A) 任意正奇数　　　B) 任意负偶数　　　C) 任意正偶数　　　D) 任意负奇数

35. 【2005.9】有以下程序:

    ```
    main()
    { int k=5,n=0;
      while(k>0)
        { switch(k)
          { default : break;
            case 1 : n+=k;
            case 2 :
            case 3 : n+=k;
          }
          k--;
        }
      printf("%d\n",n);
    }
    ```

    程序运行后的输出结果是_____。
    A) 0　　　　　　　B) 4　　　　　　　C) 6　　　　　　　D) 7

36. 【2005.9】以下程序的功能是计算:s=1+12+123+1234+12345。请填空。

    ```
    main()
    { int t=0,s=0,i;
      for( i=1; i<=5; i++)
      { t=i+_____; s=s+t;}
        printf("s=%d\n",s);
    }
    ```

课后练习

一、选择题

1. 逻辑运算符两侧运算对象的数据类型(　　　)。
   A) 只能是 0 或 1　　　　　　　　　　B) 只能是 0 或非 0 正数
   C) 只能是整型或字符型数据　　　　　D) 可以是任何类型的数据

2. 下列表达式中,(　　)不满足"当 x 的值为偶数时值为真,为奇数时值为假"的要求。
   A) x%2==0　　　B) !x%2!=0　　　C) (x/2*2-x)==0　　　D) !(x%2)

3. 以下程序片段(　　　)。

```
int x = 2, y = 3;
printf(   );
```

A) 什么都不输出   B) 输出为：＊＊＊x＝2

C) 输出为：＃＃＃y＝2   D) 输出为：＃＃＃y＝3

4. 能正确表示"当 x 的取值在[1,10]和[200,210]范围内为真，否则为假"的表达式是（　　）。

   A) (x>=1) && (x<=10) && (x>=200) && (x<=210)

   B) (x>=1) || (x<=10) || (x>=200) || (x<=210)

   C) (x>=1) && (x<=10) || (x>=200) && (x<=210)

   D) (x>=1) || (x<=10) && (x>=200) || (x<=210)

5. C语言对嵌套 if 语句的规定是：else 总是与（　　）。

   A) 其之前最近的 if 配对   B) 第一个 if 配对

   C) 缩进位置相同的 if 配对   D) 其之前最近的且尚未配对的 if 配对

6. 设：int a=1,b=2,c=3,d=4,m=2,n=2;执行(m=a>b) && (n=c>d)后 n 的值为（　　）。

   A) 1   B) 2   C) 3   D) 4

7. 下面（　　）是错误的 if 语句（设 int x,a,b;）。

   A) if (a=b) x++;   B) if (a=<b) x++;

   C) if (a-b) x++;   D) if (x) x++;

8. 以下程序片段（　　）。

```
main ( )
{ int x = 0, y = 0, z = 0;
  if (x = y + z)
    printf("***");
  else
    printf("###");
}
```

   A) 有语法错误，不能通过编译   B) 输出：＊＊＊

   C) 可以编译，但不能通过连接，所以不能运行   D) 输出：＃＃＃

9. 对下述程序，（　　）是正确的判断。

```
main ( )
{ int x,y;
  scanf("%d,%d",&x,&y);
  if (x>y)
     x = y; y = x;
  else
     x++; y++;
  printf("%d,%d",x,y);
}
```

   A) 有语法错误，不能通过编译   B) 若输入 3 和 4，则输出 4 和 5

C) 若输入 4 和 3,则输出 3 和 4　　　　　D) 若输入 4 和 3,则输出 4 和 5

10. 若 w=1,x=2,y=3,z=4,则条件表达式 w<x ? w : y<z ? y : z 的值是（　　）。

　　A) 4　　　　　　B) 3　　　　　　C) 2　　　　　　D) 1

11. 下述表达式中,(　　)可以正确表示 x≤0 或 x≥1 的关系。

　　A) (x>=1)||(x<=0)　　　　　　　B) x>=1 | x<=0

　　C) x>=1 && x<=0　　　　　　　D) (x>=1) && (x<=0)

12. 下述程序的输出结果是(　　)。

```
main ( )
{ int a=0,b=0,c=0;
  if (++a>0 || ++b>0)
    ++c;
  printf("%d,%d,%d",a,b,c);
}
```

　　A) 0,0,0　　　　B) 1,1,1　　　　C) 1,0,1　　　　D) 0,1,1

13. 下述程序的输出结果是(　　)。

```
main ( )
{ int x=-1,y=4,k;
  k=x++<=0 && !(y--<=0);
  printf("%d,%d,%d",k,x,y);
}
```

　　A) 0,0,3　　　　B) 0,1,2　　　　C) 1,0,3　　　　D) 1,1,2

14. 以下程序输出结果是(　　)。

```
main ( )
{ int x=1,y=0,a=0,b=0;
  switch(x) {
     case 1:switch (y) {
            case 0 : a++ ; break ;
            case 1 : b++ ; break ;
            }
     case 2:a++ ; b++ ; break;
     case 3:a++ ; b++ ;
     }
  printf("a=%d,b=%d",a,b);
}
```

　　A) a=1,b=0　　　B) a=2,b=1　　　C) a=1,b=1　　　D) a=2,b=2

15. 下述程序的输出结果是(　　)。

```
main ( )
{ int a,b,c;
    int x=5,y=10;
```

```
    a=(--y=x++)? -y : ++x;
    b=y++ ; c=x;
    printf("%d,%d,%d",a,b,c);
}
```

A) 6,9,7 B) 6,9,6 C) 7,9,6 D) 7,9,7

16. 当 a=1,b=3,c=5,d=4 时,执行完下面一段程序后 x 的值是(　　)。

```
if (a<b)
if (c<d) x=1;
else
   if (a<c)
      if (b<d) x=2;
      else x=3;
   else x=6;
else x=7;
```

A) 1　　　　B) 2　　　　C) 3　　　　D) 4

17. 在下面的条件语句中(其中 S1 和 S2 表示 C 语言语句),只有(　　)在功能上与其它三个语句不等价。

A) if (a) S1; else S2;　　　　B) if (a==0) S2; else S1;
C) if (a!=0) S1; else S2;　　　D) if (a==0) S1; else S2;

18. 若 int i=0;执行下列程序后,变量 i 的正确结果是(　　)。

```
switch (i) {
    case 9: i+=1;
    case 10: i+=1;
    case 11: i+=1;
    default: i+=1;
}
```

A) 10　　　B) 11　　　C) 12　　　D) 13

19. 若有说明语句 int i=5,j=4,k=6;float f;则执行 f=(i<j&&i<k)? i:(j<k)? j:k;语句后,f 的值为(　　)。

A) 4.0　　　B) 5.0　　　C) 6.0　　　D) 7.0

20. 若有定义:int a=3,b=2,c=1;并有表达式:①a%b,②a>b>c,③b&&c+1,④c+=1,则表达式值相等的是(　　)。

A) ①和②　　B) ②和③　　C) ①和③　　D) ③和④

二、填空题

1. 执行以下程序段后,a=_____,b=_____,c=_____。

```
int x=10,y=9;
int a,b,c;
a=(x-- = y++)? x-- : y++;
b=x++;
c=y;
```

2. 若运行时输入 100↙,写出以下程序的运行结果_____。

```
main( )
{ int a;
  scanf("%d",&a);
  printf("%s",(a%2!=0)?"No":"Yes");
}
```

3. 写出以下程序的运行结果_____。

```
main( )
{ int a=2,b=7,c=5;
  switch(a>0){
     case 1: switch(b<0){
            case 1: printf("@"); break;
            case 2: printf("!"); break;
            }
     case 0: switch(c==5){
            case 1: pritnf("*"); break;
            case 2: printf("#"); break;
            default: printf("#"); break;
            }
     default: printf("&");
  }
  printf("\n");
}
```

三、程序判断题

1. 下面程序将输入的大写字母改写成小写字母输出,其它字符不变;请判断下面程序的正误,如果错误请改正过来。

```
main( )
{ char c;
   c = getchar( );
   c = (c>='A'||c<='Z')?c-32:c+32;
   printf("%c",c);
}
```

2. 下面程序输入两个运算数 x,y 和一个运算符号 op,然后输出该运算结果的值,例如输入 3+5↙ 得到结果 8;请判断下面程序的正误,如果错误请改正过来。

```
main( )
{
    float x,y,r;
    char op;
    scanf("%f%c%f",&x,&op,&y);
    switch(op){
       case '+': r=x+y;
```

```
        case '-': r = x + y;
        case '*': r = x + y;
        case '/': r = x + y;
    }
    printf("%f", r);
}
```

四、编程题

1. 有 3 个整数 a、b、c,由键盘输入,输出其中最大的数。

2. 编程输入整数 a 和 b,若大于 100,则输出百位以上的数字,否则输出两数之和。

3. 给出一百分制成绩,要求输出成绩等级 A,B,C,D,E。90 分以上为 A,80~89 分为 B,70~79 分为 C,60~69 分为 D,60 分以下为 E。

4. 提高题:给一个不多于 5 位的正整数,要求:①求出它是几位数;②分别打印出每一位数字;③按逆序打印出各位数字,例如原数是 321,应输出 123。

第 7 章

函 数

【本章考点和学习目标】
1. 掌握函数的定义基本方法。
2. 掌握函数的类型和返回值。
3. 掌握形式参数与实在参数,参数值传递方式。
4. 掌握函数的正确调用、嵌套调用、递归调用方法。

【本章重难点】
重点:形式参数与实在参数,参数值传递方式。
难点:函数的嵌套调用和递归调用。

从整个软件的组成上看,一个软件总是由若干个功能模块组成,各个模块彼此之间存在着一定的联系,但功能上又各自独立;从开发过程上看,不同的模块可能由不同的程序员来开发。那么怎样将不同的功能模块连接在一起,成为一个程序来完成相对应的工作,而且保证不同的程序开发者的工作既不重复,又能彼此衔接呢?这就需要模块化设计。而 C 语言中的函数就实现了软件的这个功能。

7.1 函数的分类

C 源程序是由函数组成的。虽然在前面各章的程序中大都只有一个主函数 main(),但实际程序往往由多个函数组成。函数是 C 源程序的基本模块,通过对函数模块的调用实现特定的功能。C 语言不仅提供了极为丰富的库函数,还允许用户建立自己定义的函数。用户可把自己的算法编成一个个相对独立的函数模块,然后用调用的方法来使用函数。可以说 C 程序的全部工作都是由各式各样的函数完成的,所以也把 C 语言称为函数式语言。

下面我们从不同的角度对函数进行分类。

从函数定义的角度分,可分为库函数和用户自定义函数两种。

(1) 库函数

库函数由 C 语言系统直接提供,用户无须定义,也不必在程序中作类型说明,只需要在程序前包含有该函数原型的头文件就可以在程序中直接调用。在前面各章的例题中反复用到 printf()、scanf()、getchar() 、putchar()等函数均属此类。用户只需根据自己的需要,选择合适的库函数,正确地进行调用,就可以执行相应的操作,但要注意对应的头文件的调用。

C 语言提供了极为丰富的库函数,这些库函数又可从功能角度作以下分类:

① 字符类型分类函数：用于对字符按 ASCII 码分类：字母、数字、控制字符、分隔符、大小写字母等。

② 转换函数：用于字符或字符串的转换；在字符量和各类数字量（整型、实型等）之间进行转换；在大、小写之间进行转换。

③ 目录路径函数：用于文件目录和路径操作。

④ 图形函数：用于屏幕管理和各种图形功能。

⑤ 输入/输出函数：用于完成输入/输出功能。

⑥ 接口函数：用于与 DOS、BIOS、硬件的接口。

⑦ 字符串函数：用于字符串操作和处理。

⑧ 数学函数、日期和时间函数：用于数学函数计算、日期、时间转换操作。

⑨ 其它函数：用于内部错误检测、内存管理、进程管理和控制等其它各种功能。

(2) 用户自定义函数

按照程序的需求由用户自己编写的函数。对于用户自定义函数，不仅要在程序中定义函数本身，而且在主调函数模块中还必须对该函数进行相应的类型说明，然后才能使用。

从函数的返回值角度上分，可分为有返回值函数和无返回值函数两种。

(1) 有返回值函数

此类函数被调用执行完后将向主调函数返回一个执行结果，返回的结果称为函数的返回值。由用户定义的这种需要返回函数值的函数，必须在函数定义和函数说明中明确说明返回值的类型。

(2) 无返回值函数

此类函数用于完成某项特定的处理任务，执行完成后不向主调函数返回函数值。由于函数无须返回值，用户在定义此类函数时可指定它的返回为空类型，空类型的说明符为 void，后面将进行具体介绍。

从函数参数的角度上分，可分为有参函数和无参函数两种。

(1) 无参函数

函数定义、函数说明及函数调用的时候均不带参数。主调函数和被调用函数之间不进行参数传送。此类函数通常用来完成一组指定的功能，可以返回或不返回函数值。

(2) 有参函数

在函数定义及函数说明中都有参数，这时的参数称为形式参数（简称为形参）。在函数调用时也必须给出参数，这时的参数称为实际参数（简称为实参）。进行函数调用时，主调函数将把实参的值传送给形参，供被调用函数使用。

7.2 函数的定义

7.2.1 无参函数

类型说明符 函数名()
{
　　类型说明

执行语句
}

在无参函数的定义中,类型标识符和函数名称为函数头。类型标识符指明了本函数的类型,函数的类型实际上是函数返回值的类型。该类型标识符与前面介绍的各种说明符相同。函数名是由用户定义的标识符,函数名后有一个空括号,其中无参数,但括号不可少。{}中的内容称为函数体。在函数体中声明部分是对函数体内部所用到的变量的类型说明。在函数体中也有类型说明,这是对在函数体内部要用到的变量的类型进行说明。之后的执行语句就是函数的具体实现功能。在很多情况下,多数无参函数调用之后,仅完成某一操作,而不需要带回一个结果,因此也可以不指明函数的类型,此时函数类型说明符可以写为 void。

【例 7.1】输出字符串"Happy birthday"。

```
void Happy()
{
    printf ("Happy birthday \n");
}
```

Happy 函数是一个无参函数,当它被其它函数调用时,执行一个功能:输出 Hello world 字符串。

7.2.2 有参函数

类型说明符 函数名(形式参数表列)
{
    类型说明
    执行语句
}

有参函数和无参函数定义方式相同,仅仅多了一个形式参数表列。在形参表中给出的参数称为形式参数,形参表是用逗号分隔的一组变量说明,包括形参的类型和形参标识符,其作用是指出每一个形参的类型和形参的名称,当调用函数时,接收来自主调函数的数据,确定各参数的值。在形参表中必须给出形参的类型说明。

【例 7.2】输入两个数,返回其中大的数。

```
int max(int a,int b)
{
 if (a<b)   return b;
 else       return a;
}
main()
{
 int x,y;
 printf("please input two numbers:");
 scanf(" %d%d",&x,&y);
 printf(" %d",max(x,y));
}
```

max()函数是一个整型函数,即其返回值是一个整数,它有两个形式参数 a 和 b。形参 a、b 均为整型变量,它们的具体值是由主调函数 main()函数在调用 max()函数时传送过来的。

7.2.3 空函数

C 语言中允许定义空函数,其一般形式为:

函数名( )
{ }

空函数是程序设计的一个技巧,在一个软件开发的过程中,模块化设计允许将程序分解为不同的模块,由不同的开发人员设计,也许某些模块暂时空缺,留待后续的开发工作完成,为了保证整体软件结构的完整性,将其定义为空函数,作为一个接口,为其完善时只须加入函数体内的语句即可。

【例 7.3】C 语言中最简单的函数:

dumy()
{ }

这是 C 语言中一个合法的函数,函数名为 dumy。它没有函数类型说明,也没有形参表,同时也没有语句。实际上,函数 dumy 不执行任何操作,用来代替尚未开发完毕的函数。

7.3 函数的参数及其返回值

前面讲到,函数的参数分为形式参数和实际参数两种。形式参数出现在函数的定义中,离开函数则毫无意义。而实际参数出现在函数的调用中,它们的功能各不相同。形参和实参的功能均是作数据传送。发生函数调用时,主调函数把实参的值传送给被调函数的形参,从而实现主调函数向被调函数的数据传送。

7.3.1 形式参数和实际参数

1. 形式参数

形式参数具有如下特点:
- 形参变量只有在被调用时才分配内存单元,在调用结束时,立刻释放所分配的内存单元。因此,形参只有在函数内部有效。函数调用结束后,内存空间释放,值也就消失了。
- 形参在被调用函数中定义,函数定义时变量名可以省略,但类型不能省略。
- 形参的值通常是通过实参的传递而确定的,对形参初始化没有意义。

2. 实际参数

- 实参可以是常量、变量、表达式、函数等,无论实参是何种类型的量,在进行函数调用时,它们都必须具有确定的值,以便把这些值传送给形参。因此,在函数调用之前必须有确定的值。
- 实参可以是常量、变量、表达式或函数,但在函数调用之前必须有确定的值。
- 函数调用中发生的数据传送是单向的。即只能把实参的值传送给形参,而不能把形参的值反向地传送给实参。因此,在函数调用过程中,形参的值发生改变,而实参中的值不会变化。

【注意】在函数调用中,实参和形参在数量上、类型上、顺序上应该严格一致,否则会发生"类型不匹配"的错误。

3. 参数传递方式

C语言函数参数采用"值传递"的方法,其含义是:在调用函数时,将实参变量的值取出来,复制给形参变量,使形参变量在数值上与实参变量相等。在函数内部使用从实参中复制来的值进行处理。C语言中的实参可以是一个表达式,调用时先计算表达式的值,再将结果复制到形参对应的存储单元中。一旦函数执行完毕,这些存储单元所保存的值不再保留。

下面用个形象的类比来进行说明。函数间形参变量与实参变量的值的传递过程类似于日常生活中的"复印"操作:甲方请乙方工作,拿着原件为乙方复印了一份复印件,乙方凭复印件工作,将结果汇报给甲方。在乙方工作过程中可能在复印件上进行涂改、增删、加注释等操作,但乙方对复印件的任何修改都不会影响到甲方的的原件。

因此,值传递的优点在于被调用的函数不可能改变主调函数中变量的值,而只能改变它的临时副本。这样就可以避免被调用函数的操作对调用函数中的变量可能产生的副作用。

C语言中,在"值传递"方式下,在函数之间传递的是"变量的值",其实函数之间也可以传递"变量的地址"。我们将在第8章中具体讲解地址的传递。

【例7.4】编写一个函数求两个的最大值。

```
main( )
{
    int a,b, c;
    scanf("%d%d", &a, &b);
    c = max(a,b);                    /* 主函数内调用功能函数 max,实参为 a 和 b */
    printf ( "%d,%d,%d\n", a, b, c );
}
int max ( int x, int y )             /* x 和 y 为形参,接受来自主调函数的原始数据 */
{
    int z;
    z = x>y ? x : y;
    return(z);                       /* 将函数的结果返回主调函数 */
}
```

7.3.2 函数的返回值

函数调用之后的结果称为函数的返回值,通过返回语句带回主调函数。其一般形式为:

    return 表达式;

或:

    return(表达式);

该语句的功能是计算表达式的值,并返回给主调函数。在函数中允许有多个 return 语句,但每次调用只能有一个 return 语句被执行,因此一个函数只能有一个返回值。

使用函数返回值语句时应注意以下问题:

① 被调函数无论有多少条返回语句,程序总是总最先执行到的返回值语句返回,并且其

返回值只能有一个。例如：

```
if(x>=0)
    return (2*x*x-x);
else
    return (2*x*x);
```

② 有时被调函数不需要带回返回值，只需要返回主调函数即可，此时可以写成：

```
return;
```

当然也可以不写。函数运行到结尾右花括号"}"自然结束，返回主调函数。事实上，函数并非真的没有返回值，而是返回一个不确定的值，有可能给程序带来某种意外的影响。因此，为了保证函数不返回任何值，C 语言规定，定义函数为无类型函数，其一般形式为：

void 函数名(形参表)
{ …… }

void 类型又称为空类型。void 类型的函数是指调用该函数在返回时没有返回值。void 类型在 C 语言中有两个用途：一是表示一个函数没有返回值，二是用来指明一个通用型的指针。第二种用途本书暂不讨论。

【例 7.5】在有些情况下，在屏幕上显示计算结果的时候，会因为显示的速度太快，还没有看清楚结果，屏幕上的内容就已经滚出了。为了解决这个问题，可以让屏幕每显示一定的行数后就自动暂停，待用户看清屏幕后按键盘上的任意键后，屏幕会继续显示以后的计算结果。下面给出一段演示性程序，其功能是显示数字 1～1000，每显示 50 行时暂停一次。

```
#include "stdio.h"
void kbhit( void )          /* 函数定义。函数的形式参数为空 */
{
getchar( );
}
main( )
{
  int i, j;
  for ( i=1 , j=0; i<=1000; i++ )
  {
    printf ("%d\n",i);
    if ( ++j == 50 )
    {
        j=0;
        kbhit( );           /* 调用函数 */
    }
  }
}
```

程序中调用 kbhit( )函数等待用户的键盘操作，函数 kbhit( )是一个 void 类型的，无返回值，它在函数中调用了库函数 getch( )等待用户按键。kbhit( )函数不仅返回值为 void 型，而且也没有形式参数。在 C 语言中，对于没有形参的函数，在函数的头部形式参数说明部分的括号中既可以为空,也可以写成例 7.4 中的(void)形式。形参表明确地写明 void,表示没有形式参数。

7.4 函数的调用

在函数体中调用其它函数的函数,称为主调函数;被别的函数调用的函数,称为被调函数。主调函数和被调函数是相对而言的,有的函数在程序中既是被调函数也是主调函数。主函数 main 由系统进行调用。

7.4.1 函数调用的一般形式

在程序执行过程中,除了主函数外,其余函数都必须通过调用才能被执行。C 语言中,函数调用的一般形式为:

    函数名(实参表);

函数调用时应注意以下问题:

① 即使调用的是无参函数,无实参表,小括号也不能省略。

② 函数调用时,实参与形参应个数相同,类型一致。实参与形参按顺序一一对应传递数据,且只能由实参传递给形参。

③ 实参可以是表达式。如果实参是表达式,先计算表达式的值,再将值传递给形参。在 C 语言中,对于实参表的求值,有的系统按自右而左的顺序,有的系统则按自左至右的顺序。大多数 C(包括 TuRBO C)采用自右而左的顺序求值。例如:

```
int i = 3;
printf("%d,%d",i,++i);
```

若按照自左至右的顺序,则输出 3,4;若按照自右至左的顺序,则输出 4,4。

【注意】为了避免出现意外情况,应先进行参数表达式的计算,然后再调用函数。

7.4.2 函数调用的方式

按函数调用在程序中出现的位置,有以下 3 种函数调用方式。

1. 以语句方式被调用

把函数调用作为一个语句。常常只要求函数完成一定的操作,不要求函数返回值。这种情况经常会用到。例如:

```
#include <stdio.h>
func( )
{
    printf("* * * * * * * * * * * * * * * *\n");
}
main( )
{
    func( );
}
```

2. 以表达式方式被调用

函数作为表达式中的一项出现在表达式中,以函数返回值参与表达式的运算。这种方式要求函数是有返回值的。例如:

z = max(x) + max(y);

这是一个赋值表达式,两次调用 max 函数,但传递的实参不同,将两次调用的和返回值赋予变量 z。

3. 以参数形式被调用

函数调用作为另一个函数的实参存在,这种函数要求必须有返回值。例如:

x = fun1(a,fun2(b,c));

调用函数 fun1 时,第二个实参的值由函数 fun2 的返回值来提供。

7.4.3 被调函数的声明

由于 C 语言在编译程序中的函数调用时,如果不知道该函数参数的个数和类型,编译系统就无法检查形参和实参是否匹配。为了保证函数调用时,编译程序能检查出形参和实参是否满足类型相同、个数相等,并由此决定是否进行类型转换,就必须为编译程序提供所用函数的返回值类型和参数的类型、个数,以保证函数调用成功。

函数声明的一般形式

主调函数调用被调函数之前,必须对被调函数作声明,其一般形式为:

  函数类型 函数名(形参类型1 形参名1,形参类型2 形参名2,…)

或者

  类型说明符 被调函数名(类型,类型…);

函数声明的目的是告诉编译系统、函数的类型、参数个数等信息,为编译系统进行类型检查提供依据。第二种形式只给出了形参类型,这便于编译系统进行检错,以防止可能出现的错误。这种书写方式经常会看到。

函数的声明和函数定义形式上非常相似,但要注意两者本质上是不同的。

① 函数的定义是编写一段程序,执行一定的功能。而函数的声明仅是对编译系统的说明,不执行具体的动作。

② 函数的定义只能有一次,而函数的声明可以有多次,调用几次该函数,就应在各个主调函数中各自声明。

③ 函数的声明有时可以省略,而函数定义不可省略。在下列情况下,可以省略函数声明:当函数的返回值为整型或字符型时,不论定义函数与调用函数在源程序中的位置关系如何,都可以省去函数说明;如果被调用的函数定义在源程序中的位置是在调用该函数之前,则可以省去在调用函数中对被调用函数的函数说明。

7.4.4 函数的嵌套调用

在 C 语言中,函数的定义是平行的,不允许进行函数的嵌套定义,即在一个函数体中再定义一个新的函数。而函数之间的调用可以是任意的,即允许在一个函数体内再调用其它函数,这种在函数体中再调用其它函数称为函数的嵌套调用。

在 C 语言中，函数的嵌套调用是很常见的，例如：

【例 7.6】分析程序的执行过程。

```c
#include <stdio.h>
void func1( )
void func2( )
void func3( )
main( )
{
  printf ("I am in main\n");
  func1( );
  printf ("I am finally back in main\n");
}
void func1( )
{
  printf("I am in the first function\n");
  func2( );
  printf("I am in back in the first function\n");
}
void func2( )
{
  printf ("Now I am in the section function\n");
  func3( );
  printf ("Now I am back in the section function\n");
}
void func3( )
{
  printf("Now I am in the third function\n");
}
```

程序的运行结果如下：

```
I am finally back in main
I am in the first function
Now I am in the section function
Now I am in the third function
Now I am back in the section function
I am in back in the first function
I am finally back in main
```

在例子中，main 函数首先调用了 func1，函数 func1 中又调用了函数 func2，函数 func2 中又调用了函数 func3。

7.4.5 函数的递归调用

1. 栈

学习函数递归之前,首先要了解一下栈的概念。

栈是一个后进先出的压入(push)和弹出(pop)式数据结构。在程序运行时,系统每次向栈中压入一个对象,然后栈指针向下移动一个位置。当系统从栈中弹出一个对象时,最新进栈的对象将被弹出,然后栈指针向上移动一个位置。程序员经常利用栈这种数据结构来处理那些最适合用后进先出逻辑来描述的编程问题。

程序运行时的栈是这样工作的。当一个主调函数调用另一个被调函数时,运行时系统将把调用者的所有实参和返回地址压入到栈中,栈指针将移到合适的位置来容纳这些数据。最后进栈的是调用者的返回地址。当被调用函数开始执行时,系统把被调用函数的自变量压入到栈中,并把栈指针再向下移,以保证有足够的空间存储被调用者声明的所有自变量。当调用函数把实参压入栈后,被调用函数就在栈中以自变量的形式建立了形参。被调用函数内部的其它自变量也是存放在栈中的。当被调用者准备返回时,系统弹出栈中所有的自变量,这时栈指针移动到了被调用者刚开始执行时的位置。接着被调用者返回,系统从栈中弹出返回地址,调用者就可以继续执行了。当调用者继续执行时,系统还将从栈中弹出调用者的实参,于是栈指针回到了调用发生前的位置。

栈涉及到指针问题,在 8.3 节中将会有具体讲解。在此只作简单了解即可。

2. 递 归

递归是指某个过程直接或间接地调用自身,是在连续执行某一处理过程时,该过程中的某一步要用到它自身的前一步(或前几步)的结果。在一个程序中,若存在程序自己调用自己的现象就是构成了递归。

递归是一种常用的程序设计技术,在 C 语言中,允许函数直接或间接的调用自身。递归之所以能实现,是因为函数的每个执行过程都在栈中有自己的形参和局部变量的拷贝,这些和函数的其它执行过程毫不相干。这种机制是当代大多数程序设计语言实现子程序结构的基础,由此使得递归成为可能。

递归分为直接递归和间接递归。如果函数 funA()在执行过程又调用函数 funA()自己,则称函数 funA()为直接递归。如果函数 funA()在执行过程中先调用函数 funB(),函数 funB()在执行过程中又调用函数 funA(),则称函数 funA()为间接递归。程序设计中常用的是直接递归。

递归的特点如下:
➢ 递归式,就是如何将原问题划分成子问题。
➢ 递归出口,即递归终止的条件,即最小子问题的求解,可以允许多个出口。
➢ 界函数,即问题规模变化的函数,它保证递归的规模向出口条件靠拢。

例如:

```
void a(int);
main()
{
```

```
    int num = 5;
    a(num);
}
void a(int num)
{
    if(num == 0) return;
    printf("%d",num);
    a(--num);
}
```

在函数a()里面又调用了自己,这就是递归。但要注意在递归函数中,一定要有return语句,没有return语句的递归函数就是死循环。

在上面的例子中,先调用a(5),然后输出5,再在函数中调用本身a(4),接着回到函数起点,输出4,……,一直到调用a(0),这时发现已经满足if条件,不再调用而是返回了,所以这个递归一共进行了5次。而如果没有这个return,则肯定是死循环。

【例7.7】 求数列s(n)=s(n−1)+s(n−2)的第n项。其中s(1)=s(2)=1。

分析:从题目可以看出,终止条件一定是s(1)=s(2)=1。递归下降的参数一定是n。

```
int a(int);
main()
{
    int n,s;
    scanf("%d",&n);
    s = a(n);
    printf("%d\n",s);
    getch();
}
int a(int n)
{
    if(n<3) return 1;
    return a(n-1)+a(n-2);
}
```

这个例子主要说明:在函数中,不一定只有一个return语句,可以有很多,但是每次递归的时候只有一个起作用。

递归和函数的调用没有大的区别,主要就是一个终止条件要选好。递归函数很多时候都能用循环来处理。例7.7也可用循环来编写:

```
main()
{
    int n,i;
    int s1 = 1,s2 = 1,temp
    scanf("%d",&n);
    for(i = 3;i <= n;i ++)
    {
        temp = s2;
```

```
        s2 + = s1;
        s1 = temp;
    }
    printf("%d\n",s2);
    getch();
}
```

但有的时候,使用递归比使用循环要简单得多。

【例 7.8】汉诺塔(Hanoi)问题:19 世纪末,在欧洲的商店中出售一种智力玩具,在一块铜板上有三根杆,最左边的杆上自上而下、由小到大顺序串着由 64 个圆盘构成的塔,游戏的目的是借助最右边的 C 杆,将最左边 A 杆上的圆盘全部移到中间的 B 杆上,要求一次仅能移动一个盘,且不允许大盘放在小盘的上面。

按照上面给出的方法分析问题,找出移动圆盘的递归算法。

设要解决的汉诺塔共有 N 个圆盘,对 A 杆上的全部 N 个圆盘从小到大顺序编号,最小的圆盘为 1 号,次之为 2 号,依次类推,则最下面最大的圆盘的编号为 N。

第 1 步,先将问题简化。假设 A 杆上只有一个圆盘,即汉诺塔只有一层 N=1,则只要将 1 号盘从 A 杆上移到 B 杆上即可。

第 2 步,对于一个有 N(N>1)个圆盘的汉诺塔,将 N 个圆盘分为两部分:上面的 N−1 个圆盘和最下面的 N 号圆盘。

第 3 步,将"上面的 N−1 个圆盘"看成一个整体,为了解决 N 个圆盘的汉诺塔,可以按如下方式进行操作:

① A 杆上面的 N−1 个盘子,借助 B 杆,移到 C 杆上;
② A 杆上剩下的 N 号盘子移到 B 杆上;
③ C 杆上的 N−1 个盘子,借助 A 杆,移到 B 杆上。

整理上述分析结果,把第 1 步中化简问题的条件作为递归结束条件,将第 3 步分析得到的算法作为递归算法,可以写出如下完整的递归算法描述:

定义一个函数 move(n,fromneedle,toneedle,usingneedle)。该函数的功能是:将 fromneedle 杆上的 N 个圆盘,借助 usingneedle 杆,移动到 toneedle 杆上。这样移动 N 个圆盘的递归算法描述如下:

```
move(n,fromneedle,toneedle,usingneedle)
{ if(n==1) 将 n 号圆盘从 fromneedle 上移到 toneedle;
  else {
  move(n−1,fromneedle,usingneedle,toneedle)
  将 n 号圆盘从 fromneedle 上移到 toneedle;
  move(n−1,usingneedle,toneedle,fromneedle)
  }
}
```

按照上述算法可以编写如下程序:

```
int i = 0;
main( )
{
```

```
    unsigned n;
    printf("Please enter the number of discs:");
    scanf (" %d", &n);
    move(n,'a','b','c');
    printf("\t Total: %d\n", i);
}
move (unsigned n, char fromneedle, char toneedle, char usingneedle)
{
    if ( n==1 )
    printf(" %2d-(%2d): %c ==> %c\n", ++i, n, fromneedle, toneedle);
    else
    {
        move(n-1, fromneedle, usingneedle, toneedle);
        printf(" %2d-(%2d): %c ==> %c\n", ++i, n, fromneedle, toneedle);
        move(n-1, usingneedle, toneedle, fromneedle);
    }
}
```

输入 N=3,程序的运行结果为：

```
Please enter the number of discs: 3
1-( 1): a ==> b
2-( 2): a ==> c
3-( 1): b ==> c
4-( 3): a ==> b
5-( 1): c ==> a
6-( 2): c ==> b
7-( 1): a ==> b
Total: 7
```

【注意】递归调用本身是以牺牲存储空间为代价的,因为每一次递归调用都要保存相关的参数和变量。同样,递归本身也不会加快执行速度；相反,由于反复调用函数,还会或多或少地增加时间开销。所有的递归问题都一定可以用非递归的算法实现,并且已经有了固定的算法。

7.5 函数应用举例

【例7.9】编写求 k! 的函数,再调用该函数求 1! +3! +5! +…+19! 之和并输出。

```
float jc(int k)
{
    float p=1;
    int i;
    for(i=1;i<=k;i++)
     p=p*i;
    return(p);
}
```

```
main()
{
    float s = 0;
    int i;
    for(i = 1;i<= 19;i+= 2)
        s = s + jc(i);
    printf("s = %f\n",s);
}
```

【例 7.10】 写两个函数,分别求两个正数的最大公约数和最小公倍数,用主函数调用这两个函数并输出结果。两个正数由键盘输入。

```
#include "stdio.h"
hcf(int u,int v)
{
    int a,b,t,r;
    if(u>v)
    {
        t = u; u = v; v = t;
    }
    a = u; b = v;
    while((r = b%a)!= 0)
    {
        b = a; a = r;
    }
    return(a);
}
lcd(int u,int v,int h);
{
    return(u*v/h);
}
main()
{
    int u,v,h,l;
    scanf("%d%d",&u,&v);
    h = hcf(u,v);
    printf("H.C.F = %d\n",h);
    l = lcd(u,v,h);
    printf("L.C.D = %d\n",l);
}
```

本章小结

本章主要讲解了函数的一般定义方法、函数说明规定、函数返回、函数的返回值和函数的调用等基本知识。期中函数之间的参数传递非常重要,其中包括:在函数调用时形式参数与实际参数的对应关系,参数传递的方式(值传递),以及 void 型函数。

本章中所涉及的递归是 C 语言中难度较大的内容之一,递归作为一种常用的程序设计方法,可以很方便地解决不少特定的问题。

历年试题汇集

1. 【2000.9】有如下函数调用语句：

   func(rec1,rec2 + rec3,(rec4,rec5));

   该函数调用语句中,含有的实参个数是_____。
   A) 3 B) 4 C) 5 D) 有语法错

2. 【2000.9】有如下程序：

   ```
   int runc(int a,int b)
   { return(a + b);}
   main()
   { int    x = 2,y = 5,z = 8,r;
     r = func(func(x,y),z);
     printf("%\d\n",r);
   }
   ```

   该程序的输出的结果是_____。
   A) 12 B) 13 C) 14 D) 15

3. 【2000.9】有如下程序：

   ```
   long  fib(int  n)
   { if(n>2)  return(fib(n-1) + fib(n-2));
     else  return(2);
   }
   main()
   {   printf("%d\n",fib(3));
   }
   ```

   该程序的输出结果是_____。
   A) 2 B) 4 C) 6 D) 8

4. 【2000.9】以下函数用来求出两整数之和,并通过形参将结果传回,请填空。

   ```
   void func(int x,int y, _____ z)
   {   *z = x + y;   }
   ```

5. 【2001.4】下列叙述中正确的是_____。
   A) C 语言编译时不检查语法
   B) C 语言的子程序有过程和函数两种
   C) C 语言的函数可以嵌套定义
   D) C 语言所有函数都是外部函数

6. 【2001.4】以下所列的各函数首部中,正确的是_____。

   A) void play(var :Integer,var b:Integer)

   B) void play(int a,b)

   C) void play(int a,int b)

   D) Sub play(a as integer,b as integer)

7. 【2001.4】以下程序的输出结果是_____。

   ```
   fun(int  x, int  y, int  z)
   { z = x * x + y * y; }
   main()
   { int  a = 31;
     fun(5,2,a);
     printf("%d",a);
   }
   ```

   A) 0   B) 29   C) 31   D) 无定值

8. 【2001.4】当调用函数时,实参是一个数组名,则向函数传送的是_____。

   A) 数组的长度   B) 数组的首地址

   C) 数组每一个元素的地址   D) 数组每个元素中的值

9. 【2001.4】以下程序的输出结果是_____。

   ```
   long  fun( int  n )
   { long s;
     if(n = = 1 || n = = 2)  s = 2;
     else s = n - fun(n - 1);
     return s;
   }
   main()
   {  printf("%ld\n", fun(3));  }
   ```

   A) 1   B) 2   C) 3   D) 4

10. 【2001.9】在调用函数时,如果实参是简单变量,它与对应形参之间的数据传递方式是_____。

    A) 地址传递

    B) 单向值传递

    C) 由实参传给形参,再由形参传回实参

    D) 传递方式由用户指定

11. 【2001.9】以下函数值的类型是_____。

    ```
    fun ( float  x )
    { float y;
      y = 3 * x - 4;
      return y;
    }
    ```

    A) int   B) 不确定   C) void   D) float

12.【2001.9】以下程序的输出结果是_____。

```
int    a, b;
void fun()
{   a = 100; b = 200;   }
main()
{ int   a = 5, b = 7;
   fun();
   printf("%d%d\n", a,b);
}
```

    A) 100 200   B) 5 7   C) 200 100   D) 7 5

13.【2001.9】以下函数的功能是:求 x 的 y 次方,请填空。

```
double   fun( double   x,   int   y)
{ int   i;
   double   z;
   for(i = 1, z = x; i<y;i + +)    z = z *      ;
   return   z;
}
```

14.【2002.4】若有以下程序:

```
#include   <stdio.h>
void   f(int   n);
main()
{ void   f(int   n);
   f(5);
}
void f(int   n)
{   printf("%d\n",n);   }
```

则以下叙述中不正确的是_____。

  A) 若只在主函数中对函数 f 进行说明,则只能在主函数中正确调用函数 f

  B) 若在主函数前对函数 f 进行说明,则在主函数和其后的其它函数中都可以正确调用函数 f

  C) 对于以上程序,编译时系统会提示出错信息:提示对对 f 函数重复说明

  D) 函数 f 无返回值,所以可用 void 将其类型定义为无值型

15.【2002.4】以下程序的输出结果是_____。

```
main()
{ int   x = 0;
   sub(&x,8,1);
   printf("%d\n",x);
}
sub(int   *a,int   n,int   k)
{  if(k< = n)   sub(a,n/2,2 * k);
    *a + = k;
```

16.【2002.9】以下叙述中正确的是_____。
   A) 构成 C 程序的基本单位是函数
   B) 可以在一个函数中定义另一个函数
   C) main()函数必须放在其它函数之前
   D) 所有被调用的函数一定要在调用之前进行定义

17.【2002.9】C 语言中,函数值类型的定义可以缺省,此时函数值的隐含类型是_____。
   A) void   B) int   C) float   D) double

18.【2002.9】有以下程序：
```
float fun(int x,int y)
{ return(x+y); }
main()
{ int a=2,b=5,c=8;
  printf("%3.0f\n",fun((int)fun(a+c,b),a-c));
}
```
程序运行后的输出结果是_____。
   A) 编译出错   B) 9   C) 21   D) 9.0

19.【2002.9】有以下程序：
```
int f(int n)
{ if (n==1) return 1;
  else return f(n-1)+1;
}
main()
{ int i,j=0;
  for(i=i;i<3;i++) j+=f(i);
  printf("%d\n",j);
}
```
程序运行后的输出结果是_____。
   A) 4   B) 3   C) 2   D) 1

20.【2003.4】有以下程序：
```
void f(int x,int y)
{ int t;
  if(x)
main()
{ int a=4,b=3,c=5;
  f(a,b); f(a,c); f(b,c);
  printf("%d,%d,%d\n",a,b,c);
}
```
执行后的输出结果是_____。

A) 3,4,5　　　　　B) 5,3,4　　　　　C) 5,4,3　　　　　D) 4,3,5

21.【2003.4】若有以下程序：

```
int f(int x,int y)
{ return(y-x)*x; }
main()
{ int a=3,b=4,c=5,d;
  d=f(f(3,4),f(3,5));
  printf("%d\n",d);
}
```

执行后的输出结果是_____。

22.【2003.9】若已定义的函数有返回值，则以关于该函数调用的叙述中错误的是_____。

A) 调用可以作为独立的语句存在
B) 调用可以作为一个函数的实参
C) 调用可以出现在表达式中
D) 调用可以作为一个函数的形参

23.【2003.9】有以下函数定义：

```
void fun( int  n,  double  x)  {……}
```

若以下选项中的变量都已正确定义并赋值，则对函数 fun 的正确调用语句是_____。

A) fun(int y,double m);　　　　B) k=fun(10,12.5);
C) fun(x,n);　　　　　　　　　　D) vold fun(n,x);

24.【2003.9】有以下程序：

```
fun(int  a, int b)
{ if(a>b)   return(a);
   else      return(b);
}
main()
  { int  x=3, y=8, z=6,  r;
    r=fun (fun(x,y), 2*z);
    printf("%d\n", r);
  }
```

程序运行后的输出结果是_____。
A) 3　　　　　B) 6　　　　　C) 8　　　　　D) 12

25.【2003.9】请在以下程序第一行的下划线处填写适当内容，使程序能正确运行。

```
_____(double,double);
main()
{ double   x,y;
   scanf("%1f%1f",&x,&y);
```

```
      printf("%1f\n",max(x,y));
}
double max(double  a,double  b)
{   return (a>b ? a:b) ;}
```

26.【2003.9】以下程序运行后的输出结果是_____。

```
fun(int   x)
{ if (x/2>0)  fun(x/2);
  printf("%d",x);
}
main()
{ fun (6); }
```

27.【2004.4】若程序中定义了以下函数：

```
double myadd(double a,double B)
{ return (a+B) ;}
```

并将其放在调用语句之后,则在调用之前应该对该函数进行说明,以下选项中错误的说明是_____。

A) double myadd(double a,B) ;

B) double myadd(double,double);

C) double myadd(double b,double A) ;

D) double myadd(double x,double y);

28.【2004.4】有以下程序：

```
char fun(char x , char y)
{ if(x<y)    return y;
}
main( )
{ int a='9',b='8',c='7';
  printf("%c\n",fun(fun(a,B) ,fun(b,C) ));
}
```

程序的执行结果是_____。

A) 函数调用出错   B) 8   C) 9   D) 7

29.【2004.4】有以下程序：

```
void f(int v , int w)
{ int t;
  t=v;v=w;w=t;
}
main( )
{ int x=1,y=3,z=2;
  if(x>y) f(x,y);
  else if(y>z) f(y,z);
  else f(x,z);
```

```
      printf("%d,%d,%d\n",x,y,z);
}
```

执行后输出结果是_____。

A) 1,2,3   B) 3,1,2   C) 1,3,2   D) 2,3,1

30.【2004.9】在函数调用过程中,如果函数 funA 调用了函数 funB,函数 funB 又调用了函数 funA,则_____。

A) 称为函数的直接递归调用   B) 称为函数的间接递归调用
C) 称为函数的循环调用   D) C 语言中不允许这样的递归调用

31.【2004.9】有以下程序：

```
void fun(int *a,int i,int j)
{ int t;
  if(i<j)
  { t=a[i];a[i]=a[j];a[j]=t;
    i++; j--;
    fun(a,i,j);
  }
}
main()
{ int x[]={2,6,18},i;
  fun(x,0,3);
  for(i=0;i<4;i++) printf("%2d",x);
  printf("\n");
}
```

程序运行后的输出结果是_____。

A) 1 2 6 8   B) 8 6 2 1   C) 8 1 6 2   D) 8 6 1 2

32.【2004.9】通过函数求 f(x) 的累加和,其中 $f(x)=x^2+1$。

```
main()
{
    printf("The sum = %d\n",SunFun(10));
}
SunFun(int n)
{
    int x,s=0;
    for(x=0;x<=n;x++) s+=F(_____);
    return s;
}
F( int x)
{ return _____;}
```

33.【2005.4】有以下程序：

```
int f1(int x,int y){return x>y? x:y;}
int f2(int x,int y){return x>y? y:x;}
```

```
main()
{
    int a=4,b=3,c=5,d=2,e,f,g;
    e=f2(f1(a,b),f1(c,d)); f=f1(f2(a,b),f2(c,d));
    g=a+b+c+d-e-f;
    printf("%d,%d,%d\n",e,f,g);
}
```

程序运行后的输出结果是_____。

A) 4,3,7   B) 3,4,7   C) 5,2,7   D) 2,5,7

34.【2005.4】有以下程序：

```
#define P 3
void F(int x){return(P*x*x);}
main()
{printf("%d\n",F(3+5));}
```

程序运行后的输出结果是_____。

A) 192   B) 29   C) 25   D) 编译出错

35.【2005.4】以下程序运行后的输出结果是_____。

```
void swap(int x,int y)
{ int t;
    t=x;x=y;y=t;printf("%d %d",x,y);
}
main()
{ int a=3,b=4;
    swap(a,b); printf("%d %d",a,b);
}
```

36.【2005.9】设函数 fun 的定义形式为：

```
void fun(char ch, float x ) { ... }
```

则以下对函数 fun 的调用语句中，正确的是_____。

A) fun("abc",3.0);   B) t=fun('D',16.5);
C) fun('65',2.8);   D) fun(32,32);

37.【2005.9】有以下程序：

```
float f1(float n)
{ return n*n; }
float f2(float n)
{ return 2*n; }
main()
{ float (*p1)(float),(*p2)(float),(*t)(float), y1, y2;
    p1=f1; p2=f2;
    y1=p2( p1(2.0) );
    t = p1; p1=p2; p2 = t;
```

```
        y2 = p2( p1(2.0) );
        printf("%3.0f, %3.0f\n",y1,y2);
}
```

程序运行后的输出结果是_____。

A) 8，16 　　　　　B) 8，8 　　　　　C) 16，16 　　　　　D) 4，8

38.【2005.9】有以下程序：

```
int sub(int n) { return (n/10 + n%10); }
main()
{ int x,y;
    scanf("%d",&x);
    y = sub(sub(sub(x)));
    printf("%d\n",y);
}
```

若运行时输入：1234<↙>，则程序的输出结果是_____。

课后练习

一、选择题

1. 以下说法正确的是(　　)。

    A) 用户若需要调用标准库函数，调用前必须重新定义

    B) 用户可以重新定义标准库函数，如若此，该函数将失去原有定义

    C) 系统不允许用户重新定义标准库函数

    D) 用户若需要使用标准库函数，调用前不必使用预处理命令将该函数所在的头文件包含编译，系统会自动调用。

2. 以下正确的函数定义是(　　)。

    A) double fun(int x, int y)　　　　　B) double fun(int x,y)
    　　{ z=x+y ; return z ; }　　　　　　　{ int z ; return z ; }

    C) fun (x,y)　　　　　　　　　　　　D) double fun (int x, int y)
    　　{ int x, y ; double z ;　　　　　　　{ double z ;
    　　　z=x+y ; return z ; }　　　　　　　　return z ; }

3. 以下说法正确的是(　　)。

    A) 实参和与其对应的形参各占用独立的存储单元

    B) 实参和与其对应的形参共占用一个存储单元

    C) 只有当实参和与其对应的形参同名时才共占用相同的存储单元

    D) 形参是虚拟的，不占用存储单元

4. 以下函数定义正确的是(　　)。

    A) double fun(int x , int y)　　　　　B) double fun(int x ; int y)

    C) double fun(int x , int y) ;　　　　D) double fun(int x,y)

5. 若调用一个函数，且此函数中没有return语句，则说法正确的是(　　)。

A) 该函数没有返回值

B) 该函数返回若干个系统默认值

C) 能返回一个用户所希望的函数值

D) 返回一个不确定的值

6. 以下说法不正确的是( )。

A) 实参可以是常量、变量或表达式

B) 形参可以是常量、变量或表达式

C) 实参可以为任意类型

D) 如果形参和实参的类型不一致,以形参类型为准

7. C语言规定,简单变量做实参时,它和对应的形参之间的数据传递方式是( )。

A) 地址传递

B) 值传递

C) 由实参传给形参,再由形参传给实参

D) 由用户指定传递方式

8. 以下程序由语法错误,有关错误原因说法正确的是( )。

A) 语句 void prt_char( ); 有错,它是函数调用语句,不能用 void 说明

B) 变量名不能使用大写字母

C) 函数说明和函数调用语句之间有矛盾

D) 函数名不能使用下划线

9. C语言规定,函数返回值的类型是由( )决定的。

A) return 语句中的表达式类型   B) 调用该函数时的主调函数类型

C) 调用该函数时由系统临时   D) 在定义函数时所指定的函数类型

10. 以下描述正确的是( )。

A) 函数的定义可以嵌套,但函数的调用不可以嵌套

B) 函数的定义不可以嵌套,但函数的调用可以嵌套

C) 函数的定义和函数的调用均不可以嵌套

D) 函数的定义和函数的调用均可以嵌套

11. 若用数组名作为函数调用的实参,传递给形参的是( )。

A) 数组的首地址   B) 数组中第一个元素的值

C) 数组中的全部元素的值   D) 数组元素的个数

12. 下面程序的输出是( )。

```
int i = 2 ;
printf("%d%d%d",i* = 2,++i,i++);
```

A) 8,4,2   B) 8,4,3   C) 4,4,5   D) 4,5,6

13. 已知一个函数的定义如下:

```
double fun(int x, double y)
{ ... }
```

则该函数正确的函数原型声明为( )。

A) double fun (int x,double y)　　　　B) fun (int x,double y)
C) double fun (int ,double);　　　　　D) fun(x,y);

14. 关于函数声明,以下说法不正确的是(　　)。
   A) 如果函数定义出现在函数调用之前,可以不必加函数原型声明
   B) 如果在所有函数定义之前,在函数外部已作了声明,则各个主调函数不必再作函数原型声明
   C) 函数在调用之前,一定要声明函数原型,保证编译系统进行全面的调用检查
   D) 标准库不需要函数原型声明

15. 函数调用语句 func((a1,a2,a3),(a4,a5));的参数个数是_____。
   A) 2　　　　　B) 5　　　　　C) 1　　　　　D) 调用方式不合法

二、填空题

1. C语言函数返回类型的默认定义类型是_____。
2. 函数的实参传递到形参有两种方式:_____和_____。
3. 在一个函数内部调用另一个函数的调用方式称为_____。在一个函数内部直接或间接调用该函数成为函数_____的调用方式。
4. 已知函数定义:void dothat(int n,double x){……},其函数声明的两种写法为_____、_____。

三、程序阅读题

1. 写出下面程序的运行结果。

```
func (int n)
{ int i,j,k;
  i = n/100; j = n/10 - i * 10 ; k = n % 10 ;
  if (i * 100 + j * 10 + k) == i * i * i + j * j * j + k * k * k) return n ;
  return 0;
}
main ( )
{ int n,k ;
  for (n = 100; n<1000 ; n++ )
    if (k = func(n)) printf("%d",k) ;
}
```

2. 若输入的值是-125,写出下面程序的运行结果。

```
#include <math.h>
fun (int n)
{ int k,r ;
  for (k = 2; k<= sqrt(n); k++) {
    r = n % k ;
    while (!r) {
      printf("%d",k); n = n/k;
      if (n>1) printf("*");
      r = n % k ;
    }
```

```
        if (n! = 1) printf("%d\n",n);
}
main ( )
{   int n ;
    scanf("%d",&n);
    printf("%d = ",n);
    if (n<0) printf("-");
    n = fabs(n); fun(n);
}
```

3. 写出下面程序的运行结果。

```
int i = 0;
fun1 (int i)
{  i = (i%i)*(i*i)/(2*i)+4 ;
   printf("i = %d\n",i);
   return (i) ;
}
fun2(int i)
{  i = i<=2 ? 5 : 0 ;
   return (i) ;
}
main ( )
{   int i = 5 ;
    fun2(i/2) ; printf("i = %d\n",i) ;
    fun2(i = i/2) ; printf("i = %d\n",i) ;
    fun2(i/2) ; printf("i = %d\n",i) ;
    fun1(i/2) ; printf("i = %d\n",i) ;
}
```

四、编程题

1. 请编写一个函数,输出整数 m 的全部素数因子。例如:m＝120 时,因子为:
    2,2,2,3,5
2. 编写判断素数的函数,调用该函数求出 1000 以内的所有素数之和并输出。
3. 编写求 2 个数中最大数的函数,并调用该函数求出 4 个数中的最大数。

第 8 章

指 针

【本章考点和学习目标】
1. 掌握地址与指针变量的概念,并能够熟练使用指针运算符 & 和 * 运算符。
2. 掌握利用指针进行函数参数传递
3. 用指针作函数参数,返回地址值的函数。

【本章重难点】
重点:指针运算符 & 和 * 运算符。
难点:指针与函数的综合应用。

指针是 C 语言中极其重要的一种数据类型。利用指针,可以像汇编语言一样直接处理内存地址,可以灵活地在函数间传递数据,可以更方便、有效地使用数组和字符串。总之,正确地使用指针可以编写出更加有效的程序。但是,指针的灵活性也增加了出现严重错误的危险性,如果不恰当地使用指针就有可能会造成严重错误。因此,只有真正理解指针的概念,确实掌握它的使用方法,才能在更好地发挥出指针功效的同时避免出现错误。有人说,C 的精髓在于指针,掌握了指针的使用就掌握了 C 语言。当然这种说法不一定严谨,但也说明了指针的重要性。

8.1 地址和指针的概念

在计算机中,所有的数据都是存放在存储器中的。一般把存储器中的一个字节称为一个内存单元,不同的数据类型所占用的内存单元数不等,如整型量占 2 个单元,字符量占 1 个单元等,这在前面章节已有详细的介绍。为了正确地访问这些内存单元,必须为每个内存单元编上号。根据一个内存单元的编号即可准确地找到该内存单元。内存单元的编号也叫作地址。既然根据内存单元的编号或地址就可以找到所需的内存单元,所以通常也把这个地址称为指针。内存单元的指针和内存单元的内容是两个不同的概念。可以用一个通俗的例子来说明它们之间的关系。我们到银行去存取款时,银行工作人员将根据我们的账号去找我们的存款单,找到之后在存单上写入存款、取款的金额。在这里,账号就是存单的指针,存款数是存单的内容。对于一个内存单元来说,单元的地址即为指针,其中存放的数据才是该单元的内容。

指针和地址是用来叙述一个对象的两个方面。虽然 &x 和 &d 的值分别是整型变量 x 和双精度变量 d 的地址,但 &x 和 &d 的类型是不同的,一个是指向整型变量 x 的指针,而另一个则是指向双精度变量 d 的指针。在习惯上,很多情况下指针和地址这两个术语混用了。

8.2 指针变量

8.2.1 指针变量的定义

指针变量的值是一个地址,那么这个地址不仅可以是变量的地址,也可以是其它数据结构的地址。在 C 语言中,一种数据类型或数据结构往往都占有一组连续的内存单元。用"地址"这个概念并不能很好地描述一种数据类型或数据结构,而"指针"虽然实际上也是一个地址,但它却是一个数据结构的首地址,它是"指向"一个数据结构的,因而概念更为清楚,表示更为明确。这也是引入"指针"概念的一个重要原因。

指针变量定义的一般形式为:

类型标识符 * 标识符;

其中标识符是指针变量的名字,标识符前加了 * 号,表示该变量是指针变量,而最前面的类型标识符表示该指针变量所指向的变量的类型。一个指针变量只能指向同一种类型的变量,也就是说,我们不能定义一个指针变量既能指向一整型变量又能指向双精度变量。

它表示 p1 是一个指针变量,它的值是某个整型变量的地址。或者说 p1 指向一个整型变量。至于 p1 究竟指向哪一个整型变量,应由向 p1 赋予的地址来决定。

例如:

```
int * p2;      /* p2 是指向整型变量的指针变量 */
float * p3;    /* p3 是指向浮点变量的指针变量 */
char * p4;     /* p4 是指向字符变量的指针变量 */
```

应该注意的是,一个指针变量只能指向同类型的变量,如 P3 只能指向浮点变量,不能时而指向一个浮点变量,时而又指向一个字符变量。

【总结】指针变量就是保存一个地址的变量,读者可以直接得到那个变量的地址,还可以通过 * P 的形式访问或者修改这个变量的值;而普通的变量则不能在之前面加上 * 来访问这个变量的值所代表的内存单元的值,这是指针变量的专有功能。

8.2.2 指针变量的初始化

指针变量同普通变量一样,使用之前不仅要定义说明,而且必须赋予具体的值。未经赋值的指针变量不能使用,否则将造成系统混乱,甚至死机。指针变量的赋值只能赋予地址,决不能赋予任何其它数据,否则将引起错误。在 C 语言中,变量的地址是由编译系统分配的,对用户完全透明,用户不知道变量的具体地址。C 语言中提供了地址运算符 & 来表示变量的地址。其一般形式为"& 变量名",如 &a 表示变量 a 的地址,&b 表示变量 b 的地址。变量本身必须预先说明。设有指向整型变量的指针变量 p,如要把整型变量 a 的地址赋予 p,可以有以下两种方式:

(1) 指针变量初始化的方法

```
int a;
int * p = &a;
```

(2) 赋值语句初始化的方法

int a;
int * p;
p = &a;

不允许把一个数赋予指针变量,故下面的赋值是错误的:

int * p;
p = 1000;

被赋值的指针变量前不能再加"*"说明符,如写为 * p=&a 也是错误的。
假设:

int i = 200, x;
int * ip;

程序中定义了两个整型变量 i 和 x,还定义了一个指向整型数的指针变量 ip。i 和 x 中可存放整数,而 ip 中只能存放整型变量的地址。

8.2.3 指针变量的基本运算

1. 两个有关的运算符

(1) 取地址运算符 &

语言中提供了地址运算符 & 来表示变量的地址。其一般形式为:

&变量名;

如 &a 表示变量 a 的地址,&b 表示变量 b 的地址。变量本身必须预先说明。取地址运算符 & 是单目运算符,其结合性为自右至左,其功能是取变量的地址。在 scanf 函数及前面介绍指针变量赋值中,我们已经了解并使用了 & 运算符。

(2) 取内容运算符 *

取内容运算符(或称"间接访问"运算符)* 是单目运算符,其结合性为自右至左,用来表示指针变量所指的变量。在 * 运算符之后跟的变量必须是指针变量。需要注意的是,指针运算符 * 和指针变量说明中的指针说明符 * 不是一回事。在指针变量说明中,* 是类型说明符,表示其后的变量是指针类型,而表达式中出现的 * 则是一个运算符用以表示指针变量所指的变量。

2. 指针变量的运算

指针变量的赋值运算有以下几种形式:

① 指针变量初始化赋值,前面已作介绍。
② 把一个变量的地址赋予指向相同数据类型的指针变量。例如:

int a, * pa;
pa = &a; /* 把整型变量 a 的地址赋予整型指针变量 pa */

③ 把一个指针变量的值赋予指向相同类型变量的另一个指针变量。如:

int a, * pa = &a, * pb;

```
pb=pa; /*把a的地址赋予指针变量pb*/
```

由于pa、pb均为指向整型变量的指针变量,因此可以相互赋值。

④ 把字符串的首地址赋予指向字符类型的指针变量。例如:"char * pc;pc="c language";"或用初始化赋值的方法写为"char * pc="C Language";"这里应说明的是并不是把整个字符串装入指针变量,而是把存放该字符串的字符数组的首地址装入指针变量。在后面章节还将进行详细介绍。

⑤ 把函数的入口地址赋予指向函数的指针变量。例如:

```
int(*pf)();pf=f;  /*f为函数名*/
```

8.2.4 指向指针的指针变量

一个指针变量可以指向整型变量、实型变量、字符类型变量,当然也可以指向指针类型变量。当这种指针变量用于指向指针类型变量时,我们称之为指向指针的指针变量,又称为双重指针。

在前面已经介绍过,通过指针访问变量称为间接访问。由于指针变量直接指向变量,所以称为"单级间址"。而如果通过指向指针的指针变量来访问变量则构成"二级间址"。

定义一个"指向指针的指针"的一般形式如下:

  类型标识符 * *指针变量名

例如:

```
int * * p;
```

定义了一个指针变量p,它指向另一个指针变量(该指针变量又指向一个整型变量),是一个二级指针。由于指针运算符*是按自右而左顺序结合的,因此上述定义相当于:

```
int *(* p);
```

可以看出"(*p)"是指针变量形式,它前面的"*"表示p指向的又是一个指针变量,"int"表示后一个指针变量指向的是整型变量。

怎样使一个指针变量指向另一个指针变量呢?

```
int  * *p1;
int   * p;
int   i=3;
p2=&i;    /*使p2指向i*/
p1=&p2;   /*使p1指向p2*/
```

在编译时,p1、p2、i变量都分配了确定的地址若要把三个变量形成一个指向另一个的关系,则可通过将一个变量的地址赋给一个指针变量的方法来实现。注意:因为p1只能指向另一个指针变量,而不能直接指向一个整型变量。即二级指针与一级指针是两种不同类型的数据,不可互相赋值,尽管它们的值都是地址。

从理论上讲,还可以有多重指针,但多重指针使用起来极易出错,不宜多用,在此不再赘述。

8.3 指针与函数

变量的地址属性是变量的一个重要特性,知道了变量的地址就可以通过地址间接访问变量的数值。变量的地址在 C 语言中就是指针,通过地址间接访问变量的数值就是通过指针间接访问指针所指的内容。指针作函数的参数就是在函数间传递变量的地址。在函数间传递变量地址时,函数间传递的不再是变量中的数据,而是变量的地址。此时,变量的地址在调用函数时作为实参,被调用函数使用指针变量作为形参接收传递的地址。这里实参的数据类型要与作为形参的指针所指的对象的数据类型一致。

8.3.1 函数的形参为指针类型

函数的参数不仅可以是整型、实型、字符型等数据,还可以是指针类型。它的作用是将一个变量的地址传送到另一个函数中。

【例 8.1】输入的两个整数按大小顺序输出。现用函数处理,而且用指针类型的数据作函数参数。

```
swap(int *p1,int *p2)
{
 int temp;
 temp = *p1;
 *p1 = *p2;
 *p2 = temp;
}
main()
{
 int a,b;
 int *pointer_1,*pointer_2;
 scanf("%d,%d",&a,&b);
 pointer_1 = &a;pointer_2 = &b;
 if(a<b) swap(pointer_1,pointer_2);
 printf("\n%d,%d\n",a,b);
}
```

在本程序中,swap 是用户自定义的函数,它的作用是交换变量 a 和变量 b 的值。swap 函数的形参 p1、p2 是指针变量。程序运行时,系统先执行 main 函数,输入 a 和 b 的值。然后再将 a 和 b 的地址分别传递赋值给指针变量 pointer_1 和 pointer_2,使 pointer_1 指向 a,pointer_2 指向 b。

如果变量 a、b 通过键盘输入的值是 3 和 4,则可以通过图 8-1 来理解题目中指针和变量的关系及参数传递过程,如图 8-1 所示。

程序接着执行 if 语句,由于 a<b,因此执行 swap 函数。注意实参 pointer_1 和 pointer_2 是指针变量,在函数调用时,将实参变量的值传递给形参变量。采取的依然是"值传递"方式。因此,虚实结合后形参 p1 的值为 &a,p2 的值为 &b。这时 p1 和 pointer_1 指向变量 a,p2 和

pointer_2 指向变量 b，如图 8-2 所示。

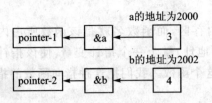
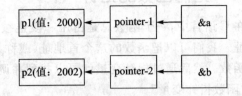

图 8-1　变量地址传递给指针变量　　　　图 8-2　实参形参的传递

程序接着执行 swap 函数的函数体使 *p1 和 *p2 的值互换，也就是使 a 和 b 的值互换，如图 8-3 所示。

函数调用结束后，p1 和 p2 不复存在（已释放），输出 a、b 已经交换。a 的值为 4，b 的值为 3。

如果函数这样编写，能否实现实现 a 和 b 互换？请读者思考。

```
swap(int x,int y)
{int temp;
 temp = x;
 x = y;
 y = temp;
}
```

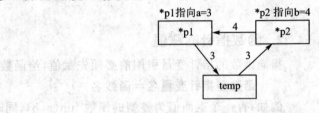

图 8-3　函数中值的交换

8.3.2　函数返回值为指针类型

前面我们介绍过，所谓函数类型是指函数返回值的类型。在 C 语言中允许一个函数的返回值是一个指针（即地址），这种返回指针值的函数称为指针型函数。

定义指针型函数的一般形式为：

　　类型说明符　*函数名(形参表)
　　{
　　　　…　　　　/*函数体*/
　　}

其中，函数名之前加了"*"号表明这是一个指针型函数，即返回值是一个指针。类型说明符表示了返回的指针值所指向的数据类型。

如：

　　int *ap(int x,int y)
　　{
　　　　…　　　　/*函数体*/
　　}

表示 ap 是一个返回指针值的指针型函数，它返回的指针指向一个整型变量。

在程序中，一旦将函数的入口地址赋予指定的函数型指针变量，该指针变量就指向了一个具体的函数。还可以对一个函数型指针变量多次赋值，使该指针变量先后指向不同的函数。函数的入口地址赋给函数型指针变量后，函数的调用可以通过该指针的引用来实现。

8.3.3 指向函数的指针

在 C 语言中,一个函数总是占用一段连续的内存区,而函数名就是该函数所占内存区的首地址。我们可以把函数的这个首地址(或称入口地址)赋予一个指针变量,使该指针变量指向该函数。然后通过指针变量就可以找到并调用这个函数。我们把这种指向函数的指针变量称为"函数指针变量"。

1. 函数指针的定义

函数指针变量定义的一般形式为:

  类型说明符　(*指针变量名)();

其中,"类型说明符"表示被指函数的返回值的类型。"(*指针变量名)"表示"*"后面的变量是定义的指针变量。最后的空括号表示指针变量所指的是一个函数。

例如"int (*pf)();"表示 pf 是一个指向函数入口的指针变量,该函数的返回值(函数值)是整型。

2. 函数指针的赋值

指向函数的指针变量引用前必须先赋值,给函数型指针变量赋值的一般形式为:

  函数型指针变量名＝函数名

例如,有一个返回值为整型的函数 fun(a,b),同时 p 定义为整型的函数型指针变量,即:

int fun( );

int (*p)( );

则以下语句是合法的:

p = fun;

该语句的含义为:将 fun 函数的入口地址赋给函数型指针变量 p,使得 p 指向函数 fun。上述语句不能写成"p=fun(a,b);",因为 fun(a,b)代表的是函数的值,而 fun 代表的是函数的入口地址。

一旦引入了函数型指针,对函数的调用就有两种方法来实现,即:

x = fun(a,b);　　　　　　//第一种方法

或

p = fun;
x = (*p)(a,b);　　　　　　//第二种方法

3. 函数指针的引用

下面通过两个例子来说明函数型指针的引用。

【例 8.2】利用函数型指针变量的调用,分别求出两数中的大值和小值。

```
void main( )
{
    int (*p)( ),max( ),min( );
    int a,b,c;
```

```
        printf("input a,b:");
        scanf("%d,%d",&a,&b);
        p = max;
        c = ( * p)(a,b);
        printf("max = %d\n",c);
        p = min;
        c = ( * p)(a,b);
        printf("min = %d\n",c);
    }
    int max (int x,int y)
    {
        int z;
        z = (x>y)? x:y;
        return (z);
    }
    int min(int x,int y)
    {
        int z;
        z = (x<y)? x:y;
        return (z);
    }
```

程序运行结果为：
input a,b:34,−98
max=34
min=−98

在上面程序中，首先将 max 函数的入口地址赋给函数型指针变量 p，使得 p 指向函数 max，因此第一次执行语句"c=(* p)(a,b);"调用求最大值函数 max( )，然后将 min 函数的入口地址赋给函数型指针变量 p，使得 p 指向函数 min，因此第二次执行语句"c=(* p)(a,b);"。

【例 8.3】本例用来说明用指针形式实现对函数调用的方法。

```
    int max(int a,int b)
    {
            if(a>b)
        return a;
            else return b;
    }
    main()
    {
        int max(int a,int b);
        int( * pmax)();
        int x,y,z;
        pmax = max;
        printf("input two numbers:\n");
        scanf("%d%d",&x,&y);
```

```
z = (*pmax)(x,y);
printf("maxmum = %d",z);
}
```

使用函数指针变量还应注意以下两点：

① 函数指针变量不能进行算术运算，这是与数组指针变量不同的。数组指针变量加减一个整数可使指针移动指向后面或前面的数组元素，而函数指针的移动是毫无意义的。

② 函数调用中"(*指针变量名)"的两边的括号不可少，其中的 * 不应该理解为求值运算，在此处它只是一种表示符号。

4. 指针函数和函数指针的区别

(1) 这两个概念都是简称，指针函数是指带指针的函数，即本质是一个函数。我们知道函数都有返回类型（如果不返回值，则为无值型），只不过指针函数返回类型是某一类型的指针。

(2) "函数指针"是指向函数的指针变量，因而"函数指针"本身首先应是指针变量，只不过该指针变量指向函数。这正如用指针变量可指向整型变量、字符型、数组一样，这里是指向函数。如前所述，C 在编译时，每一个函数都有一个入口地址，该入口地址就是函数指针所指向的地址。有了指向函数的指针变量后，可用该指针变量调用函数，就如同用指针变量可引用其它类型变量一样，在这些概念上是一致的。函数指针有两个用途：调用函数和做函数的参数。

本章小结

本章主要介绍了指针和地址的概念、指向变量的指针、指针的基本运算、指向指针的指针、指向函数的指针等。重难点在于函数指针的使用。

所谓指针其实就是地址，由于可以通过地址找到存储于内存中的变量，所以形象地把地址称为指针。指针变量是存储地址的变量，通过指针变量可以很方便地对存储于内存单元中的变量进行操作。

指针的两个基本运算符：① & 取地址运算符；② * 取内容运算符。

历年试题汇集

1.【2000.4】下列程序的输出结果是_____。

```
int b = 2;
int func(int *a)
{ b += *a; return(b);}
main()
{ int a = 2, res = 2;
  res += func(&a);
  printf("%d\n",res);
}
```

A) 4　　　　　　B) 6　　　　　　C) 8　　　　　　D) 10

2. 【2000.4】请选出正确的程序段_____。

   A) int *p;
      scanf("%d",p);
      …

   B) int *s,k;
      *s = 100;
      …

   C) int *s,k;
      char *p,c;
      s = &k;
      p = &c;
      *p = 'a';
      …

   D) int *s,k;
      char *p,e;
      s = &k;
      p = &c;
      s = p;
      *s = 1;
      …

3. 【2000.4】已知指针 p 的指向如下图所示,则执行语句"*--p;"后 *p 的值是_____。

a[0]	a[1]	a[2]	a[3]	a[4]
10	20	30	40	50

   A) 30   B) 20   C) 19   D) 29

4. 【2000.4】若有 5 个连续的 int 类型的存储单元并赋值如下图,a[0]的地址小于 a[4]的地址。p 和 s 是基类型为 int 的指针变量。请对以下问题进行填空。

a[0]	a[1]	a[2]	a[3]	a[4]
22	33	44	55	66

   ① 若 p 已指向存储单元 a[1],通过指针 p 给 s 赋值,使 s 指向最后一个存储单元 a[4] 的语句是_____。

   ② 若指针 s 指向存储单元 a[2],p 指向存储单元 a[0],表达式 s-p 的值是_____。

5. 【2000.9】有如下程序段:

   int *p,a = 10,b = 1
   p = &a; a = *p+b;

   执行该程序段后,a 的值为_____。
   A) 12   B) 11   C) 10   D) 编译出错

6. 【2000.4】对于基类型相同的两个指针变量之间,不能进行的运算是_____。
   A) <   B) =   C) +   D) -

7. 【2000.4】有以下函数:

   char fun(char *p)
   { return p; }

   该函数的返回值是_____。
   A) 无确切的值   B) 形参 p 中存放的地址值
   B) 一个临时存储单元的地址   D) 形参 p 自身的地址值

8. 【2001.4】下列程序段的输出结果是_____。

   void fun(int *x, int *y)

```
   { printf("%d   %d", *x, *y); *x=3; *y=4;}
   main()
   { int x=1,y=2;
     fun(&y,&x);
     printf("%d %d",x,y);
   }
```

  A) 2 1 4 3   B) 1 2 1 2   C) 1 2 3 4   D) 2 1 1 2

9.【2001.4】下列程序的运行结果是_____。

```
   void fun(int *a, int *b)
   { int *k;
     k=a; a=b; b=k;
   }
   main()
   { int a=3, b=6, *x=&a, *y=&b;
     fun(x,y);
     printf("%d   %d", a, b);
   }
```

  A) 6   3   B) 3   6   C) 编译出错   D) 0   0

10.【2001.4】下列程序的输出结果是_____。

```
   void fun(int *n)
   { while((*n)--);
     printf("%d",++(*n));
   }
   main()
   { int a=100;
     fun(&a);
   }
```

11.【2001.9】若有说明"int i, j=2, *p=&i;",则能完成 i=j 赋值功能的语句是_____。

  A) i=*p;   B) p*=*&j;   C) i=&j;   D) i=**p;

12.【2001.9】设有以下程序：

```
   main()
   { int a, b, k=4, m=6, *p1=&k, *p2=&m;
     a=p1==&m;
     b=(*p1)/(*p2)+7;
     printf("a=%d\n",a);
     printf("b=%d\n",b);
   }
```

  执行该程序后, a 的值为_____, b 的值为_____。

13.【2002.4】若定义"int a=511, *b=&a;",则"printf("%d\n", *b);"的输出结果为_____。

A) 无确定值　　　　B) a的地址　　　　C) 512　　　　D) 511

14.【2002.9】若有说明"int n=2,*p=&n,*q=p;",则以下非法的赋值语句是_____。

　　A) p=q;　　　　B) *p=*q;　　　　C) n=*q;　　　　D) p=n;

15.【2002.9】有以下程序：

```
void fun(char *c,int d)
{ *c=*c+1;d=d+1;
  printf("%c,%c,",*c,d);
}
main()
{ char a='A',b='a';
  fun(&b,a);  printf("%c,%c\n",a,b);
}
```

程序运行后的输出结果是_____。

A) B,a,B,a　　　B) a,B,a,B　　　C) A,b,A,b　　　D) b,B,A,b

16.【2002.9】设有定义"int n,*k=&n;",以下语句将利用指针变量k读写变量n中的内容,请将语句补充完整。

```
scanf("%d,"_____);
printf("%d\n",_____);
```

17. 下面程序的运行结果是：_____。

```
void swap(int *a,int *b)
{ int *t;
  t=a;  a=b;  b=t;
}
main()
{ int x=3,y=5,*p=&x,*q=&y;
  swap(p,q);
  printf("%d%d\n",*p,*q);
}
```

18.【2003.4】若有一些定义和语句：

```
#include
int a=4,b=3,*p,*q,*w;
p=&a; q=&b; w=q; q=NULL;
```

则以下选项中错误的语句是_____。

A) *q=0;　　　B) w=p;　　　C) *p=va;　　　D) *p=*w;

19.【2003.4】有以下程序：

```
int *f(int *x,int *y)
{ if(*x<*y)
   return x;
```

```
    else
      return y;
}
main()
{ int a=7,b=8,*p,*q,*r;
  p=&a; q=&b;
  r=f(p,q);
  printf("%d,%d,%d\n",*p,*q,*r);
}
```

执行后输出结果是_____。

A) 7,8,8   B) 7,8,7   C) 8,7,7   D) 8,7,8

20.【2003.4】以下程序中,能够通过调用函数 fun,使 main 函数中的指针变量 p 指向一个合法的整型单元的是_____。

```
A) main()              B) main()
   {int *p;               {int *p;
    fun(p);…}              fun(&p);…}
   int fun(int *p)        int fun(int **p)
   { int s;               {int s;
     p=&s;}                *p=&s;}

C) #include            D) #include
   main()                 main()
   {int *p;               {int *p;
    fun(&p);…}             fun(p);…}
   int fun(int **p)       int fun(int *p)
   {*p=(int *)malloc(2);}…  {p=(int *)malloc(sizeof(int));}
```

21.【2003.9】有以下程序:

```
void fun(char *a, char *b)
{ a=b;   (*a)++; }
main()
{ char c1="A", c2="a", *p1, *p2;
  p1=&c1;  p2=&c2;  fun(p1,p2);
  printf("&c&c\n",c1,c2);
}
```

程序运行后的输出结果是_____。

A) Ab   B) aa   C) Aa   D) Bb

22.【2003.9】若程序中已包含头文件 stdio.h,以下选项中正确运用指针变量的程序段是_____。

```
A) t   *i=NULL;         B) float  *f=NULL;
   scanf("&d",f);           *f=10.5;
C) char  t="m", *c=&t;  D) long   *L;
   *c=&t;                   L='\0';
```

23.【2003.9】有以下程序：
```
#include <stdio.h>
main()
{ printf("%d\n", NULL); }
```
程序运行后的输出结果是_____。
A) 0   B) 1   C) −1   D) NULL 没定义，出错

24.【2003.9】已定义以下函数：
```
fun(int  *p)
{ return  *p; }
```
该函数的返回值是_____。
A) 不确定的值   B) 形参 p 中存放的值
C) 形参 p 所指存储单元中的值   D) 形参 p 的地址值

25.【2003.9】下列函数定义中，会出现编译错误的是_____。
A) max(int x, int y, int *z)
   { *z = x>y ? x:y; }
   z = x>y ? x:y;
   return z;
   }
B) int max(int   x,y)
   int z;
C) max (int x, int y)
   { int z;
   z = x>y? x:y; return(z);
   }
D) int max(int x, int y)
   { return(x>y? x:y) ; }

26.【2003.9】有以下程序段：
```
main()
{ int  a = 5,  *b,  **c;
  c = &b;   b = &a;
  ...
}
```
程序在执行了 c=&b;b=&a;语句后，表达式：**c 的值是_____。
A) 变量 a 的地址   B) 变量 b 中的值
C) 变量 a 中的值   D) 变量 b 的地址

27.【2004.4】设有定义：int n=0,*p=&n,**q=&p;则以下选项中，正确的赋值语句是_____。
A) p=1;   B) *q=2;   C) q=p;   D) *p=5;

28.【2004.4】有以下程序：
```
void f( int y,int *x)
{y = y+ *x;  *x= *x+y;}
main()
{ int x = 2,y = 4;
```

```
    f(y,&x);
    printf("%d %d\n",x,y);
}
```

执行后输出的结果是_____。

29.【2004.9】有以下程序:

```
main()
{ int a=7,b=8,*p,*q,*r;
  p=&a;q=&b;
  r=p;p=q;q=r;
  printf("%d,%d,%d,%d\n",*p,*q,a,b);
}
```

程序运行后的输出结果是_____。

A) 8,7,8,7　　　B) 7,8,7,8　　　C) 8,7,7,8　　　D) 7,8,8,7

30.【2005.9】设有定义:"int n1=0,n2,*p=&n2,*q=&n1;",以下赋值语句中与"n2=n1;"语句等价的是_____。

A) *p=*q;　　B) p=q;　　C) *p=&n1;　　D) p=*q;

31.【2005.9】若有定义:"int x=0,*p=&x;",则语句"printf("%d\n",*p);"的输出结果是_____。

A) 随机值　　B) 0　　C) x 的地址　　D) p 的地址

课后练习

一、选择题

1. 指针 S 所指字符串的长度为( )。

   char *s="\t\\Name\\Address\n";

   A) 说明不合法　　B) 19　　C) 18　　D) 15

2. 变量 i 的值为 3,i 的地址为 1000,若欲使 p 为指向 i 的指针变量,则下列赋值正确的是( )。

   A) &i=3　　B) *p=3　　C) *p=1000　　D) p=&i

3. 下列说法中不正确的是( )。

   A) 指针是一个变量
   B) 指针中存放的是地址值
   C) 指针可以进行加、减等算术运算
   D) 指针变量不占用存储空间

4. 已知下列函数定义:

   ```
   setw(int *b,int m,int n,int dat)
   { int k;
       for(k=0;k<m*n;k++)
       { *b=dat;b++;}
   ```

}

则调用此函数的正确写法是(假设变量 a 的说明为 int a[50])(　　)。

A) setw(*a,5,8,1);　　　　　B) setw(&a,5,8,1);

C) setw((int *)a,5,8,1);　　　D) setw(a,5,8,1);

5. 分析下面程序：

```
#include <stdio.h>
main()
{ int i;
  int * int_ptr;
  int_ptr = &i;
  * int_ptr = 5;
  printf("i = %d",i);
}
```

程序的执行结果是(　　)。

A) i=0　　　　B) i 为不定值　　C) 程序有错误　　D) i=5

6. 分析下面程序：

```
#include <stdio.h>
main()
{ int * p1, * p2, * p;
  int a = 5,b = 8;
  p1 = &a;p2 = &b;
  if(a<b) {p = p1;p1 = p2;p2 = p;}
  printf("%d,%d", * p1, * p2);
  printf("%d,%d",a,b);}
```

程序的输出结果为(　　)。

A) 8,5　5,8　　B) 5,8　8,5　　C) 5,8　5,8　　D) 8,5　8,5

7. 分析下面的函数：

```
swap(int * p1, * p2)
{ int * p;
  * p = * p1; * p1 = * p2; * p2 = * p;   }
```

该程序功能为(　　)。

A) 交换 * p1 和 * p2 的值

B) 正确,但无法改变 * p1 和 * p2 的值

C) 交换 * p1 和 * p2 的地址

D) 可能造成系统故障,因为使用了空指针

8. 若有定义和语句：

int * * pp, * p,a = 10,b = 20;
pp = &p;p = &a;p = &b;printf("%d,%d\n", * p, * * pp);

则输出结果为(　　)。

A) 10,20   B) 10,20   C) 20,10   D) 20,20

9. 设有如下定义：

   int (*ptr)*();

   则以下叙述中正确的是_____。
   A) ptr 是指向一维组数的指针变量
   B) ptr 是指向 int 型数据的指针变量
   C) ptr 是指向函数的指针，该函数返回一个 int 型数据
   D) ptr 是一个函数名，该函数的返回值是指向 int 型数据的指针

10. 若 x 是整型变量，pb 是基类型为整型的指针变量，则正确的赋值表达式是_____。
    A) pb=&x   B) pb=x;   C) *pb=&x;   D) *pb=*x

二、填空题

1. 以下函数的功能是，把两个整数指针所指的存储单元中的内容进行交换。请填空。

```
exchange(int *x, int *y)
{
  int t;
  t=*y; *y=_____;    *x=_____;
}
```

2. 下面函数要求用来求出两个整数之和，并通过形参传回两数相加之和值，请填空。

```
int add(int x,int y, _____ z)
{_____ = x+y;}
```

3. fun1 函数的调用语句为：

   fun1(&a,&b,&c);

   它将 3 个整形数按由大到小的顺序调整后依次放入 a、b、c 这 3 个变量中，a 中放最大数。请填空并完成程序：

```
void fun2(int *x,int *y)
{ int t;
  t=*x; *x=*y; *y=t;
}
void fun1(int *pa,int *pb,int *pc)
{ if(*pb<*pc)fun2(_____);
  if(*pa<*pc)fun2(_____);
  if(*pa<*pb)fun2(_____);
}
```

4. exchange 函数的调用语句为 exchange(&a,&b,&c);。它将 3 个数按由大到小的顺序调整后依次放入 a、b、c 这 3 个变量中，a 中放最大值，请填空。

```
void swap(int *pt1,int *pt2)
{ int t;
  t=*pt1; *pt1=*pt2; *pt2=t;
```

```
    }
    void exchange(int *q1,int *q2,int *q3)
    {  if(*q3>*q2) swap(_____);
       if(*q1<*q3) swap(_____);
       if(*q1<*q2) swap(_____);
    }
```

5. 下面程序的功能是将十进制正整数转换成十六进制，请填空。

```
    #include "stdio.h"
    #include "string.h"
    main()
    {  int a,i;
       char s[20];
       printf("Input a:\n");
       scanf("%d",&a);
       c10_16(s,a);
       for(i=_____;i>=0;i--)printf("%c", *(s+i));
       printf("\n");
    }
    c10_16(char *p,int b)
    {  int j;
       while(b>0)
       {  j=b%16;
          if (_____) *p=j+48;
          else *p=j+55;
          b=b/16;
          _____;
       }
       *p='\0';
    }
```

三、编程题

1. 从键盘输入 3 个整数，然后降序输出，要求用指针实现。

2. 函数 process 是一个可对两个整形数 a 和 b 进行计算的通用函数；函数 max() 可求两个数中的较大者，函数 min() 可求两个数中的较小者。已有调用语句"process(a,b,max);"和"process(a,b,min);"，请编写主函数和 max()、min()、process() 函数。

第 9 章

数 组

【本章考点和学习目标】
1. 掌握一维数组和二维数组的定义、初始化和数组元素的引用。
2. 掌握字符串与字符数组。
3. 掌握指针数组和指针的运用以及字符串和指针的用法。

【本章重难点】
重点:一维、二维数组的定义和应用。
难点:指针和数组的综合使用。

在程序设计中,为了处理方便,把具有相同类型的若干变量按有序的形式组织起来。这些按序排列的同类数据元素的集合称为数组。在 C 语言中,数组属于构造数据类型。一个数组可以分解为多个数组元素,这些数组元素可以是基本数据类型或是构造类型。因此,按数组元素的类型不同,数组又可分为数值数组、字符数组、指针数组及结构数组等各种类别。结构数组将在以后的章节中进行讲解。

9.1 数组的引出

在实际生活中有时会遇到这样的问题:有 10 个儿童的体重,要求计算平均体重,并打印出低于平均体重的数值。

(1) 用变量的方法

```
main()
{
    int w1, w2, w3, w4, w5, w6, w7, w8, w9, w10;
    int t;
    scanf("%d%d%d%d%d%d%d%d%d%d",&w1,&w2,&w3,&w4,&w5,&w6,&w7,&w8,&w9,&w10);
    t = (w1 + w2 + w3 + w4 + w5 + w6 + w7 + w8 + w9 + w10)/10;
    if( w1 < t )   printf( "%d\n", w1 );
    if( w2 < t )   printf( "%d\n", w2 );
    if( w3 < t )   printf( "%d\n", w3 );
    if( w4 < t )   printf( "% d\n", w4 );
    if( w5 < t )   printf( "%d\n", w5 );
    if( w6 < t )   printf( "%d\n", w6 );
    if( w7 < t )   printf( "%d\n", w7 );
    if( w8 < t )   printf( "%d\n", w8 );
    if( w9 < t )   printf( "%d\n", w9 );
    if( w10 < t )  printf( "%d\n", w10 );
```

}

但若题目要求定义并输出 100 个儿童的体重呢,按照题目要求就需要引入 100 个变量,这种编程思想显然存在问题,怎样来解决这个问题呢?利用数组编程就是一个很有效的解决途径。

(2) 用数组的方法

```
main()
{
    int w[10];      /* 定义1个整型数组存放体重 */
    int t, i;
    for( i = 0; i<10; i++ ) scanf( "%d", &w[i] );
    for( t = 0, i = 0; i<10; i++ ) t = t + w[i];
    t = t/10;
    for( i = 0; i<10; i++ )
        if( w[i] < t )printf( "%d\n", w[i] );
}
```

从例题中可以看出,同样一个问题如果用数组来解答就简便了很多,避免了很多重复的工作。

总结一下数组的两个特点:数组中的数据必须类型相同;数据按一定次序排列。

9.2 一维数组

9.2.1 一维数组的定义

数组中每个元素只带一个下标,这样的数组称为一维数组。在 C 语言中,每个数组必须先进行定义后使用。

一维数组定义的一般形式为:

   类型说明符 数组名 [常量表达式];

例如:int array[10];

这条语句定义了一个具有 10 个整型元素的名为 array 的数组。这些整数在内存中是连续存储的。数组的大小等于每个元素的大小乘上数组元素的个数。方括号中的常量表达式可以包含运算符,但其计算结果必须是一个长整型值。

下面这些声明是合法的:

int offset[5 + 3];
float count[5 * 2 + 3];

下面是不合法的:

int n = 10;
int offset[n];   /* 在声明时,变量不能作为数组的维数 */

对于数组类型说明应注意以下几点:

(1) 数组的类型实际上是指数组元素的取值类型。对于同一个数组,其所有元素的数据类型都是相同的。

(2) 数组名的命名规则应符合标识符的命名规定。在同一段程序中,数组名不能与其它变量名相同。下面这就是错误的用法:

```
main()
{
  int a;
  float a[10];
  ...
}
```

(3) 数组名后用方括号[ ],不能用()。

(4) 方括号中常量表达式表示数组元素的个数,如 a[5]表示数组 a 有 5 个元素。但是其下标从 0 开始计算。因此,5 个元素分别为 a[0]、a[1]、a[2]、a[3]、a[4]。方括号中常量表达式必须为大于零的正整数,不能为浮点型数据。

例如:

```
char    name[0];              /* 不能为 0,错误 */
float   weight[10.3];         /* 不能为小数,错误 */
float   array[-100];          /* 不能为负数,错误 */
```

(5) 不能在方括号中用变量来表示元素的个数,但是可以是符号常数或常量表达式。常量表达式必须是大于 0 的整型常量表达式,不能包含变量。即 C 语言不允许对数组的大小作动态定义,即定义数组时,数组的长度必须是确定的,其大小不依赖程序运行过程中变量的值。

例如下面是合法的:

```
#define FD 5
main()
{
  int a[3+2],b[7+FD];
  ...
}
```

但是下述说明方式是错误的。

```
main()
{
  int n = 5;
  int a[n];
  ...
}
```

(6) 允许在同一个类型说明中,说明多个数组和多个变量。例如:

```
float a,b,c,d,p1[10],p2[5];
```

9.2.2 一维数组的初始化

定义完一个数组后,系统为其分配相应的内存单元,但这些存储单元中并没有确定的值。为了使用上的方便,常常希望数组具有初值,C 语言允许在定义数组时对各元素指定初始值,这称为数组的初始化。

初始化赋值的一般形式为:

  类型说明符 数组名[常量表达式]={值,值,…,值};

【注意】其中在{ }中的各数据值即为各元素的初值,各值之间用逗号间隔。

例如:"int a[10]={ 0,1,2,3,4,5,6,7,8,9 };"相当于"a[0]=0;a[1]=1...a[9]=9;"。

给数组赋值的方法除了用赋值语句对数组元素逐个赋值外,还可采用初始化赋值和动态赋值的方法。

数组初始化赋值是指在数组定义时给数组元素赋予初值。数组初始化是在编译阶段进行的。这样可减少运行时间,提高效率。

C 语言对数组的初始化赋值可以有以下 3 种方式:

① 可以只给部分元素赋初值。当{ }中值的个数少于元素个数时,只给前面部分元素赋值。例如:"int a[10]={0,1,2,3,4};"表示只给 a[0]～a[4]这 5 个元素赋值,而后 5 个元素自动赋 0 值。

② 只能给元素逐个赋值,不能给数组整体赋值。

例如:给 10 个元素全部赋 1 值,只能写为"int a[10]={1,1,1,1,1,1,1,1,1,1};"而不能写为"int a[10]=1;"。

③ 如给全部元素赋值,则在数组说明中,可以不给出数组元素的个数。

例如:"int a[5]={1,2,3,4,5};"可写为"int a[]={1,2,3,4,5};"。

④ 若不给可初始化的数组赋初值,则全部元素均为 0 值。

9.2.3 一维数组的引用

数组元素是组成数组的基本单元。数组元素也是一种变量,其标识方法为数组名后跟一个下标。下标表示了元素在数组中的顺序号。

数组元素的一般形式为:

  数组名[下标]

其中下标只能为整型常量或整型表达式。如为小数时,C 编译将自动取整。

例如:a[5]、a[i+j]、a[i++]都是合法的数组元素。

值得注意的是,数组引用和数组定义不同,数组定义时方括号中间不允许有变量。

数组元素通常也称为下标变量。必须先定义数组,才能使用下标变量。在 C 语言中只能逐个地使用下标变量,而不能一次引用整个数组。数组中元素的引用一般都是通过循环语句来实现的。

例如:输出有 10 个元素的数组必须使用循环语句逐个输出各下标变量:

```
for(i=0; i<10; i++)
printf(" %d",a[i]);
```

而不能用一个语句输出整个数组。

【例 9.1】

```
main()
{
    int i,a[10];
    for(i=0;i<10;)
    a[i++]=2*i+1;
    for(i=0;i<=9;i++)
    printf("%d",a[i]);
    printf("\n%d %d\n",a[5.2],a[5.8]);
}
```

本例中用一个循环语句给 a 数组各元素送入奇数值,然后用第二个循环语句输出各个奇数。在第一个 for 语句中,表达式 3 省略了。在下标变量中使用了表达式 i++,用以修改循环变量。当然第二个 for 语句也可以这样做,C 语言允许用表达式表示下标。程序中最后一个 printf 语句输出了两次 a[5] 的值,可以看出当下标不为整数时将自动取整。

9.2.4 一维数组和指针

一个数组是由连续的一块内存单元组成的。数组名就是这块连续内存单元的首地址。一个数组也是由各个数组元素(下标变量)组成的。每个数组元素按其类型不同占有几个连续的内存单元。一个数组元素的首地址也是指它所占有的几个内存单元的首地址。

定义一个指向数组元素的指针变量的方法,与以前介绍的指针变量相同。

例如:

```
int a[5]={0,1,2,3,4};      /*定义 a 为包含 10 个整型数据的数组*/
int *p;                    /*定义 p 为指向整型变量的指针*/
```

应当注意的是,因为数组为 int 型,所以指针变量也应为指向 int 型的指针变量。对指针变量赋值

```
p=&a[0];
```

即把 a[0] 元素的地址赋给指针变量 p。也就是说,p 指向 a 数组的第 0 号元素,如图 9-1 所示。

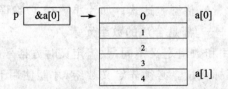

图 9-1 指针和数组

C 语言规定,数组名代表数组的首地址,也就是第 0 号元素的地址。从图 9-1 可以看出有以下关系:p、a、&a[0] 均指向同一单元,它们是数组 a 的首地址,也是 0 号元素 a[0] 的首地址。应该说明的是,p 是变量,而 a、&a[0] 都是常量。在编程时应注意。因此,下面两个语句

等价：

```
p = &a[0];
p = a;
```

在定义指针变量时可以赋给初值：

```
int * p = &a[0];
```

它等效于：

```
int * p;
p = &a[0];
```

当然定义时也可以写成：

```
int * p = a;
```

通过下面例子体会指针和数组的综合运用。

方法一：下标法。

【例 9.2】输出数组 a 中的全部元素。

```
main()
{
    int a[10],i;
    for(i = 0;i<10;i++)
    a[i] = i;
    for(i = 0;i<5;i++)
    printf("a[%d] = %d\n",i,a[i]);
}
```

方法二：通过数组名计算元素的地址，找出元素的值。

【例 9.3】输出数组中的全部元素。

```
main()
{
    int a[10],i;
    for(i = 0;i<10;i++)
    *(a + i) = i;
    for(i = 0;i<10;i++)
    printf("a[%d] = %d\n",i,*(a + i));
}
```

方法三：用指针变量指向元素。

【例 9.4】输出数组中的全部元素。

```
main()
{
    int a[10],i, * p;
    p = a;
    for(i = 0;i<10;i++)
```

```
    *(p+i)=i;
    for(i=0;i<10;i++)
      printf("a[%d]=%d\n",i,*(p+i));
}
```

方法四:利用指针指向数组首地址。

【例9.5】输出数组中的全部元素。

```
main()
{
  int a[10],i,*p=a;
  for(i=0;i<10;)
  {
    *p=i;
    printf("a[%d]=%d\n",i++,*p++);
  }
}
```

9.2.5 一维数组的应用举例

【例9.6】选择法排序。

```
main()
{
  int i,j,p,q,s,a[10];
  printf("\n input 10 numbers:\n");
  for(i=0;i<10;i++)
    scanf("%d",&a[i]);
  for(i=0;i<10;i++)
  {
    p=i;q=a[i];
    for(j=i+1;j<10;j++)
    if(q<a[j]) { p=j;q=a[j]; }
    if(i!=p)
    {
        s=a[i];
        a[i]=a[p];
        a[p]=s;
    }
    printf("%d",a[i]);
  }
}
```

本例程序中用了两个并列的 for 循环语句,并在第二个 for 语句中又嵌套了一个循环语句。第一个 for 语句用于输入 10 个元素的初值。第二个 for 语句用于排序。本程序的排序采用逐个比较的方法进行。在 i 次循环时,把第一个元素的下标 i 赋予 p,而把该下标变量值 a[i]赋予 q。然后进入小循环,从 a[i+1]起到最后一个元素止,逐个与 a[i]作比较,有比 a[i]大者则将其下标送 p,元素值送 q。一次循环结束后,p 即为最大元素的下标,q 则为该元素值。若此时 i≠p,说明 p、q 值均已不是进入小循环之前所赋之值,则交换 a[i]和 a[p]之值。此时,a[i]为已排序完毕的元素,输出该值之后转入下一次循环,对 i+1 以后各个元素排序。

【例 9.7】冒泡法排序(从小到大)。

像水中的气泡一样,小气泡在下面,大气泡在上面,冒泡法(起泡法)因此得名。

冒泡法的基本思想为:将一系列数从左至右,相邻比较小的放到前面,大的在后,一轮下来,最大的数在最后(不进行第二轮比较),第二轮又从第一个数开始从左至右,相邻比较,小的在前大的在后,如此反复,得到一个由小到大的系列。将 21、5、12、43、2 这 5 个数按照从小到大顺序排出,可以通过图 9-2 来说明排序思想。

排序前数组	第一趟	第二趟	第三趟	第四趟
21	5	5	5	2
5	12	12	2	5
12	21	2	12	
43	2	21		
2	43			

图 9-2 冒泡法排序思想

程序如下:

```c
#include <stdio.h>
#define n 5
main()
{
    int i,j,temp;
    int a[] = {21,5,12,43,2};
    printf("未排序的数组是:\n");
    for(i = 0;i < n;i++)
    {
        printf("%3d ",a[i]);
    }
    for(i = 0;i<n-1;i++)
    {
        for(j = i+1;j<n;j++)
        {
            if(a[i] > a[j])
            {
                temp = a[j];
                a[j] = a[i];
                a[i] = temp;
            }
        }
    }
    printf("\n排序后的数组是:\n");
```

```
for(i = 0; i < n;i++)
{
    printf("%3d ",a[i]);
}
printf("\n");
}
```

【程序结果】

未排序的数组是：

21　5　12　43　2

排序后的数组是：

2　5　12　21　43

【结果分析】

冒泡法排序是实际生活中经常遇到的一种算法，非常重要。本程序中用到了3个并列的for循环语句，第一个和第三个for语句主要用来输入和输出排序前后的数组。而第二个for语句中又嵌套了一个循环语句。外部for语句用于控制比较趟数。内层for语句用于每趟内部比较的次数。本例题解决了关于对若干个数进行排序的问题。还有很多种排序算法，例如选择排序、插入排序等。请思考：若需要按照从大到小排序，则需要对程序如何修改？

【例 9.8】指向数组的指针应用。

```
float aver(float *pa);
main()
{
    float sco[5],av,*sp;
    int i;
    sp = sco;
    printf("\ninput 5 scores:\n");
    for(i = 0;i<5;i++) scanf("%f",&sco[i]);
    av = aver(sp);
    printf("average score is %5.2f",av);
}
float aver(float *pa)
{
    int i;
    float av,s = 0;
    for(i = 0;i<5;i++) s = s + *pa++;
    av = s/5;
    return av;
}
```

指针变量的值也是地址，数组指针变量的值即为数组的首地址，也可作为函数的参数使用。本例中sp指向数组sco[5]，并作为参数传递给指针变量pa。

9.3 二维数组

9.3.1 二维数组的定义

数组只有一个下标,称为一维数组,其数组元素也称为单下标变量。在实际问题中有很多量是二维的或多维的,因此 C 语言允许构造多维数组。多维数组元素有多个下标,以标识它在数组中的位置,所以也称为多下标变量。这里仅介绍二维数组,多维数组可由二维数组类推得到。

二维数组定义的一般形式为:

类型说明符 数组名[常量表达式 1][常量表达式 2]

其中,常量表达式 1 表示第一维下标的长度,常量表达式 2 表示第二维下标的长度。例如"int a[3][4];"定义了一个三行四列的数组,数组名为 a,其下标变量的类型为整型。该数组的下标变量共有 3×4 个,即:

a[0][0],a[0][1],a[0][2],a[0][3]
a[1][0],a[1][1],a[1][2],a[1][3]
a[2][0],a[2][1],a[2][2],a[2][3]

二维数组在概念上是二维的,即其下标在两个方向上变化,下标变量在数组中的位置也处于一个平面之中,而不是像一维数组只是一个向量。但是,实际的硬件存储器却是连续编址的,也就是说存储器单元是按一维线性排列的。如何在一维存储器中存放二维数组,可有两种方式:一种是按行排列,即放完一行之后顺次放入第二行。另一种是按列排列,即放完一列之后再顺次放入第二列。在 C 语言中,二维数组是按行排列的。即:先存放 a[0]行,再存放 a[1]行,最后存放 a[2]行。每行中有 4 个元素也是依次存放。由于数组 a 说明为 int 类型,该类型占 2 个字节的内存空间,所以每个元素均占有 2 个字节)。

9.3.2 二维数组的初始化

二维数组初始化也是在类型说明时给各下标变量赋以初值。二维数组可按行分段赋值,也可按行连续赋值。

例如对数组 a[5][3]:

① 按行分段赋值可写为:

int a[5][3]={ {80,75,92},{61,65,71},{59,63,70},{85,87,90},{76,77,85} };

② 按行连续赋值可写为:

int a[5][3]={ 80,75,92,61,65,71,59,63,70,85,87,90,76,77,85};

这两种赋初值的结果是完全相同的。

③ 还可以部分元素赋初值。只给数组中部分元素赋初值,未赋初值的元素自动取 0 值。同样也分为两种情况:

例如"int a[3][3]={{1},{2},{3}};"对应内存赋值情况如图 9-3 所示。例如"int a[3][3]={1,2,3};"对应内存赋值情况如图 9-4 所示。

两者均为部分初始化,赋值方式也很相似,但结果却截然不同,编程中一定要注意。

1	0	0	2	0	0	3	0	0
a[0][0]	a[0][1]	a[0][2]	a[1][0]	a[1][1]	a[1][2]	a[2][0]	a[2][1]	a[2][2]

图 9-3　数组部分初始化(1)

1	2	3	0	0	0	0	0	0
a[0][0]	a[0][1]	a[0][2]	a[1][0]	a[1][1]	a[1][2]	a[2][0]	a[2][1]	a[2][2]

图 9-4　数组部分初始化(2)

9.3.3　二维数组的引用

二维数组的元素也称为双下标变量，其表示的形式为：

数组名[下标][下标]

其中下标应为整型常量或整型表达式。

例如：a[3][4]表示 a 数组三行四列的元素。

下标变量和数组说明在形式中有些相似，但这两者具有完全不同的含义。数组说明的方括号中给出的是某一维的长度，即可取下标的最大值；而数组元素中的下标是该元素在数组中的位置标识。前者只能是常量，后者可以是常量、变量或表达式。

二维数组引用时要注意以下几个问题：

① 二维数组两个下标表达式值应为整数。

② 使用数组元素时，应注意下标值不能超出定义的上下界限。例如：

```
    int  a[2][3];
    a[2][3]=3;         /*错误的引用方法，a[2][3]超过了数组定义的范围*/
```

③ 引用二维数组引用时，两个下标要分别放在两个方括号内，如 a[2][3]，不要写成 a[2,3]。

④ 下标变量和数组定义在形式中有些相似，但这两者具有完全不同的含义。数组定义的方括号中给出的是某一维的长度，即可取下标的最大值；而数组元素中的下标是该元素在数组中的位置标识。前者只能是常量，后者可以是常量、变量或表达式。例如：数组定义语句为"int aa[2][4];"，数组元素引用语句为"a[0][1]=aa[1][2]+a[0][3];"。

⑤ 一个二维数组也可以分解为多个一维数组。C 语言允许这种分解，二维数组 a[3][4] 可分解为三个一维数组，其数组名分别为 a[0]、a[1]、a[2]。对这三个一维数组无须另作说明即可使用。这三个一维数组都有 4 个元素，例如：一维数组 a[0] 的元素为 a[0][0]、a[0][1]、a[0][2]、a[0][3]。必须强调的是，a[0]、a[1]、a[2]不能当作下标变量使用，它们是数组名，不是一个单纯的下标变量。

【例 9.9】一个实验小组有 5 个人，每个人有 3 门课的考试成绩。求全组分科的平均成绩和各科总平均成绩，如图 9-5 所示。

	John	Jack	Alice	Lily	Tom
Math	88	61	93	85	77
English	90	60	88	87	73
c	92	67	89	90	80

图 9-5　数组 a[2][3][4]的存储方式

可设一个二维数组 a[5][3] 存放 5 个人 3 门课的成绩。再设一个一维数组 aver[3] 存放所求得的各分科平均成绩，设变量 s 为每个学生各科总成绩，设变量 average 为全组各科总平均成绩。程序如下：

```
main()
{
    int i,j,s = 0;
    float average,aver[3],a[5][3];
    printf("请依次输入每个学生各科成绩:\n");
    for(i = 0;i<3;i++)
    {
        for(j = 0;j<5;j++)
        {
            scanf("%d",&a[i][j]);
            s = s + a[i][j];
        }
        aver[i] = s/5;
        s = 0;
    }
    average = (aver[0] + aver[1] + aver[2])/3;
    printf("各科平均成绩为:\n");
    printf("Math:%f\nEnglish:%f\nC:%f\n",aver[0],aver[1],aver[2]);
    printf("平均成绩为:%f\n", average );
}
```

程序运行结果如下：
请依次输入每个学生各科成绩：
88　　61　　93　　85　　77
90　　60　　88　　87　　73
92　　67　　89　　90　　80
各科平均成绩为：
Math:80.500000
English:79.600000
C:83.600000
平均成绩为:81.233333

程序中首先用了一个嵌套循环。在内循环中依次读入某一门课程的各个学生的成绩，并把这些成绩累加起来，退出内循环后再把该累加成绩除以 5 送入数组 v[i] 之中，这就是该门课程的平均成绩。外循环共循环 3 次，分别求出 3 门课各自的平均成绩并存放在 v 数组之中。退出外循环之后，把 v[0]、v[1]、v[2] 相加除以 3 即得到各科总平均成绩。最后按题意输出各个成绩。

9.3.4 二维数组和指针

1. 二维数组元素的地址

例如：

int a[3][4]={{0,1,2,3},{4,5,6,7},{8,9,10,11}};

a为二维数组名,此数组有3行4列,共12个元素。但也可这样来理解,数组a由3个元素组成:a[0],a[1],a[2];而每个元素又是一个一维数组,且都含有4个元素(相当于4列),例如a[0]所代表的一维数组所包含的4个元素为a[0][0]、a[0][1]、a[0][2]、a[0][3]。如图9-6所示。

从二维数组的角度来看,a代表二维数组的首地址,当然也可看成是二维数组第0行的首地址。a+1就代表第1行的首地址,a+2就代表第2行的首地址。若此二维数组的首地址为1000,由于第0行有4个整型元素,所以a+1为1008,a+2也就为1016,如图9-7所示。

```
       _____        _____                 _____
a---- | a[0] |____  | 0 | 1 | 2 | 3 |        (1000) | 0 | 1 | 2 | 3 |
      |_____|     |___|___|___|___|              |___|___|___|___|
      | a[1] |____  | 4 | 5 | 6 | 7 |        (1008) | 4 | 5 | 6 | 7 |
      |_____|     |___|___|___|___|              |___|___|___|___|
      | a[2] |____  | 8 | 9 | 10| 11|        (1016) | 8 | 9 | 10| 11|
      |_____|     |___|___|___|___|              |___|___|___|___|
```

　　图9-6　二维数组a在内存中的形式　　　　图9-7　二维数组a的行地址

既然我们把a[0]、a[1]、a[2]看成是一维数组名,可以认为它们分别代表它们所对应的数组的首地址。也就是a[0]代表第0行中第0列元素的地址,即&a[0][0];a[1]是第1行中第0列元素的地址,即&a[1][0]。根据地址运算规则,a[0]+1即代表第0行第1列元素的地址,即&a[0][1]。一般而言,a[i]+j即代表第i行第j列元素的地址,即&a[i][j]。

另外,在二维数组中,我们还可用指针的形式来表示各元素的地址。如前所述,a[0]与*(a+0)等价,a[1]与*(a+1)等价,因此a[i]+j与*(a+i)+j等价,它表示数组元素a[i][j]的地址。

因此,二维数组元素a[i][j]可表示成*(a[i]+j)或*(*(a+i)+j),它们都与a[i][j]等价,或者还可写成(*(a+i))[j]。

另外,要补充说明一下,如果你编写一个程序输出打印a和*a,你可发现它们的值是相同的,这是为什么呢?我们可这样来理解:

为了说明问题,我们把二维数组人为地看成由3个数组元素a[0]、a[1]、a[2]组成,将a[0]、a[1]、a[2]看成是数组名,它们又分别是由4个元素组成的一维数组。因此,a表示数组第0行的地址,而*a即为a[0],它是数组名,当然还是地址,它就是数组第0行第0列元素的地址。

【例9.10】

```
main(){
    int a[3][3]={1,2,3,4,5,6,7,8,9};
```

```
    int * pa[3] = {a[0],a[1],a[2]};
    int * p = a[0];
    int i;
    for(i = 0;i<3;i++)
    printf("%d,%d,%d\n",a[i][2-i],*a[i],*(*(a+i)+i));
    for(i = 0;i<3;i++)
    printf("%d,%d,%d\n",*pa[i],p[i],*(p+i));
}
```

本例程序中,pa 是一个指针数组,3 个元素分别指向二维数组 a 的各行。然后用循环语句输出指定的数组元素。其中:*a[i]表示 i 行 0 列元素值;*(*(a+i)+i)表示 i 行 i 列的元素值;*pa[i]表示 i 行 0 列元素值;由于 p 与 a[0]相同,故 p[i]表示 0 行 i 列的值;*(p+i)表示 0 行 i 列的值。读者可仔细领会元素值各种不同的表示方法。

2. 指向一个由 n 个元素所组成的数组指针

应该注意指针数组与二维数组指针变量的区别。这两者虽然都可用来表示二维数组,但是其表示方法和意义是不同的。

二维数组指针变量是单个的变量,其一般形式中"(*指针变量名)"两边的括号不可少。而指针数组类型表示的是多个指针(一组有序指针)在一般形式中"*指针数组名"两边不能有括号。例如:

"int (*p)[3];"表示一个指向二维数组的指针变量,该二维数组的列数为 3 或分解为一维数组的长度为 3。

"int *p[3]"表示 p 是一个指针数组,有 3 个下标变量 p[0]、p[1]、p[2]均为指针变量。

这种数组指针在处理二维数组时,还是很方便的。例如:

int a[3][4],(*p)[4];
p = a;

开始时 p 指向二维数组第 0 行,当进行 p+1 运算时,根据地址运算规则,此时放大因子为 4×2=8,所以此时正好指向二维数组的第 1 行。与二维数组元素地址计算的规则一样,*p+1 指向 a[0][1],*(p+i)+j 则指向数组元素 a[i][j]。

【例 9.11】数组指针举例。

```
main()
{
  int a[3][4] = { {1,3,5,7}, {9,11,13,15}, {17,19,21,23} };
  int i,(*b)[4];
  b = a + 1;                    /* b 指向二维数组的第 1 行,此时 *b[0]是 a[1][0] */
  for(i = 1;i<=4;b = b[0]+2,i++) /* 修改 b 的指向,每次增加 2 */
    printf("%d\t",*b[0]);
  printf(\n);
    for(i = 0; i<3; i++)
    {
        b = a + i;              /* 修改 b 的指向,每次跳过二维数组的一行 */
        printf("%d\t",*(b[i]+1));
```

```
        }
        printf (\n);
}
```

程序运行结果如下：
    9   13   17   21
    3   11   19

9.3.5 二维数组的应用举例

【例9.12】有一个3×4的矩阵，求一个二维数组中元素最大的元素的值及其下标。

```
main( )
{
    int i,j,row = 0,clo = 0,max;
    int a[3][4] = {1,2,3,4,9,8,7,6,-10,10,-5,2};
    max = a[0][0];
    for(i = 0;i< = 2;i++ )
      for(j = 0;j< = 3;j++ )
        if(a[i][j]>max)
        {max = a[i][j];row = i;col = j;}
    printf("max = %d,row = %d,col = %d\n",max,row,col);
}
```

【例9.13】将二维数组转置后输出。

```
main()
{
  int  a[2][3] = {{ 1,2,3},{4,5,6}};
  int  b[3][2],i,j;
  printf("二维数组 a:\n");
  for   (i = 0;i< = 1;i++ )
   {
      for (j = 0;j< = 2;j++ )
      {
        printf(" %5d",aa[i][j]);
        b[j][i] = a[i][j];
      }
      printf("\n");
   }
    printf("二维数组 b:\n");
    for(i = 0;i< = 2,i++ )
    {
        for(j = 0;j< = 1;j++ )
        printf(" %5d",b[i][j]);
        printf("\n");
    }
```

}
程序运行结果：
二维数组 a：
1 2 3
4 5 6
二维数组 b：
1 4
2 5
3 6

在这个程序中的第一个双重循环中，将数组 a 的各元素值赋予数组 b，通过 b[j][i]＝a[i][j] 赋值语句来实现，但要注意数组 b 的行和列互换，从而实现数组的转置，再利用一个嵌套循环输出数组 b 即可。

9.4 字符数组与字符串

9.4.1 字符数组

1. 字符数组的定义

整数和浮点数数组很好理解。在一维数组中，还有一类字符型数组，用来存放字符量的数组称为字符数组，其定义形式和其它数据类型相似。

一般形式为：

char 数组名[常量表达式];

例如"char a[5] ＝{'H','E','L','L','O'};"表示定义了可以存放 5 个字符型数据的数组，在内存中占有 5 个内存单元。5 个字符分别存放在 5 个内存单元中，对于单个字符必须要用单引号括起来。又由于字符和整型是等价的，所以上面的字符型数组也可以这样表示：

```
char array[5] = {72,69,76,76,79};   /*用对应的ASCII码*/
```

例如：

```
main()
{
  int i;
  char array[5] = {'H','E','L','L','O'};
  for(i = 0;i<5;i++)  printf(%d,array[i]);
  printf(\n);
}
```

最终的输出结果为"72 69 76 76 79"。

2. 字符数组的初始化

与其它数组相同，字符数组在定义的同时也可以进行初始化。通常通过以下两种情况进行初始化：

char c[10]={'c',' ','p','r','o','g','r','a','m'};

赋值后各元素的值为：

c[0]的值为"c"；c[1]的值为" "；c[2]的值为"p"；c[3]的值为"r"；c[4]的值为"o"；c[5]的值为"g"；c[6]的值为"r"；c[7]的值为"a"；c[8]的值为"m"；c[9]未赋值，它的值由系统自动赋予 0 值。

当对全体元素赋初值时也可以省去长度说明。例如："char c[]={'c',' ','p','r','o','g','r','a','m'};"，这时 C 数组的长度自动定为 9，而不是 10。

9.4.2 字符串

在 C 语言中没有专门的字符串变量，通常用一个字符数组来存放一个字符串。前面介绍字符串常量时，已说明字符串总是以"\0"作为串的结束符。因此当把一个字符串存入一个数组时，也把结束符"\0"存入数组，并以此作为该字符串是否结束的标志。有了"\0"标志后，就不必再用字符数组的长度来判断字符串的长度了。

1. 字符串定义及其结束标志

C 语言没有专门定义字符串数据类型（如其它语言中的 string），通常用以"\0"结尾的字符数组来表示一个逻辑意义上的字符串。

在 C 语言中，通常将字符串作为字符数组来处理。有时，人们关心的是有效字符串的长度而不是字符串数组的长度，例如定义了一个字符数组长度为 100，而实际有效字符只有 40 个。为了测定字符串的实际长度，C 语言规定了一个"字符串结束标志"，以字符"\0"来表示。若有一个字符串，其第 10 个字符为"\0"，则此字符串有效字符为 9 个。也就是说，在遇到字符"\0"时，表示字符串结束。

系统对字符串常量也自动加一个"\0"作为结束的标志，在程序中往往依靠检测"\0"来判断字符串是否结束，而不是根据数组长度来决定字符串的长度。

2. 字符串和字符数组异同

字符串和字符数组使用时很容易混淆，字符数组的每个元素中可存放一个字符，但它不限定最后一字符为"\0"，甚至可以不加"\0"。而在 C 语言中，有关字符串的大量操作都与串结束标志"\0"相关，因此在字符数组的有效字符后常常需要手动加上"\0"，此时，可以把这种字符数组看作字符串变量。总之，字符串时字符数组的一种具体应用，字符数组用来存放字符串变量，字符串变量之间不能通过赋值语句相互赋值。

9.4.3 字符串处理函数

1. 字符串输出函数 puts

格式：puts（字符数组名）

功能：把字符数组中的字符串（以"0"结束的字符的序列）输出到显示器。即在屏幕上显示该字符串。用 puts 函数输出的字符串中可以包含转义字符。

用法：int puts(str)
　　　　char *str;

例如：

```
#include"stdio.h"
main()
{
    char c[] = "C program";
    puts(c);
}
```

2. 字符串输入函数 gets

格式:gets （字符数组名）

功能:从标准输入设备键盘上输入一个字符串到字符数组,并且得到一个函数值。该函数值是字符数组的起始地址。

用法:char * gets(str)
　　　char * str

例如:

```
#include"stdio.h"
main()
{
    char st[15];
    printf("input string:\n");
    gets(st);
    puts(st);
}
```

3. 字符串连接函数 strcat

格式:strcat（字符数组名1,字符数组名2）

功能:把字符数组2中的字符串连接到字符数组1中字符串的后面,并删去字符串1后的串标志"\0"。本函数返回值是字符数组1的首地址。

用法: char * strcat(char * destin, char * source);

例如:

```
#include <string.h>
#include <stdio.h>
int main(void)
{
    char destination[25];
    char * blank = " ", * c = "C++", * Borland = "Borland";
    strcpy(destination, Borland);
    strcat(destination, blank);
    strcat(destination, c);
    printf("%s\n", destination);
    return 0;
}
```

4. 字符串拷贝函数 strcpy

格式：strcpy（字符数组名1,字符数组名2）

功能：把字符数组2中的字符串拷贝到字符数组1中。串结束标志"\0"也一同拷贝。字符数名2也可以是一个字符串常量。这时相当于把一个字符串赋予一个字符数组。

用法：char * stpcpy(char * destin, char * source);

例如：

```
#include <stdio.h>
#include <string.h>
int main(void)
{
  char string[10];
  char * str1 = "abcdefghi";
  stpcpy(string, str1);
  printf("%s\n", string);
  return 0;
}
```

5. 字符串比较函数 strcmp

格式：strcmp(字符数组名1,字符数组名2)

功能：按照ASCII码顺序比较两个数组中的字符串,并由函数返回值返回比较结果。

字符串1=字符串2,返回值=0;
字符串2>字符串2,返回值>0;
字符串1<字符串2,返回值<0。

本函数也可用于比较两个字符串常量,或比较数组和字符串常量。

用法：int strcmp(char * str1, char * str2);

例如：

```
#include <string.h>
#include <stdio.h>
int main(void)
{
    char * buf1 = "aaa", * buf2 = "bbb", * buf3 = "ccc";
    int ptr;
    ptr = strcmp(buf2, buf1);
    if (ptr > 0)
        printf("buffer 2 is greater than buffer 1\n");
    else
        printf("buffer 2 is less than buffer 1\n");
    ptr = strcmp(buf2, buf3);
    if (ptr > 0)
        printf("buffer 2 is greater than buffer 3\n");
    else
        printf("buffer 2 is less than buffer 3\n");
```

```
        return 0;
    }
```

6. 测字符串长度函数 strlen

格式：strlen(字符数组名)
功能：测字符串的实际长度(不含字符串结束标志'\0')并作为函数返回值。
用法：unsigned int strlen(str)
   char * str;
例如：

```
#include"string.h"
main()
{
    int k;
    static char st[] = "C language";
    k = strlen(st);
    printf("The lenth of the string is %d\n",k);
}
```

9.4.4 字符串和指针

指针数组也常用来表示一组字符串，这时指针数组的每个元素被赋予一个字符串的首地址。指向字符串的指针数组的初始化更为简单。可以采用指针数组来表示一组字符串。其初始化赋值为：

```
char * name[] = {"Illagal day",
"Monday",
"Tuesday",
"Wednesday",
"Thursday",
"Friday",
"Saturday",
"Sunday"};
```

完成这个初始化赋值之后，name[0]即指向字符串"Illagal day"，name[1]指向"Monday"，以此类推。

指针数组也可以用作函数参数。

9.4.5 字符数组应用举例

【例9.14】有 n 个学生，每人考 m 门课程，要求：
① 找出成绩最高的学生号和课程号。
② 找出成绩不及格课程的学生号及各门课程的全部成绩。
③ 求全部学生全部课程的总平均成绩。

```
#define N1 6        /*学生数*/
```

C语言程序设计(计算机二级教程)

```c
#define N2 4              /*课程数*/
#include "stdio.h"
main()
{
    int no[N1],nok[N1][N2];
    int i,j,k,k1,num,num1,num2,num3,num4,numk;
    double p[N1][N2],max1,sum=0.0;
    for (j=0;j<N2;j++)
    {
        if (j==0)printf("请输入数学得分:\n");
        else if (j==1)printf("请输入物理得分:\n");
        else if (j==2)printf("请输入化学得分:\n");
        else printf("请输入英语得分:\n");
        for (i=0;i<N1;i++)
        {
            printf("No.%d ",i+1);
            scanf("%lf",&p[i][j]);
        }
    }
    for(j=0;j<N2;j++)
    {
        max1=p[0][j];
        for (i=0;i<N1;i++)
        {
            if(max1<p[i][j])
                max1=p[i][j];
            sum=sum+p[i][j];
        }
        num=1;
        numk=1;
        for (i=0;i<N1;i++)
        {
            if(max1==p[i][j])
            {
                no[num]=i+1;
                num++;
            }
            if(p[i][j]<60.0)
            {
                nok[numk][j]=i;
                numk++;
            }
        }
        if(j==0)
        {
```

```
                num1 = numk - 1;
                printf("数学最高分为:%lf\n",max1);
                printf("学号为:\n");
            }
          else if (j == 1)
            {
                num2 = numk - 1;
                printf("物理最高分为:%lf\n",max1);
                printf("学号为:\n");
            }
          else if (j == 2)
            {
                num3 = numk - 1;
                printf("化学最高分为:%lf\n",max1);
                printf("学号为:\n");
            }
          else
            {
                num4 = numk - 1;
                printf("英语最高分为:%lf\n",max1);
                printf("学号为:\n");
            }
      for (i = 1;i< = num - 1;i++)
        printf("No.%d\n",no[i]);
    }
printf("\n 单科成绩不及格者有:\n");
printf(" = = = = = = = = = = = = = = = = = = = = = = = = = = = = = = =\n");
if (num1 == 0) printf("数学无不及格者！\n");
else
    {
        printf("\n\n 数学不及格者！\n");
        printf("\n 学号  数学  物理  化学  英语 \n");
    }
for (k = 1;k< = num1;k++)
{
    k1 = nok[k][0];
    printf("No.%d:",k1 + 1);
    printf("%-10.4lf%-10.4lf%-10.4lf%-10.4lf%\n",p[k1][0],p[k1][1],
    p[k1][2],p[k1][3]);
}
if (num2 == 0) printf("物理无不及格者！\n");
else
{
    printf("\n\n 物理不及格者！\n");
    printf("\n 学号  数学  物理  化学  英语 \n");
```

```
    }
    for (k = 1;k<= num2;k++)
       {
          k1 = nok[k][1];
          printf("No. %d:",k1+1);
          printf(" %-10.4lf%-10.4lf%-10.4lf%-10.4lf\n",p[k1][0],p[k1][1],
          p[k1][2],p[k1][3]);
       }
    if (num3 == 0) printf("化学无不及格者！\n");
    else
       {
          printf("\n\n 化学不及格者！\n");
          printf("\n 学号 数学 物理 化学 英语 \n");
       }
    for (k = 1;k<= num3;k++)
       {
          k1 = nok[k][2];
          printf("No. %d:",k1+1);
          printf(" %-10.4lf%-10.4lf%-10.4lf%-10.4lf\n",p[k1][0],p[k1][1],
          p[k1][2],p[k1][3]);
       }
    if (num4 == 0) printf("英语无不及格者！\n");
      else
         {
            printf("\n\n 英语不及格者！\n");
            printf("\n 学号 数学 物理 化学 英语 \n");
         }
    for (k = 1;k<= num4;k++)
       {
          k1 = nok[k][3];
          printf("No. %d:",k1+1);
          printf(" %-10.4lf%-10.4lf%-10.4lf%-10.4lf\n",p[k1][0],p[k1][1],
          p[k1][2],p[k1][3]);
       }
    printf(" = = = = = = = = = = = = = = = = = = = = = = = = \n");
    printf("全部学生全部课程的总平均分数 = %10.6lf",sum/N1/N2);
}
```

【例 9.15】把一个整数按大小顺序插入已排好序的数组中。

```
main()
{
   int i,j,p,q,s,n,a[11] = {122,5,6,28,54,68,88,105,155,16};
   for(i = 0;i<10;i++)
   { p = i;q = a[i];
     for(j = i+1;j<10;j++)
```

```
      if(q<a[j]){p=j;q=a[j];}
      if(p!=i)
      {
        s=a[i];
        a[i]=a[p];
        a[p]=s;
      }
      printf("%d",a[i]);
    }
    printf("\ninput number:");
    scanf("%d",&n);
    for(i=0;i<10;i++)
      if(n>a[i])
      {for(s=9;s>=i;s--) a[s+1]=a[s];
      break;}
    a[i]=n;
    for(i=0;i<=10;i++)
      printf("%d",a[i]);
    printf("\n");
}
```

程序运行结果：
155 122 105 88 68 54 28 16 6 5
input number:45
155 122 105 88 68 54 45 28 16 6 5

该程序分为 3 个步骤：排序、寻找插入位置、移位。首先对数组进行排序,然后把插入的数与数组中各数逐个比较,当找到第一个比插入数小的元素 i 时,该元素之前即为插入位置。然后从数组最后一个元素开始到该元素为止,逐个后移一个单元。首先对数组 a 中的 10 个数从大到小排序并输出排序结果,然后输入要插入的整数 n,再用一个 for 语句把 n 和数组元素逐个比较,如果发现有 n>a[i] 时,则由一个内循环把 i 以下各元素值顺次后移一个单元。后移应从后向前进行(从 a[9] 开始到 a[i] 为止)。后移结束跳出外循环。插入点为 i,把 n 赋予 a[i] 即可。如所有的元素均大于被插入数,则并未进行过后移工作。此时 i=10,结果是把 n 赋予 a[10]。最后一个循环输出插入数后的数组各元素值。程序运行时,输入数 45。从结果中可以看出 45 已插入到 54 与 28 之间。

本章小结

通过本章的学习,需要掌握以下四方面的内容：

① 数组的基本概念。数组是程序设计中最常用的数据结构。从维数上分,它可以是一维的,二维的或多维的;从类型上分,它可以是整型、字符型、双精度型等。数组类型说明由类型说明符、数组名、数组长度（数组元素个数）3 部分组成。数组元素又称为下标变量。数组的类型是指下标变量取值的类型。

② 数组可以在定义的同时对其进行初始化,数组中的元素可以通过下标来引用。对于数值型数组不能用赋值语句整体赋值、输入或输出,必须用循环语句逐个对数组元素进行操作,而字符型数组的操作很多都需要通过函数来实现。
③ 字符数组的实际应用以及字符串处理函数的用法。
④ 数组指针和指针数组的基本用法。

历年试题汇集

1. 【2000.9】有如下说明:
   int a[10]={1,2,3,4,5,6,7,8,9,10},*p=a;
   则数值为 9 的表达式是_____。
   A) *P+9　　　　　B) *(P+8)　　　　　C) *P+=9　　　　　D) P+8

2. 【2000.9】有如下程序:

   ```
   main()
   { int  n[5]={0,0,0},i,k=2;
     for(i=0;i<k;i++)  n[i]=n[i]+1;
     printf("%d\n",n[k]);
   }
   ```

   该程序的输出结果是_____。
   A) 不确定的值　　B) 2　　　　　　C) 1　　　　　　D) 0

3. 【2000.9】若有以下的定义:int t[3][2];能正确表示 t 数组元素地址的表达式是_____。
   A) &t[3][2]　　　B) t[3]　　　　　C) t[1]　　　　　D) t[2]

4. 【2000.9】有如下程序:

   ```
   main()
   { int  a[3][3]={{1,2},{3,4},{5,6}},i,j,s=0;
     for(i=1;i<3;i++)
       for(j=0;j<i;j++) s+=a[i][j];
     printf("%d\n",s);
   }
   ```

   该程序的输出结果是_____。
   A) 18　　　　　　B) 19　　　　　　C) 20　　　　　　D) 21

5. 【2000.9】若有以下定义,则不移动指针 p,且通过指针 p 引用值为 98 的数组元素的表达式是_____。

   int   w[10]={23,54,10,33,47,98,72,80,61}, *p=w;

6. 【2000.9】设在主函数中有以下定义和函数调用语句,且 fun 函数为 void 类型;请写出 fun 函数的首部_____。要求形参名为 b。

   void fun(double b[][22])
      或 void fun(double b[0][22])
      或 void fun(double (*b)[22])

```
main()
{ double   s[10][22];
  int   n;
  ⋮
  fun(s);
  ⋮
}
```

7.【2001.9】以下定义语句中,错误的是_____。

A) int   a[]={1,2};   B) char   *a[3];

C) char s[10]="test";   D) int   n=5,a[n];

8.【2001.9】假定 int 类型变量占用两个字节,其有定义:int   x[10]={0,2,4};,则数组 x 在内存中所占字节数是_____。

A) 3   B) 6   C) 10   D) 20

9.【2001.9】以下程序的输出结果是_____。

```
main()
{ int   i,a[10];
  for(i=9;i>=0;i--)   a[i]=10-i;
  printf("%d%d%d",a[2],a[5],a[8]);
}
```

A) 258   B) 741   C) 852   D) 369

10.【2001.9】以下数组定义中不正确的是_____。

A) int   a[2][3];

B) int   b[][3]={0,1,2,3};

C) int   c[100][100]={0};

D) int   d[3][]={{1,2},{1,2,3},{1,2,3,4}};

11.【2001.9】以下程序的输出结果是_____。

```
main()
{ int   a[4][4]={{1,3,5},{2,4,6},{3,5,7}};
  printf("%d%d%d%d\n",a[0][3],a[1][2],a[2][1],a[3][0]);
}
```

A) 0650   B) 1470   C) 5430   D) 输出值不定

12.【2001.9】以下程序的输出结果是_____。

```
main()
{ char   st[20]="hello\0\t\\";
  printf("%d %d \n",strlen(st),sizeof(st));
}
```

A) 9 9   B) 5 20   C) 13 20   D) 20 20

13.【2001.9】以下选项中,不能正确赋值的是_____。

A) char   s1[10];s1="Ctest";

B) char　　s2[]={'C','t','e','s','t'};
C) char　　s3[20]="Ctest";
D) char　　*s4="Ctest\n"

14. 【2001.9】以下程序的输出结果是_____。

```
amovep(int p, int (a)[3],int n)
{ int   i,j;
   for( i=0;i<;i++)
   for(j=0;j<n;j++){  *p=a[i][j];p++; }
}
main()
{ int   *p,a[3][3]={{1,3,5},{2,4,6}};
   p=(int *)malloc(100);
   amovep(p,a,3);
   printf("%d %d \n",p[2],p[5]);free(p);
}
```

A) 56　　　　　　　B) 25　　　　　　　C) 34　　　　　　　D) 程序错误

15. 【2001.9】若已定义"int   a[10],i;"，以下 fun 函数的功能是：在第一个循环中给前 10 个数组元素依次赋 1、2、3、4、5、6、7、8、9、10；在第二个循环中使 a 数组前 10 个元素中的值对称折叠，变成 1、2、3、4、5、5、4、3、2、1。请填空。

```
fun( int  a[ ])
{ int   i;
   for(i=1; i<=10; i++)_____ = i;
   for(i=0; i<5; i++)_____ = a[i];
}
```

16. 【2001.9】以下程序运行后的输出结果是_____。

```
main()
{ char  s[]="9876",*p;
   for ( p=s ; p<s+2 ; p++)  printf("%s\n", p);
}
```

17. 【2001.9】若有定义语句"char   s[100],d[100]; int   j=0,i=0;"，且 s 中已赋字符串，请填空以实现字符串拷贝（注：不得使用逗号表达式）。

```
while([i]){ d[j] = _____;j++;}
d[j] = 0;
```

18. 【2002.9】以下程序中函数 sort 的功能是对 a 所指数组中的数据进行由大到小的排序：

```
void sort(int a[],int n)
{ int   i,j,t;
   for(i=0;i<n-1;i++
   for(j=i+1,j<n;j++)
      if(a[i]<a[j])  {t=a[i];a[i]=a[j];a[j]=t;}
}
```

```
main()
{ int aa[10]={1,2,3,4,5,6,7,8,9,10},i;
sort(&aa[3],5);
for(i=o;i<10;i++)   print("%d,",aa[i]);
printf("\n");
}
```

程序运行后的输出结果是_____。
A) 1,2,3,4,5,6,7,8,9,10   B) 10,9,8,7,6,5,4,3,2,1,
C) 1,2,3,8,7,6,5,4,9,10   D) 1,2,10,9,8,7,6,5,4,3

19.【2002.9】有以下程序：

```
main()
{ char a[]={'a','b','c','d','e','f','g','h','\0'}; int  i,j;
i=sizeof(a);    j=strlen(a);
printf("%d,%d\b"i,j);
}
```

程序运行后的输出结果是_____。
A) 9,9   B) 8,9   C) 1,8   D) 9,8

20.【2002.9】以下程序中函数 reverse 的功能是将 a 所指数组中的内容进行逆置：

```
void reverse(int a[],int n)
{ int i,t;
    for(i=0;i<n/2;i++)
    { t=a[i]; a[i]=a[n-1-i];a[n-1-i]=t;}
}
main()
{ int  b[10]={1,2,3,4,5,6,7,8,9,10}; int i,s=0;
  reverse(b,8);
  for(i=6;i<10;i++) s+=b[i];
  printf("%d\n",s);
}
```

程序运行后的输出结果是_____。
A) 22   B) 10   C) 34   D) 30

21.【2002.9】有以下程序：

```
main()
{ int aa[4][4]={{1,2,3,4},{5,6,7,8},{3,9,10,2},{4,2,9,6}};
    int i,s=0
    for(i=0;i<4;i++)   s+=aa[i][1];
    printf("%d\n",s);
}
```

程序运行后的输出结果是_____。
A) 11   B) 19   C) 13   D) 20

22.【2002.9】有以下程序：
```
#include <string.h>
main()
{ char *p="abcde\0fghjik\0";
  printf("%d\n",strlen(p));
}
```
程序运行后的输出结果是_____。
A) 12   B) 15   C) 6   D) 5

23.【2002.9】有以下程序：
```
void ss(char *s,char t)
{ while(*s)
   { if(*s==t) *s=t-'a'+'A';
     s++;
   }
}
main()
{ char str1[100]="abcddfefdbd",c='d';
  ss(str1,c);    printf("%s\n",str1);
}
```
程序运行后的输出结果是_____。
A) ABCDDEFEDBD   B) abcDDfefDbD
C) abcAAfefAbA   D) Abcddfefdbd

24.【2002.9】以下程序中函数 f 的功能是将 n 个字符串按由大到小的顺序进行排序：
```
#include <string.h>
void f(char p[][10],int n)
{ char t[20];   int i,j;
  for(i=0;i<n-1;i++)
   for(j=i+1;j<n;j++)
    if(strcmp(p[i],p[j])<0)
      { strcpy(t,p[i]);strcpy(p[i],p[j]);strcpy(p[j],t);}
}
main()
{ char p[][10]={"abc","aabdfg","abbd","dcdbe","cd"};int i;
  f(p,5);  printf("%d\n",strlen(p[0]));
}
```
程序运行后的输出结果是_____。
A) 6   B) 4   C) 5   D) 3

25.【2002.9】fun 函数的功能是：首先对 a 所指的 N 行 N 列的矩阵，找出各行中最大的数，再将这 N 个最大值中的最小的那个数作为函数值返回。请填空。
```
#include <stdio.h>
```

```
#define  N  100
int  fun(int(*a)[N])
{ int  row,col,max,min;
  for(row=0;row<N;row++)
    { for(max=a[row][0],col=1;col<N;col++)
        if(_____)max=a[row][col];
      if(row==0)min=max;
      else if(_____)min=max;
    }
  return  min;
}
```

26.【2002.9】函数 sstrcmp() 的功能是对两个字符串进行比较。当 s 所指字符串和 t 所指字符串相等时,返回值为 0;当 s 所指字符串大于 t 所指字符串时,返回值大于 0;当 s 所指字符串小于 t 所指字符串时,返回值小于 0(功能等同于库函数 strcmp())。请填空。

```
#include  <stdio.h>
int sstrcmp(char *s,char *t)
{ while(*s&&*t&&  *s==_____)
    { s++;t++;}
  return  _____;
}
```

27.【2003.9】以下不能正确定义二维数组的选项是_____。
  A) int a[2][2]={{1},{2}};   B) int a[][2]={1,2,3,4};
  C) int a[2][2]={{1},2,3};   D) int a[2][]={{1,2},{3,4}};

28.【2003.9】以下能正确定义一维数组的选项是_____。
  A) int num[];   B) #define N 100
                                           Int num[N];
  C) int num[0..100];   D) int N=100;
     int num[N];

29.【2003.9】下列选项中正确的语句组是_____。
  A) char s[8]; s={"Beijing"};   B) char *s; s={"Beijing"};
  C) char s[8]; s="Beijing";   D) char *s; s="Beijing";

30.【2003.9】若有定义:int *p[3];,则以下叙述中正确的是_____。
  A) 定义了一个基类型为 int 的指针变量 p,该变量具有 3 个指针
  B) 定义了一个指针数组 p,该数组含有 3 个元素,每个元素都是基类型为 int 的指针
  C) 定义了一个名为 *p 的整型数组,该数组含有 3 个 int 类型元素
  D) 定义了一个可指向一维数组的指针变量 p,所指一维数组应具有 3 个 int 类型元素

31.【2003.9】有以下程序:
```
#include  <string.h>
main()
{ char  str[][20]={"Hello","Beijing"},*p=str;
```

```
            printf("%d\n",strlin(p+20));
        }
```
程序运行后的输出结果是_____。

A) 0　　　　　B) 5　　　　　C) 7　　　　　D) 20

32.【2004.9】以下能正确定义二维数组的是_____。

A) int a[][3];　　　　　　　　B) int a[][3]=2{2*3};

C) int a[][3]={};　　　　　　D) int a[2][3]={{1},{2},{3,4}};

33.【2004.9】有以下程序：

```
int f(int a)
{ return a%2; }
main()
{ int s[8]={1,3,5,2,4,6},i,d=0;
    for(i=0;f(s);i++) d+=s;
    printf("%d\n",d);
}
```

程序运行后的输出结果是_____。

A) 9　　　　　B) 11　　　　　C) 19　　　　　D) 21

34.【2004.9】若有以下说明和语句,int c[4][5],(*p)[5];p=c;能正确引用c数组元素的是_____。

A) p+1　　　B) *(p+3)　　　C) *(p+1)+3　　　D) *(p[0]+2))

35.【2004.9】s12和s2已正确定义并分别指向两个字符串。若要求:当s1所指串大于s2所指串时,执行语句S;则以下选项中正确的是_____。

A) if(s1>s2)S;　　　　　　　　B) if(strcmp(s1,s2))S;

C) if(strcmp(s2,s1)>0)S;　　　D) if(strcmp(s1,s2)>0)S;

36.【2004.9】设有定义语句：

int x[6]={2,4,6,8,5,7},*p=x,i;

要求依次输出x数组6个元素中的值,不能完成此操作的语句是_____。

A) for(i=0;i<6;i++) printf("%2d",*(p++));

B) for(i=0;i<6;i++) printf("%2d",*(p+i));

C) for(i=0;i<6;i++) printf("%2d",*p++);

D) for(i=0;i<6;i++) printf("%2d",(*p)++);

37.【2004.9】有以下程序：

```
#include
main()
{ int a[]={1,2,3,4,5,6,7,8,9,10,11,12,},*p=a+5,*q=NULL;
    *q=*(p+5);
    printf("%d %d\n",*p,*1);
}
```

程序运行后的输出结果是_____。

A) 运行后报错   B) 6 6   C) 6 11   D) 5 10

38.【2005.9】若有语句:char *line[5];,以下叙述中正确的是_____。

A) 定义 line 是一个数组,每个数组元素是一个基类型为 char 的指针变量

B) 定义 line 是一个指针变量,该变量可以指向一个长度为 5 的字符型数组

C) 定义 line 是一个指针数组,语句中的 * 号称为间址运算符

D) 定义 line 是一个指向字符型函数的指针

39.【2005.9】有以下程序:

```
main()
{ int a[10]={1,2,3,4,5,6,7,8,9,10},*p=&a[3],*q=p+2;
  printf("%d\n",*p+*q);
}
```

程序运行后的输出结果是_____。

A) 16   B) 10   C) 8   D) 6

40.【2005.9】有以下程序:

```
main()
{ char p[]={'a','b','c'},q[]="abc";
  printf("%d %d\n",sizeof(p),sizeof(q));
};
```

程序运行后的输出结果是_____。

A) 4 4   B) 3 3   C) 3 4   D) 4 3

41.【2005.9】有以下程序:

```
main()
{ int a[]={2,4,6,8,10},y=0,x,*p;
  p=&a[1];
  for(x=1; x<3; x++) y+=p[x];
  printf("%d\n",y);
}
```

程序运行后的输出结果是_____。

A) 10   B) 11   C) 14   D) 15

42.【2005.9】有以下程序:

```
void sort(int a[], int n)
{ int i, j ,t;
  for (i=0; i
    for (j=i+1; j
      if (a[i]
}
main()
{ int aa[10]={1,2,3,4,5,6,7,8,9,10}, i;
  sort(aa+2, 5);
  for (i=0; i<10; i++) printf("%d,",aa[i]);
```

```
        printf("\n");
    }
```

程序运行后的输出结果是_____。
A) 1,2,3,4,5,6,7,8,9,10,   B) 1,2,7,6,3,4,5,8,9,10,
C) 1,2,7,6,5,4,3,8,9,10,   D) 1,2,9,8,7,6,5,4,3,10,

43.【2005.9】有以下程序：
```
void sum(int a[])
{ a[0] = a[-1]+a[1]; }
main()
{ int a[10]={1,2,3,4,5,6,7,8,9,10};
  sum(&a[2]);
  printf("%d\n", a[2]);
}
```
程序运行后的输出结果是_____。
A) 6   B) 7   C) 5   D) 8

44.【2005.9】有以下程序：
```
void swap1(int c0[], int c1[])
{ int t;
  t = c0[0]; c0[0] = c1[0]; c1[0] = t;
}
void swap2(int *c0, int *c1)
{ int t;
  t = *c0; *c0 = *c1; *c1 = t;
}
main()
{ int a[2]={3,5}, b[2]={3,5};
  swap1(a, a+1); swap2(&b[0], &b[1]);
  printf("%d %d %d %d\n",a[0],a[1],b[0],b[1]);
}
```

程序运行后的输出结果是_____。
A) 3 5 5 3   B) 5 3 3 5   C) 3 5 3 5   D) 5 3 5 3

课后练习

一、选择题
1. 以下为一维整型数组 a 正确说明的是（ ）。
   A) int a(10);   B) int n=10,a[n];
   C) int n;   D) #define SIZE 10;
      scanf("%d",&n);   int a[SIZE];
      int a[n];

2. 以下对二维数组 a 的正确说明是（　　）。
   A) int a[3][];
   B) float a(3,4);
   C) double a[1][4]
   D) float a(3)(4);

3. 若二维数组 a 有 m 列，则计算任一元素 a[i][j]在数组中位置的公式为（　　）。
   （假设 a[0][0]位于数组的第一个位置上）。
   A) i*m+j
   B) j*m+i
   C) i*m+j−1
   D) i*m+j+1

4. 若二维数组 a 有 m 列，则在 a[i][j]前的元素个数为（　　）。
   A) j*m+i
   B) i*m+j
   C) i*m+j−1
   D) i*m+j+1

5. 若有以下程序段：

   ```
   int a[]={4,0,2,3,1},i,j,t;
     for(i=1;i<5;i++)
        {t=a[i];j=i-1;
           while(j>=0&&t>a[j])
              {a[j+1]=a[j];j--;}
           a[j+1]=t;}
   ...
   ```

   则该程序段的功能是（　　）。
   A) 对数组 a 进行插入排序（升序）
   B) 对数组 a 进行插入排序（降序）
   C) 对数组 a 进行选择排序（升序）
   D) 对数组 a 进行选择排序（降序）

6. 有两个字符数组 a、b，则以下正确的输入语句是（　　）。
   A) gets(a,b);
   B) scanf("%s%s",a,b);
   C) scanf("%s%s",&a,&b);
   D) gets("a"),gets("b");

7. 下面程序段的运行结果是（　　）。

   ```
   char a[7]="abcdef";
   char b[4]="ABC";
   strcpy(a,b);
   printf("%c",a[5]);
   ```

   A) 空格
   B) \0
   C) e
   D) f

8. 判断字符串 s1 是否大于字符串 s2，应当使用（　　）。
   A) if(s1>s2)
   B) if(strcmp(s1,s2))
   C) if(strcmp(s2,s1)>0)
   D) if(strcmp(s1,s2)>0)

9. 下面程序的功能是从键盘输入一行字符，统计其中有多少个单词，单词之间用空格分隔，请填空。

   ```
   #include <stdio.h>
   main()
   {
      char s[80],c1,c2=' ';
   ```

```
        int i = 0, num = 1;
        gets(s);
        while(s[i]! = '\0')
          {c1 = s[i];
          if(i = = 0)c2 = ' ';
          else c2 = s[i - 1];
          if(_____)num + +
          i + + ;
          }
        printf("There are % d words.\n",num);
}
```

A) c1 = = " && c2 = = "   B) c1! = " && c2 = = "
C) c1 = = " && c2! = "   D) c1! = " && c2! = "

10. 下面程序的运行结果是(   )。

```
# include <stdio.h>
main()
  {char str[] = "SSSWLIA",c;
    int k;
    for(k = 2;(c = str[k])! = '\0';k + +)
      {switch(c)
      {case 'I': + +k;break;
      case 'L':continue;
      default:putchar(c);continue;
      }
      putchar('*');
    }
  }
```

A) SSW*   B) SW*   C) SW*A   D) SW

二、填空题

1. 在C语言中,二维数组的元素在内存中的存放顺序是_____。
2. 若有定义：double x[5][7],则 x 数组中行下标的下限为_____,列下标的下限为_____。
3. 若有定义：int a[3][4]={{5,2},{7},{4,6,8,16}};则初始化后,a[1][2]的值为_____, a[2][1]得到的值为_____。
4. 字符串"abcd\n\\015\\"的长度是_____。
5. 下面程序段的运行结果是_____。

```
char x[ ] = "the teacher";
int i = 0;
while (x[ + +i]! = '\0')
  if (x[i - 1] = = 't') printf("% c",x[i]);
```

6. 若将字符串 s1 复制到字符串 s2 中,其语句是_____。如果在程序中调用了 strcat 函数,则需要预处理命令_____。如果调用了 gets 函数,则需要预处理命令_____。

7. 以下程序的输出结果是_____。

```
main()
{
    int i,x[3][3]={1,2,3,4,5,6,7,8,9};
    for(i=0;i<3;i++)
        printf("%d",x[i][2-i]);
}
```

8. C 语言数组的下标总是从_____开始,不可以为负数;构成数组各个元素具有相同的_____。

9. 下面程序可求出矩阵 a 的主对角线上的元素之和,请填空。

```
main()
{
    int a[3][3]={1,3,5,7,9,11,13,15,17},sum=0,i,j;
    for(i=0;i<3;i++)
        for(j=0;j<3;j++)
            if(_____) sum=sum+_____;
    printf("sum=%d\n",sum);
}
```

10. 以下程序的功能是:从键盘上输入一行字符,存入一个字符数组中,构成一个字符串,并将该字符串复制到字符数组 sptr 中,然后输出字符数组 sptr 的内容。请填空。

```
#include "ctype.h"
#include "stdio.h"
main()
{
    char str[80],sptr[80];
    int i,j;
    for(i=0;i<80;i++)
    {
        str[i]=getchar();
        if(str[i]=='\n')
            break;
    }
    str[i]=____;
    for(j=0;j<____;j++)
    {
        sptr[j]=str[j];
        putchar(sptr[j]);
    }
}
```

三、程序阅读题
1. 写出下面程序的运行结果。

```c
main()
{
    int a[6][6],i,j;
    for (i=1; i<6; i++)
        for (j=1; j<6; j++)
            a[i][j]=(i/j)*(j/i);
    for (i=1;i<6; i++)
    {
        for (j=1; j<6; j++)
            printf("%2d",a[i][j]);
        printf("\n");
    }
}
```

2. 当从键盘输入 18 并回车后,写出下面程序的运行结果。

```c
main()
{
    int x,y,i,a[8],j,u,v;
    scanf("%d",&x);
    y=x;i=0;
    do
    {
        u=y/2;
        a[i]=y%2;
        i++;
        y=u;
    }while(y>=1);
    for(j=i-1;j>=0;j--)
        printf("%d",a[j]);
}
```

3. 当运行下面程序时,从键盘上输入 AbcD↙,则写出下面程序的运行结果。

```c
main()
{
    char s[80];
    int i=0;
    gets(s);
    while (s[i]!='\0')
    {
        if (s[i]<='z' && s[i]>='a')
            s[i]='z'+'a'-s[i];
        i++;
    }
}
```

```
    puts(s);
}
```

4. 写出下面程序的运行结果。

```
main( )
{
  int i,c;
  char s[2][5]={"8980","9198"};
  for (i=3; i>=0 ; i--)
  {
    c=s[0][i]+s[1][i]-2*'0';
    s[0][j]=c%10+'\0';
  }
  for (i=0; i<=1; i++)
    puts(s[i]);
}
```

5. 写出下面程序的运行结果。

```
main()
{
  char s[]="ABCCDA";
  int k;char c;
  for(k=1;(c=s[k])!='\0';k++)
  {
    switch(c)
    {
      case'A':  putchar('%');continue;
      case 'B':  ++k;break;
      default:   putchar('*');
      case 'C':  putchar('&');continue;
    }
    putchar('#');
  }
}
```

四、编程题

1. 输入 10 个字符,并将它们逆序输出。
2. 编写程序,将两个一维数组中的对应元素的值相减后显示出来。
3. 编写程序把数组中的所有奇数放在另一个数组中返回。
4. 若某数的平方具有对称性质,则该数称为回文数,如 11 的平方为 121,称 11 为回文数,试找出 1~256 之间的所有回文数。

第 10 章

用户标识符的作用域和存储类型

【本章考点和学习目标】
1. 用户标识符的作用域。
2. 用户标识符的存储类型。
3. 函数的存储类型。

【本章重难点】
重点:用户标识符的作用域。
难点:用户标识符的存储类型。

变量在内存中存储的时候,根据存储的时间、空间的不同以不同的类型存储在内存中,可以划分为不同的存储类型。而变量在使用的使用根据定义的位置可以决定变量作用范围的大小。

10.1 用户标识符的作用域

作用域指标识符发挥作用的范围,在该范围里标识符可正常访问。例如函数的形参变量只在该函数体内有效,离开该函数就不能再用了。

从标识符的作用域来看,标识符分为局部标识符、全局标识符和外部标识符。

局部标识符只在定义该标识符的程序块内部发挥作用,一旦离开该程序块,这个标识符就不能访问了。

全局标识符不属于任何程序块,可以在定义该标识符的源文件中的任何地方访问,每个函数都能访问全局标识符。

外部标识符不仅可以在定义它的源文件内使用,也可以在其它源文件中访问。也就是说,外部标识符是跨文件使用的。

10.2 用户标识符的存储类型

在 C 语言中,有些标识符必须保存到计算机的存储单元中,因为存储的空间、时间不同,这些标识符就以不同的类型存储在内存单元中。

从存储时间角度来看,标识符可以分为静态存储标识符和动态存储标识符。

静态存储是指在编译时就为标识符分配存储单元,从程序开始执行直至程序结束,其存储单元一直保持标识符的值。例如全局变量就属于这种存储方式。

动态存储是指在程序执行过程中,当需要使用到该标识符时才分配存储单元,使用完毕后立即释放占用的存储单元。动态存储标识符在程序运行期间分配的存储空间不是固定的,每次可能都不相同。函数使用的局部变量就属于这种存储方式。

从存储空间角度来看,标识符可以被分配到程序区、静态存储区、动态存储区和寄存器。对于一个具体标识符来说,分配到哪一部分空间与很多因素有关,如标识符的限定符、操作系统、C编译器版本、计算机处理器类型等。

常量的值是固定的,它也有存储类型,但常量的存储类型与编译器有很大关系。有的C编译器可能把常量存放到程序区,有的可能存储到数据区,有的可能根本就不存储,而直接引用常量。

变量的存储类型是由为它分配空间的程序决定的。也就是说,一旦变量的空间被指定,它的存储类型也就确定了。

10.3 用户标识符的生存期

生存期表示用户标识符允许访问的时间。静态存储标识符是一直存在的(与程序共存亡),而动态存储标识符的生存期则由程序来决定。因此它们的生存期不同。

生存期和作用域是从时间和空间两个不同的方面描述标识符的特性,两者既有关联,又有区别。标识符的存储类型决定了其生存期和作用域。

10.3.1 静态变量的存储类型和作用域

静态存储变量包括以下类型:全局变量、static 变量、extern 变量。
限定符一般位于变量定义的前面,用于指定其存储类型,如:

```
static unsigned int i;
```

静态存储变量具有如下共同的特征:
① 它们都存储在内存的静态存储区,地址是在编译时分配的,在程序运行期间不发生变化,变量的值也一直保存。
② 静态存储变量具有永久生存期,即与程序共存亡。
③ 初始化属性:静态存储变量在编译时分配存储单元,可以在变量声明时赋初值。若未赋初值,有的编译器会自动初始化,有的可能不会。

当局部变量使用 static 限定符时,其存储类型不再是动态的,而成为静态存储变量。
当全局变量使用 static 时,将限定该变量只在该源文件中使用,其它源文件中不得使用。
当使用 extern 声明外部变量时,要求该外部变量必须是全局变量,在定义该变量时不得使用 static 限定符。

10.3.2 动态变量的存储类型和作用域

函数以及复合语句中定义的自动变量、函数的形参都属于动态存储变量,其特性是:
① 仅当函数或复合语句被执行时,系统才给它们分配存储单元。

② 不赋初值,其初值是随机的。
③ 调用结束后,动态存储变量空间由系统回收,变量消失。
④ 动态存储变量为局部变量,只在定义的函数或复合语句中起作用。

动态存储变量包括以下类型:auto 自动变量、register 变量、函数的形式参数。

auto 是局部变量的缺省类型。在函数或复合语句内定义变量时,如果未指定存储类型,编译器就认为该变量为自动变量。auto 变量的作用域就是该变量定义所在的程序块。如果自动变量在一个函数内定义,则它的作用域就是这个函数。如果自动变量在一个复合语句内定义,其作用域就是该复合语句。自动变量不能在作用域以外的任何地方访问。

当使用 register 限定符定义变量时,并不能保证该变量一定存储在处理器的寄存器中。该限定符只是希望 C 编译器尽量把这种类型的变量放到寄存器中,以加快处理速度。只有局部自动变量和形式参数可以作为寄存器变量,局部静态变量不能定义为寄存器变量。

生存期:仅当定义动态存储变量的函数被调用时,系统才给动态存储变量分配空间,调用结束后,动态变量的存储单元被释放。因此,动态变量无继承性,即在函数两次被调用之间,动态变量的值不保留,除非使用 static 限定符。

初始化属性:程序运行到函数或复合语句时才为动态存储变量分配存储单元并初始化(赋初值)。如未赋初值,则存储值是随机的。初值可为任意的有值表达式,例如:

```
float   mult(float  a, float  b)
{ int   i = 3, j = 4;
  double   x = a * i, y = 2 * sqrt(b)/j;
  …
}
```

作用域:动态存储变量都是局部变量。由于局部变量可屏蔽同名的全局变量,不同函数或复合语句中均可定义同名变量而不会混淆。

使用动态变量的优点:
① 由于只在运行到定义动态变量的函数或复合语句时才存在,可节省存储空间。
② 由于不同局部可定义同名变量而互不相关,局部变量还可以屏蔽全局变量,程序员只需从局部考虑定义合适的变量,而不用考虑是否与其它局部或全局变量同名,使用方便且便于阅读和理解程序。

10.3.3　局部变量的作用域和生存期

在函数内部定义的变量、形参和复合语句内定义的变量称为局部变量,其作用域仅限于函数内或复合语句内,离开该函数或该复合语句再使用这些变量是非法的。因此,在不同的函数内及复合语句内可以定义同名的局部变量,这些变量之间不会发生冲突。

编译系统开始并不给局部变量分配内存,只在程序运行过程中,当局部变量所在的函数被调用时才临时分配内存,调用结束立即释放。

【例 10.1】复合语句中的局部变量。

```
main()
{ int t = 10;
    { /* 复合语句开始 */
```

```
        int t = 20;
        printf("in:%d\n",t);
    }            /*复合语句结束*/
    printf("out:%d\n",t);
}
```

1. auto 局部变量

自动变量存放在内存的动态区,其定义形式为:

　　[auto] 类型　变量名[＝初值],变量名[＝初值],…;

其中的 auto 可以省略。如定义自动变量:auto int a＝2;也可以写成:int a＝2;
以前所用的变量(包括函数和复合语句中定义的变量)与函数的形参都是自动变量。

2. register 局部变量

寄存器类型变量定义的一般形式为:

　　register　数据类型　变量名[＝初值],变量名[＝初值],…;

寄存器类型也属于动态存储方式,其生存期和作用域与自动类型变量相同,只不过系统把这类变量直接分配在 CPU 的通用寄存器中,因而无地址(不能用取地址运算符 & 作用)。当需要使用这些变量时,无须访问内存,直接从寄存器中读写,提高了效率。一般寄存器变量只能是 int、char 或指针型,当 CPU 无法分配寄存器时,编译系统会自动地将寄存器变量变为自动变量。

一般把使用频繁的变量(如循环变量)设置成寄存器变量。

【例 10.2】寄存器变量的使用。

```
main()
{
 register int k,s = 0;
 for(k = 1;k<= 10;k++) s += k;
 printf("s = %d\n",s);
}
```

3. static 变量

静态变量定义的一般形式为:

　　static　数据类型　变量名[＝初值],变量名[＝初值],…;

如:

　　static int a＝1,b＝2,c＝3;

静态变量有静态局部变量和静态全局变量两种。静态局部变量为函数或复合语句内部定义的静态变量。静态局部变量的作用域为在其所定义的函数或复合语句内部,这一点与自动变量相同。与自动变量的不同在于:

① 生存期:静态局部变量与程序共同生存或消亡,当其所在函数被调用结束后,其值保存,下次调用时原来保存的数据有效,因此具有继承性。

② 初始化属性:静态局部变量在编译时初始化,它所在函数被多次调用时,其初始化语句只在第一次运行时起作用。

【例10.3】静态局部变量的继承性。
```
#include <stdio.h>
void fun()
{static int a=0;              /*定义变量a为静态局部变量*/
 a+=2;printf("%2d",a);
}
main()
{int n;
 for(n=1;n<=3;n++) fun();    /*函数调用*/
 printf("\n");
}
```

10.4 全局变量的作用域和生存期

在所有函数(包括 main 函数)之外定义的变量称为全局变量,它不属于任何函数,而属于所在的源程序文件,其作用域是从定义的位置开始到源程序文件结束,并且默认初值为0。

10.4.1 全局变量的作用域和生存期

如果要在定义之前使用该全局变量,则要用 extern 加以说明,即可扩展全局变量的作用域(视说明语句的位置而定)。外部变量的定义和说明(声明)的不同之处在于:

① 外部变量的定义必须在所有函数之外,且只能定义一次。其一般形式为:

类型 变量名1[=初值],…,变量名n[=初值];

外部变量的声明出现在要使用该外部变量的地方(外部变量的作用域达不到的地方,可以是函数内部,对一个外部变量可多处说明)。

外部变量说明的一般形式为:

extern 类型 变量名1,…,变量名n;

② 外部变量在编译时就分配内存空间,在定义的同时可以赋初值,若不赋初值则系统自动赋给0值;而外部变量的说明只是表明在该外部变量作用域达不到的地方要使用外部变量,不能在说明语句中赋初值。

在一个源程序中,全局变量和局部变量可以同名。在局部变量有效的范围内,全局变量不起作用(被屏蔽)。

【例10.4】写出下面程序的运行结果。
```
int a=5;                      /*外部变量定义*/
main()
{ void funn();                /*函数声明*/
  int a=10;                   /*局部变量定义*/
  printf("1: a=%d\n",a);
    {/*复合语句开始*/
      extern int a;           /*外部变量的声明*/
      printf("2: a=%d\n",a);
```

```
                    /*此时局部变量a无效,引用外部变量a*/
    } /*复合语句结束*/
    funn();                    /*函数调用*/
}
void funn()                    /*函数定义*/
{printf("3: a=%d\n",a);        /*引用外部变量a*/
}
```

10.4.2 在同一编译单位内用 extern 说明全局变量的作用域

如果引用全局变量的函数定义在前面,而全局变量定义在函数之后,则应在引用它的函数内用 extern 对全局变量进行说明,告诉编译程序该变量已经在外部定义过了,不需要再为它另外分配存储空间。该变量的作用域从用 extern 说明的地方开始,一直到该函数末尾。

全局变量的说明和全局变量的定义是两个概念。全局变量的说明可以在程序中出现多次,而且不为全局变量分配空间,只是告诉编译器存在这样一个变量,程序可以引用它。而全局变量的定义在程序中只能出现一次,并为全局变量分配存储空间。

全局变量的定义必须对变量进行详细定义,如数组的下标必须明确。全局变量的说明则可以忽略变量的一些细节,如数组的下标可以省略。

10.4.3 在不同编译单位内用 extern 说明全局变量的作用域

一个由 C 语言程序构成的工程可以有多个源文件,每个源文件都可以单独编译。可进行单独编译的源文件称为"编译单位"。当一个工程有多个编译单位时,如果某些编译单位需要引用同一个全局变量,则不应该在每个编译单位都定义同名的全局变量,只需要在其中的一个编译单位中定义该全局变量,而在其它用到该全局变量的编译单位中用 extern 对该全局变量进行说明,声明该全局变量已经在其它编译单位进行了定义,不要再为它开辟新的存储空间。

10.4.4 static 全局变量

在函数外部定义的 static 变量叫静态全局变量。静态全局变量的作用域是从该源文件的定义处起直至文件结束止。其格式为:

　　　　static　　数据类型　　变量名[=值]，变量名[=值]，…；

将其作用范围扩展到本源文件的所有函数,但不能在其它源文件中引用。这一点与普通的全局变量不同。

使用静态全局变量的好处是:既在本源文件中处处可用,又在源文件间保持独立,各源文件中可定义同名的静态全局变量。

【例 10.5】静态全局变量的应用——产生随机数程序。

```
static  unsigned  int  r;      /*定义静态全局变量r*/
random(void)                   /*产生1个无符号随机整数的函数*/
{ r=(r*123+59)%65536; return(r);}
main()
{ int  i, n;
  printf("请输入种子:");
```

```
    scanf("%d",&n);
    r = n;                              /* r 取得一个初始值即种子 */
    for(i = 1;i<= 10;i++)
      { printf("%7u", random());        /* 调用产生随机数函数 */
         if(i%5 = = 0)printf("\n");
      }
}
```

10.5　函数的存储类型

函数的本质是全局的,即函数定义后可通过函数声明在程序的所有源程序文件的函数中调用。为了限制函数的调用范围,可将函数定义成源文件的静态函数。

1. 内部函数(或静态函数)

在函数定义的前面加 static,即函数首部为:
　　　　static　　类型说明符　函数名(形参表)
则该函数只能被本源文件中其它函数调用,该函数称为内部函数(或静态函数)。如"static double fun1(int a){…函数体…}"。

使用内部函数,可以使函数仅局限于所在的文件,这样在不同文件中同名内部函数之间互不干扰。通常把只能由同一文件使用的函数和外部变量放入一个文件中,并在它们前面加上 static,使之局部化,这样其它文件就不能引用。

2. 外部函数

所有函数默认都是外部的。为了明显地表示该函数是外部函数,可供其它函数调用,可在函数定义的前面加 extern,即函数首部为:
　　　　[extern]　类型说明符　函数名(形参表)
如:
　　extern long fun2(int x){…函数体…}
这样函数 fun2 就可以被其它函数调用。C 语言规定:若在定义函数时省略 extern,则隐含为外部函数。本书前面所用的函数都是外部函数。

若在函数中需要调用外部(即其它文件中的)函数,则要进行函数声明,其形式为:
　　　　[extern]　类型说明符　函数名(形参表);

本章小结

本章主要介绍了变量的作用域和存储类型,要求掌握不同的存储类型和变量的作用域的变化。

历年试题汇集

1.【2000.4】假定下列程序的可执行文件名为 prg.exe,则在该程序所在的子目录下输入命令行：prg hello good＜回车＞后，程序的输出结果是_____。

A) hello good　　　B) hg　　　C) hel　　　D) hellogood

```
main()(int argc, char *argv[])
  { int  i;
    if(argc<-0)return;
    for(i=1;i<argc;i++) printf("%c", *argv[i]);
  }
```

2. 【2000.9】在 C 语言中，函数的隐含存储类别是_____。

A) auto　　　B) static　　　C) extern　　　D) 无存储类别

3. 【2000.9】若有以下说明和定义：

```
fun(int *c){   }
main()
{ int  (*a)() = fun, *b(), w[10], c;
    ⋮
}
```

在必要的赋值之后，对 fun 函数的正确调用语句是_____。

A) a=a(w);　　　B) (*a)(&c);　　　C) b=*b(w);　　　D) fun(b);

4. 【2000.9】以下程序的输出结果是_____。

```
void fun()
{ static  int  a=0;
  a+=2;    printf("%d",a);
}
main()
{ int  cc;
  for(cc=1;cc<4;cc++) fun()
  printf("\n");
}
```

5. 【2000.9】若要使指针 p 指向一个 double 类型的动态存储单元，请填空：

p=_____malloc(sizeof(double));

6. 【2001.4】以下只有在使用时才为该类型变量分配内存的存储类说明是_____。

A) auto 和 static　　　　　　　B) auto 和 register

C) register 和 static　　　　　D) extern 和 register

7. 【2001.4】假定以下程序经编译和连接后生成可执行文件 PROG.EXE，如果在此可执行文件所在目录的 DOS 提示符下键入："PROG ABCDEFGH IJKL＜回车＞"，则输出结果为_____。

```
main( int argc, char *argv[]))
{ while(--argc>0)   printf("%s",argv[argc]);
  printf("\n");
}
```

A) ABCDEFG B) IJHL
C) ABCDEFGHIJKL D) IJKLABCDEFGH

8.【2001.4】若定义了以下函数：

```
void f(…)
{ …
  *p=(double *)malloc( 10 * sizeof( double));
  …
}
```

p 是该函数的形参，要求通过 p 把动态分配存储单元的地址传回主调函数，则形参 p 的正确定义应当是_____。

A) double   *p   B) float   **p   C) double   **p D) float   *p

9.【2001.4】用以下语句调用库函数 malloc，使字符指针 st 指向具有 11 字节的动态存储空间，请填空：st=(char *)____;

10.【2001.4】设有以下函数：

```
f ( int  a)
{ int    b = 0;
  static int c = 3;
  b++; c++;
  return(a+b+c);
}
```

如果在下面的程序中调用该函数，则输出结果是_____。

```
main()
{ int  a = 2, i;
  for(i=0;i<3;i++)   printf("%d\n",f(a));
}
```

A) 7   B) 7   C) 7   D) 7
   8   9   10   7
   9   11   13   7

11.【2001.4】以下程序输出的最后一个值是_____。

```
int  ff(int  n)
{ static int  f = 1;
  f = f * n;
  return  f;
}
main()
{ int    i;
  for(I=1;I<=5;I++    printf("%d\n",ff(i));
}
```

12.【2002.4】以下程序的输出结果是_____。

```
int  f()
{ static int i = 0;
  int s = 1;
  s + = i; i + + ;
  return s;
}
main()
{ int i,a = 0;
  for(i = 0;i<5;i++)  a + = f();
  printf("%d\n",a);
}
```

A) 20   B) 24   C) 25   D) 15

13.【2002.4】在 C 语言中,形参的缺省存储类是_____。

A) auto   B) register   C) static   D) extern

14.【2002.4】若指针 p 已正确定义,要使 p 指向两个连续的整型动态存储单元,不正确的语句是_____。

A) p＝2*(int*)malloc(sizeof(int));

B) p＝(int*)malloc(2*sizeof(int));

C) p＝(int*)malloc(2*2);

D) p＝(int*)calloc(2,sizeof(int));

15.【2002.4】在说明语句:int *f();中,标识符 f 代表的是_____。

A) 一个用于指向整型数据的指针变量

B) 一个用于指向一维数组的行指针

C) 一个用于指向函数的指针变量

D) 一个返回值为指针型的函数名

16.【2002.4】不合法的 main 函数命令行参数表示形式是_____。

A) main(int a,char *c[])   B) main(int arc,char **arv)

C) main(int argc,char *argv)   D) main(int argv,char *argc[])

17.【2002.4】以下程序的输出结果是_____。

```
int x = 3;
main()
{ int i;
  for (i = 1;i<x;i++)  incre();
}
ncre()
{ staic  int x = 1;
  x * = x + 1;
  printf("  %d",x);
}
```

A) 3   3   B) 2   2   C) 2   6   D) 2   5

18.【2002.9】有以下程序_____。

```
#include <string.h>
main(int argc,char *argv[])
{ int i,len = 0;
for(i = 1;i<argc;i++) len+ = strlen(argv[i]);
printf("%d\n",len);
}
```

程序编译连接后生成的可执行文件是 ex1.exe,若运行时输入带参数的命令行是_____
_____。

ex1　　abcd　　efg　　10<回车>

则运行的结果是_____。

A) 22　　　　　B) 17　　　　　C) 12　　　　　D) 9

19. 【2002.9】有以下程序:

```
int fa(int x)
  { return x*x; }
int fb(int x)
  { return x*x*x; }
int f(int (*f1)(),int (*f2)(),int x)
  { return f2(x)-f1(x); }
main()
{ int i;
  i = f(fa,fb,2); printf("%d\n",i);
}
```

程序运行后的输出结果是_____。

A) -4　　　　　B) 1　　　　　C) 4　　　　　D) 8

20. 【2002.9】有以下程序

```
int a = 3;
main()
{ int s = 0;
{ int a = 5;　s+ = a++; }
  s+ = a++;printf("%d\n",s);
}
```

程序运行后的输出结果是_____。

A) 8　　　　　B) 10　　　　　C) 7　　　　　D) 11

21. 【2002.9】有以下程序:

```
#include <stdlib.h>
main()
{ char *p,*q;
  p = (char *)malloc(sizeof(char)*20); q = p;
  scanf("%s%s",p,q);  printf("%s%s\n",p,q);
}
```

若从键盘输入：abc def<回车>，则输出结果是_____。

A) def def   B) abc def   C) abc d   D) d d

22.【2003.4】以下叙述中正确的是_____。

A) 全局变量的作用域一定比局部变量的作用域范围大

B) 静态(static)类别变量的生存期贯穿于整个程序的运行期间

C) 函数的形参都属于全局变量

D) 未在定义语句中赋初值的 auto 变量和 static 变量的初值都是随机值

23.【2003.4】有以下程序：

```
main(int argc,char *argv[])
{ int n,i=0;
  while(argv[1][i]!='\0')
  { n=fun(); i++;}
    printf("%d\n",n*argc);
}
int fun()
{ static int s=0;
  s+=1;
  return s;
}
```

假设程序编译、连接后生成可执行文件 exam.exe，若键入以下命令

exam 123<回车>

则运行结果为_____。

A) 6   B) 8   C) 3   D) 4

24.【2003.4】设函数 findbig 已定义为求 3 个数中的最大值。以下程序将利用函数指针调用 findbig 函数。请填空。

```
main()
{ int findbig(int,int,int);
  int (*f)(),x,y,z,big;
  f=_____;
  scanf("%d%d%d",&x,&y,&z);
  big=(*f)(x,y,z);
  printf("big=%d\n",big);
}
```

25.【2003.9】以下程序运行后的输出结果是_____。

```
int  a=5;
fun(int  b)
{ static  int  a=10;
  a+=b++;
  printf("%d",a);
}
main()
```

```
  { int c = 20;
    fun(c);
    a+ = c++;
    printf("%d\n",a);
  }
```

26.【2004.4】有以下程序:

```
int a = 2;
int f(int *A)
{return (*A) ++;}
main( )
{ int s = 0;
  { int a = 5;
    s+ = f(&A);
  }
  s+ = f(&A);
  printf("%d\n",s);
}
```

执行后输出结果是_____。
A) 10   B) 9   C) 7   D) 8

27.【2004.4】有以下程序:

```
#include
main(int argc ,char *argv[ ])
{ int i,len = 0;
  for(i = 1;ibr>     printf("5d\n",len);
}
```

经编译链接后生成的可执行文件是 ex.exe,若运行时输入以下带参数的命令行
ex abcd efg h3 k44
执行后输出结果是_____。
A) 14   B) 12   C) 8   D) 6

28.【2004.4】以下程序中给指针 p 分配 3 个 double 型动态内存单元,请填空。

```
#include
main ( )
{ double *p;
  p = (double *) malloc(_____);
  p[0] = 1.5;p[1] = 2.5;p[2] = 3.5;
  printf("%f%f%f\n",p[0],p[1],p[2]);
}
```

29.【2004.9】以下叙述中正确的是_____。
  A) 局部变量说明为 static 存储数,其生存期将得到延长
  B) 全局变量说明为 static 存储类,其作用域将被扩大

C) 任何存储类的变量在未赋初值时,其值都是不确定的

D) 形参可以使用的存储类说明符与局部变量完全相同

30.【2004.9】程序中对 fun 函数有如下说明:

void * fun();

此说明的含义是:

A) fun 函数无返回值

B) fun 函数的返回值可以是任意的数据类型

C) fun 函数的返回值是无值型的指针类型

D) 指针 fun 指向一个函数,该函数无返回值

31.【2004.9】以下程序运行后的输出结果是_____。

```
fun(int a)
{ int b = 0; static int c = 3;
  b++;c++;
  return(a+b+c);
}
main()
{ int i,a = 5;
  for(i = 0;i<3;i++) printf("%d%d",i,fun(a));
  printf("\n");
}
```

32.【2005.9】有以下程序:

```
int a = 2;
int f(int n)
{ static int a = 3;
  int t = 0;
  if(n%2){ static int a = 4; t += a++; }
  else { static int a = 5; t += a++; }
  return t + a++;
}
main()
{ int s = a, i;
  for( i = 0; i<3; i++) s += f(i);
  printf("%d\n", s);
}
```

程序运行后的输出结果是_____。

A) 26   B) 28   C) 29   D) 24

33.【2006.4】现有两个 C 程序文件 T18.c 和 myfun.c 同在 TC 系统目录(文件夹)下,其中:

T18.c 文件如下:

```
#include <stdio.h>
#include "myfun.c"
```

```
main()
{fun();printf("\n");}
```

myfun.c 文件如下：

```
void fun()
{ char s[80],c; int n = 0;
  while((c = getchar())! = '\n') s[n + +] = c;
  n--;
  while(n> = 0) printf(" %c",s[n--]);
}
```

当编译连接通过后，运行程序 T18 时，输入"Thank!"其输出结果是：_____。

课后练习

一、选择题

1. 有以下程序：

```
int a = 2;
int f(int n)
{ static int a = 3;
  int t = 0;
  if(n%2){ static int a = 4; t + = a + + ; }
  else { static int a = 5; t + = a + + ; }
  return t + a + + ;
}
main()
{ int s = a, i;
  for( i = 0; i<3; i + + ) s + = f(i);
  printf(" %dn", s);
}
```

程序运行后的输出结果是_____。
A) 26   B) 28   C) 29   D)24

2. 以下叙述中正确的是_____。
  A) 局部变量说明为 static 存储类，其生存期将得到延长
  B) 全局变量说明为 static 存储类，其作用域将被扩大
  C) 任何存储类的变量在未赋初值时，其值都是不确定的
  D) 形参可以使用的存储类说明符与局部变量完全相同

3. 以下叙述中不正确的是_____。
  A) 在 C 中，函数中的自动变量可以赋初值，每调用一次，赋一次初值。
  B) 在 C 中，在调用函数时，实在参数和对应形参在类型上只需赋值兼容。
  C) 在 C 中，外部变量的隐含类别是自动存储类别。
  D) 在 C 中，函数形参可以说明为 register 变量。

4. 以下叙述中正确的是_____。
   A) 全局变量的作用域一定比局部变量的作用域范围大
   B) 静态(static)类别变量的生存期贯穿于整个程序的运行期间
   C) 函数的形参都属于全局变量
   D) 未在定义语句中赋初值的 auto 变量和 static 变量的初值都是随机值

5. 有以下程序：

   ```
   int a = 3;
   main()
   { int s = 0;
     { int a = 5; s += a++; }
       s += a++; printf("%d\n",s);
   }
   ```

   程序运行后的输出结果是_____。
   A) 8   B) 10   C) 7   D) 11

6. 以下程序的输出结果是_____。

   ```
   int f()
   { static int i = 0;
     int s = 1;
     s += i; i++;
     return s;
   }
   main()
   { int i,a = 0;
     for(i = 0;i<5;i++) a += f();
     printf("%d\n",a);
   }
   ```

   A) 20   B) 24   C) 25   D) 15

7. 在 C 语言中,形参的缺省存储类是_____。
   A) auto   B) register   C) static   D) extern

8. 以下程序的输出的结果是_____。

   ```
   int x = 3;
   main()
   { int i;
     for i = 1;i }
   ncre()
   { staic int x = 1;
     x *= x + 1;
     printf(" %d",x);
   }
   ```

   A) 3 3   B) 2 2   C) 2 6   D) 2 5

9. 设有以下函数:

    f (int a)
    { int b = 0;
      static int c = 3; b++; c++; return(a+b+c); }

    如果在下面的程序中调用该函数,则输出结果是_____。

    main()
    { int a = 2, i;
      for(i = 0;i3;i++)
      printf("%dn",f(a)); }

    A) 7   B) 7   C) 7   D) 7 89107 9 11137/PP

10. 以下程序的输出结果是_____。

    int a, b;
    void fun()
    { a = 100; b = 200; }
    main()
    { int a = 5, b = 7;
      fun();
      printf("%d%dn", a,b);
    }

    A) 100 200   B) 57   C) 200 100   D) 75

11. 以下只有在使用时才为该类型变量分配内存的存储类说明是_____。

    A) auto 和 static   B) auto 和 register
    C) register 和 static   D) extern 和 register

12. 下列程序执行后输出的结果是_____。

    int d = 1;
    fun (int q)
    { int d = 5;
      d + = p++; printf("%d".d); }
    main( )
    { int a = 3;
      fun(a);
      d + = a++; printf("%dn",d); }

    A) 8 4   B) 9 6   C) 9 4   D) 8 5

13. 下列程序的输出结果是_____。

    int b = 2;
    int func(int *a)
    { b + = *a; return(b);}
    main()
    { int a = 2, res = 2;
      res + = func(&a);

```
        printf("%d n",res);
}
```

A) 4   B) 6   C) 8   D) 10

14. 以下程序的输出结果是_____。

```
int d = 1;
fun(int p)
{ static int d = 5;
  d+ = p;
  printf("%d ",d);
  return(d);
}
main( )
{ int a = 3; printf("%d n",fun(a+fun(d))); }
```

A) 6 9 9   B) 6 6 9   C) 6 15 15   D) 6 6 15

15. 以下程序运行后,输出结果是_____。

```
func(int a, int b)
{ static int m = 0,i = 2;
  i+ = m+1;
  m = i+a+b;
  return(m);
}
main()
{ int k = 4,m = 1,p;
  p = func(k,m);printf("%d,",p);
  p = func(k,m);printf("%dn",p);
}
```

A) 8,15   B) 8,16   C) 8,17   D) 8,8

二、填空题

1. 以下程序运行后的输出结果是_____。

```
fun(int a)
{
  int b = 0;static int c = 3;
  b++; c++;
  return (a+b+c);
}
main()
{
  int i,a = 5;
  for(i = 0;i<3;i++)
  printf("%d %d ",i,fun(a));
  printf("n");
}
```

2. 以下程序运行后的输出结果是_____。

```
int a = 5;
fun(int b)
{ static int a = 10;
  a + = b + + ;
  printf("%d",a);
}
main()
{ int c = 20;
  fun(c);
  a + = c + + ;
  printf("%dn",a);
}
```

3. 以下程序输出的最后一个值是_____。

```
int ff(int n)
{ static int f = 1;
  f = f * n;
  return f;
}
main()
{ int i;
  for(I = 1;I< = 5;I + + printf("%dn",ff(i));
}
```

4. 以下程序的输出结果是_____。

```
void fun()
{ static int a = 0;
  a + = 2; printf("%d",a);
}
main()
{ int cc;
  for(cc = 1;cc<4;cc + + ) fun()
  printf("n");
}
```

5. 以下程序的运行结果是_____。

```
#include
main()
{ int k = 4, m = 1, p;
  p = func(k,m); printf("%d,",p);
  p = func(k,m); printf("%d n",p);
}
func(int a, int b)
{ static int m = 0, i = 2;
```

```
    i+=m+1;
    m=i+a+b;
    return m;
}
```

6. 程序运行后的输出结果是_____。

```
int a=10;
int f(int a)
{ int b=0;static int c=3;
  a++;++c;++b;
  return a+b+c;
}
main( )
{ int i;
  for(i=0;i<2;i++)print("%5d",f(a));
  printf("\n");
}
```

7. 有以下程序：

```
int a=2;
int f(int n)
{ static int a=3; int t=0;if(n%2)
  { static int a=4; t+=a++; }
  else { static int a=5; t+=a++; }
  return t+a++;}
main()
{ int s=a, i;
  for( i=0; i3; i++) s+=f(i);
  printf("%dn", s);}
```

程序运行后的输出结果是_____。

第 11 章

编译预处理和动态存储分配

【本章考点和学习目标】
1. 不带参数的宏定义。
2. 带参数的宏定义。
3. 文件包含的形式。
4. 动态存储分配。

【本章重难点】
重点：带参数的宏定义。
难点：动态存储分配。

本章主要介绍了编译预处理的功能、宏定义的方法、文件包含的格式、条件编译的形式及动态存储分配。

11.1 编译预处理

C 语言源程序加工包含 3 个步骤：预处理、编译和连接。

编译预处理是 C 语言的重要功能，指源程序在进行编译之前所做的工作，但不是 C 语言编译的一部分，它由预处理程序负责完成。当对一个源文件进行编译时，系统将自动引用预处理程序对源程序中的预处理命令作处理，处理完毕自动进入源程序的编译。

C 语言提供的预处理功能主要包括 3 种：宏定义、文件包含和条件编译，由相应的预处理命令完成。这些命令不是 C 语句，它们均以 # 开头，结尾不加分号。

合理地使用预处理功能使编写的程序便于阅读、修改、移植和调试，也有利于模块化程序设计。

11.1.1 宏定义

宏提供了用标识符代替字符串的机制。在源程序文件中设计宏称为宏定义；在编译预处理时，对程序中出现的所有宏都用宏定义中的字符串去替换，所以又称为宏替换。宏定义提高了程序的可读性和易修改性。宏定义分为无参数和有参数 2 种。

1. 不带参数的宏定义

无参宏定义的一般形式为：

  #define 宏名 替换文本

说明：
① 宏名：用户标识符，习惯上英文字母用大写，以便区别于其它程序实体。
② 替换文本：要替换宏名的一些字符。

作用： 从本行起以下凡出现宏名的地方都用替换文本替换，直到出现#undef命令为止。注意"替换"不是"等价"。以前学过的符号常量即是无参宏定义。

【注意】
① 宏名与替换文本之间应有空格，但宏名中不能有空格。
② 宏定义允许嵌套，即替换文本中可包含已定义过的宏名，在宏替换时由预处理程序层层替换，例如：

```
#define  PI  3.14
#define  ADDPI  (PI+1)
#define  TWO_ADDPI  (2*ADDPI)
```

可将表达式"x=TWO_ADDPI/2"替换成"x=(2*(3.14+1))/2"。
③ 注意给替换文本加括号。因为是原样替换，不加括号会出错，如上面两行不加括号，表达式将变成"x=2*3.14+1/2"。
④ 替换文本续行注意：用\表示，但要注意其前和下行行首不能有空格，否则\将成为替换文本的内容。
⑤ 宏名是标识符，不能用引号括起，也不能重复使用。
⑥ 程序中与宏名相同的字符串不是标识符，不予替换；其它标识符中含有宏名字符（如ADDPI中的PI），因属于另外的标识符故也不予替换。
⑦ 宏定义可放在源程序文件中函数外的任何地方，从该处到文件结尾起作用。为了在整个文件中使用宏替换及便于修改，一般将宏替换放在文件的开头。如要终止其作用域可使用#undef命令，例如：

```
#define PI   3.14159
Main()
{
    ①
}
#undef  PI
    ②
```

PI只在①中有效，在②中无效。

【例 11.1】 计算圆的面积和周长。

```
#define  PI  3.14159
main()
{ float s,l,r;
    printf("输入 r:");
    scanf("%f",&r);
    s=PI*r*r;
    l=2*PI*r;
    printf("s=%f,l=%f\n",s,l);
}
```

2. 带参数的宏定义

宏定义还可以像函数那样带有参数,其形式为:

♯define   宏名(形参表)   替换文本

宏替换时,类似函数通过实参与形参传递数据。

说明:

① 形参为标识符,应该用逗号隔开。

② 替换文本中应包含形参。

③ 调用宏替换的形式为"宏名(实参表)"。

作用:从本行起以下凡出现"宏名(实参表)"的地方(字符串中除外)都用替换文本的形式替换,替换文本中的形参换成实参,直到出现♯undef命令为止。如:

♯define MU(X,Y) ((X)*(Y))

表达式"a=MU(5,2)"将替换成"a=((5)*(2))"。

【注意】

① 宏名要紧跟圆括号,否则圆括号将成为替换文本的一部分,变成无参宏替换。如:"♯define MU(X,Y)((X)*(Y))",表达式"a=MU(5,2)"将替换成"a=(X,Y)((X)*(Y))(5,2)"。

② 替换文本及其中的形参都要用圆括号括起,如:"♯define MU(X,Y)((X)*(Y))","b=4/MU(a+3,a)"将替换成"b=4/((a+3)*(a))",而对"♯define MU(X,Y) X*Y",上述表达式将替换成"b=4/a+3*a",原因是依样替换。

③ 实参可以是常量、变量或表达式,无类型限制。

④ 由于是标识符,宏名不能重复定义(同无参宏替换)。

⑤ 替换文本中与形参相同的字符串不被实参替换。如:"♯define MU(X,Y) ((X)*(Y)*("Y"))","a=MU(5,2)"将被替换成"a=((5)*(2)*("Y"))"。

⑥ 不能递归定义宏替换,例如:

```
♯define  FACT(n)  (((n)<=1)?1:(n)*FACT((n)-1))
main( )
{ int  m=5;
  printf("%d!=%d\n", m, FACT(m));
}
```

由于不能递归定义宏替换,程序不能通过编译。

⑦ 带参数宏替换与函数调用的区别如下:

➤ 带参数宏替换只是依样替换,没有函数的功能,替换后的源程序才有功能。

➤ 带参数宏替换对实参没有类型要求。

➤ 函数调用在程序运行时进行,并动态分配所有形参的存储单元;带参数宏替换在编译预处理时进行,不分配存储单元,无值传递,也无值返回。

➤ 带参数宏替换不占用运行时间但占用编译时间。

⑧ 带参数宏定义的用途如下:

➤ 一次定义多次调用,减少源代码。

- 每次可使用不同的数据类型调用。
- 系统的头文件大多用宏定义编成。

【例 11.2】计算 1 到 10 的平方和以及 1.1、1.2～2.0 的平方和。

```
#define  SQR(x)  (x)*(x)
main( )
{ int i,s1 = 0;
  float s2 = 0,a = 1.1;
  for(i = 1;i<= 10;i++)
     {s1 + = SQR(i);
      s2 + = SQR(a); a + = 0.1;
     }
  printf("1*1+2*2+…+10*10 = %d\n",s1);
  printf("1.1*1.1+1.2*1.2+…+2.0*2.0 = %.2f\n",s2);
}
```

3. 宏终结命令 #undef

要终止一个宏的使用,可以用宏终结命令,其格式为：

　　　　#undef　　宏名

取消的宏名还可以再重新定以宏或改作其它用途,如：

```
#define OK  1     /*定义*/
…
#undef  OK        /*取消定义*/
…
#define OK  5
```

11.1.2　文件包含

文件包含是把指定的文件插入该命令行位置取代该命令行。该命令的一般形式为：

　　　　#include ＜文件名＞　　　　/*格式1*/

或　　　#include "文件名"　　　　　/*格式2*/

作用：在编译之前将被包含的文件代码引入到当前程序文件中来,形成一个文件。常用的是包含系统头文件(内容主要有宏定义、数据结构和函数说明等),例如"#include "stdio.h""。

还可用#include命令将多个源程序文件连接起来,形成一个文件。

文件包含在程序设计中非常有用,既减少了工作量,又可以避免出错。

说明：

① 使用格式1时,预处理程序直接在C编译系统定义的标准目录Include下查找指定的文件。使用格式2时,预处理程序首先在当前源文件所在目录下查找指定文件,如没找到,则在C编译系统定义的标准目录下查找指定的文件,可以使用文件路径。

② 一个#include命令只能包含一个文件,而且必须是文本文件。一个程序允许有任意多个#include命令行。另外,文件包含还可以嵌套,如a包含b,b包含c等。

【注意】

① #include 命令行应写在文件的开头,被包含的文件故此称为"头文件",其文件名由用户指定,扩展名可不用".h"。

② 被包含的文件修改后,源程序要重新编译。

11.1.3 条件编译

条件编译功能可以使编译系统按不同的条件去编译不同的程序段,产生不同的目标代码文件,这对于程序的移植和调试是很有用的。条件编译有以下3种形式。

1. 第一种形式

```
#ifdef   标识符
    程序段 1
#else
    程序段 2
#endif
```

功能:如果标识符已被 #define 命令定义过,则对程序段 1 进行编译;否则对程序段 2 进行编译。如果程序段 2 为空,#else 可以没有,即可写为:

```
#ifdef   标识符
    程序段
#endif
```

【例 11.3】 条件编译示例。

```
#define NUM 2008
main()
{ int no = 10801;
  char * name = "Zhang ping";
  char sex = 'M';
  float score = 88.9;
  #ifdef NUM
      printf("Number = % d\nScore = % ;1f\n", no, score);
  #else
      printf("Name = % s\nSex = % c\n", name, sex);
  #endif
}
```

分析:

程序根据 NUM 是否被定义过决定编译哪一个 printf 语句。

由于在第一行已对 NUM 作过宏定义,因此对第一个 printf 语句进行编译,运行结果输出了学号和成绩。

在宏定义中定义 NUM 为 2008,但没有使用,只是作为条件编译的判断条件。可以为任何内容,也可以没有内容,如 #define NUM 也具有同样的意义。

只有取消程序的第一行才会去编译第二个 printf 语句。如果删除 #define 命令,读者可上机观察运行结果。

2. 第二种形式

```
#ifndef  标识符
    程序段1
#else
    程序段2
#endif
```

与第一种形式的区别是:将 ifdef 改为 ifndef。它的功能与第一种形式正好相反,即如果标识符未被#define 命令定义过,则对程序段1进行编译,否则对程序段2进行编译。

3. 第三种形式

```
#if  常量表达式
    程序段1
#else
    程序段2
#endif
```

功能:如常量表达式值为真(非0),则对程序段1进行编译,否则对程序段2进行编译。

条件编译虽然也可以用 if 语句实现,但是用 if 语句将会对整个源程序进行编译,生成的目标代码程序很长;而采用条件编译则根据条件只编译其中的程序段1或程序段2,生成的目标程序较短。如果根据条件选择的程序段很长,采用条件编译的方法是十分必要的。

11.2 动态存储分配

在 C 语言中用变量定义语句为各种存储类型(自动、静态、寄存器、外部)的变量或数组分配存储单元,程序员无法在函数的执行部分干预存储单元的分配和释放。这样的存储分配叫固定内存分配,又叫系统存储分配。

C 语言允许程序员在函数执行部分使用动态存储分配函数请求或释放存储单元,这样的存储分配叫动态存储分配。动态存储分配使用自由,节约内存。为了使用动态存储分配功能,C 语言提供了几个标准库函数,它们都在 stdio.h 中定义或声明。在使用时应包含头文件"stdlib.h"。

11.2.1 malloc 函数和 free 函数

1. malloc 函数

malloc 函数请求指定大小的存储空间,并返回该存储区的起始地址。函数原型为:

    void * malloc(unsigned int size)

其中 size 为需要开辟的字节数。函数返回一个指针,该指针不指向具体的类型,当将该指针赋给具体的指针变量时,须进行强制类型转换。若 size 超出可用空间,则返回空指针值 NULL。因此,在使用 malloc 请求内存时必须检查指针是否正确,否则很容易出现无法预料的情况。

例如:

    float * p1;

```
int * p2;
p1 = (float * )malloc(8);
if (p1 == NULL) return 0;
* p1 = 3.14;
* (p1 + 1) = -3.14;
p2 = (int * )malloc(20 * sizeof(int));
if (p2 == NULL) return 0;
for(i = 0;i<20;i++)
 scanf("%d",p2++);
...
```

分别开辟了 8 字节和 20×2 字节的存储空间,并向其中存入数据。

2. free 函数

free 函数将以前开辟的某内存空间释放。函数原型为:

void free(void * ptr)

其中 ptr 指向待释放空间的起始地址,函数无返回值。应注意:ptr 所指向的空间必须是前述函数所返回的地址。例如:

```
free((void * )p1);
```

将上例开辟的 16 字节释放。可简写为:

```
free(p1);
```

由系统自动进行类型转换。

11.2.2 calloc 函数

calloc 函数:按所给数据个数和每个数据所占字节数开辟存储空间。函数原型为:

void * calloc(unsigned int num, unsigned int size)

其中 num 为数据个数,size 为每个数据所占字节数,故开辟的总字节数为 num * size。函数返回该存储区的起始地址。

例如:上例中 p2 可改写为:

```
p2 = (int * )calloc(20, sizeof(int));
```

例如:

```
calloc(10,20);
```

可开辟 10 个且每个大小均为 20 字节的存储空间。

本章小结

本章重点讲述了宏定义的两种形式,文件包含的两种形式和区别,条件编译的形式和动态存储分配的方法。

历年试题汇集

1. 【2000.4】下列程序执行后的输出结果是_____。
   A) 6　　　　　B) 8　　　　　C) 10　　　　　D) 12
   ```
   #define  MA(x) x*(x-1)
   main()
   { int a=1,b=2; printf("%d\n",MA(1+a+b));}
   ```

2. 【2000.9】有如下程序：
   ```
   #define    N     2
   #define    M     N+1
   #define    NUM   2*M+1
   #main()
   { int  i;
       for(i=1;i<=NUM;i++)printf("%d\n",i);
   }
   ```
   该程序中的 for 循环执行的次数是_____。
   A) 5　　　　　B) 6　　　　　C) 7　　　　　D) 8

3. 【2000.9】以下程序的输出结果是_____。
   ```
   #define    MAX(x,y)     (x)>(y)? (x):(y)
   main()
   { int    a=5,b=2,c=3,d=3,t;
       t=MAX(a+b,c+d)*10;
       printf("%d\n",t);
   }
   ```

4. 【2001.4】以下程序的输出结果是_____。
   A) 16　　　　　B) 2　　　　　C) 9　　　　　D) 1
   ```
   #define  SQR(X)   X*X
   main()
   { int  a=16, k=2, m=1;
       a/=SQR(k+m)/SQR(k+m);
       printf("d\n",a);
   }
   ```

5. 【2001.9】以下程序的输出结果是_____。
   ```
   #define   M(x,y,z)    x*y+z
   main()
   { int  a=1,b=2, c=3;
       printf("%d\n", M(a+b,b+c, c+a));
   }
   ```

A) 19　　　　　　B) 17　　　　　　C) 15　　　　　　D) 12

6.【2002.4】以下叙述正确的是_____。

　　A) 可以把 define 和 if 定义为用户标识符

　　B) 可以把 define 定义为用户标识符,但不能把 if 定义为用户标识符

　　C) 可以把 if 定义为用户标识符,但不能把 define 定义为用户标识符

　　D) define 和 if 都不能定义为用户标识符

7.【2002.4】设有如下宏定义：

```
#define   MYSWAP(z,x,y)   {z=x; x=y; y=z;}
```

以下程序段通过宏调用实现变量 a、b 内容交换,请填空。

```
float  a=5,b=16,c;
MYSWAP(____,a,b);
```

8.【2002.9】程序中头文件 type1.h 的内容是_____。

```
#define  N   5
#define  M1  N*3
```

程序如下：

```
#define  "type1.h"
#define  M2  N*2
main()
{ int i;
   i=M1+M2;  printf("%d\n",i);
}
```

程序编译后运行的输出结果是_____。

A) 10　　　　　　B) 20　　　　　　C) 25　　　　　　D) 30

9.【2002.9】下面程序的运行结果是_____。

```
#define  N    10
#define  s(x)  x*x
#define  f(x)  (x*x)
main()
{ int i1,i2;
   i1=1000/s(N); i2=1000/f(N);
   printf("%d  %d\n",i1,i2);
}
```

10.【2003.4】以下程序的输出结果是_____。

```
#define MCRA(m) 2*m
#define MCRB(n,m) 2*MCRA(n)+m
main()
{ int i=2,j=3;
   printf("%d\n",MCRB(j,MCRA(i)));
```

11. 【2003.9】有以下程序：

    ```
    #include <stdio.h>
    #define F(X,Y) (X)*(Y)
    main()
    { int a=3,b=4;
      printf("%d\n",F(a++,b++));
    }
    ```

    程序运行后的输出结果是_____。
    A) 12   B) 15   C) 16   D) 20

12. 【2004.4】有以下程序：

    ```
    #define f(x) x*x
    main()
    { int i;
      i=f(4+4)/f(2+2);
      printf("%d\n",i);
    }
    ```

    程序运行后的输出结果是_____。
    A) 28   B) 22   C) 16   D) 4

13. 【2004.9】以下程序中，for 循环体执行的次数是_____。

    ```
    #define N 2
    #define M N+1
    #define K M+1*M/2
    main()
    { int i;
      for(i=1;i<K;I++)
      { … }
      …
    }
    ```

14. 【2005.4】以下叙述中正确的是_____。
    A) 预处理命令行必须位于源文件的开头
    B) 在源文件的一行上可以有多条预处理命令
    C) 宏名必须用大写字母表示
    D) 宏替换不占用程序的运行时间

15. 【2005.4】以下程序运行后的输出结果是_____。

    ```
    #define S(x) 4*x*x+1
    main()
    { int i=6,j=8;
      printf("%d\n",S(i+j));
    }
    ```

16.【2005.9】有以下程序：

```
#define f(x) (x*x)
main()
{ int i1,i2;
    i1=f(8)/f(4); i2=f(4+4)/f(2+2);
    printf("%d,%d\n",i1,i2);
}
```

程序运行后的输出结果是_____。

  A) 64,28   B) 4,4   C) 4,3   D) 64,64

17.【2006.4】以下叙述中错误的是_____。

  A) C程序中的#include和#define行均不是C语句

  B) 除逗号运算符外，赋值运算符的优先级最低

  C) C程序中"j++;"是赋值语句

  D) C程序中+、-、*、/、%号是算术运算符，可用于整型和实型数的运算

课后练习

一、选择题

1. 以下叙述中正确的是_____。

  A) 在程序的一行上可以出现多个有效的预处理命令行

  B) 使用带参的宏时，参数的类型应与宏定义时的一致

  C) 宏替换不占用运行时间，只占用编译时间

  D) 在以下定义中"C R"是称为"宏名"的标识符

    #define C R 045

2. 以下程序的运行结果是_____。

```
#define MIN(x,y)  (x)<(y)?(x):(y)
main()
{ int i=10,j=15,k;
    k=10*MIN(i,j);
    printf("%d\n",k);
}
```

  A) 10   B) 15   C) 100   D) 150

3. 若有宏定义如下：

  #define X 5

  #define Y X+1

  #define Z Y*X/2

则执行以下printf语句后，输出结果是_____。

  int a;

```
        a = Y;
        printf("%d\n",Z);
        printf("%d\n",--a);
```

A) 7　　　　　B) 12　　　　　C) 12　　　　　D) 7
　　6　　　　　　　6　　　　　　　5　　　　　　　5

4. 请读程序：
```
#include <stdio.h>
#define  MUL(x,y)  (x)*y
main()
{ int a=3,b=4,c;
  c=MUL(a++,b++);
  printf("%d\n",c);
}
```

上面程序的输出结果是_____。
A) 12　　　　　B) 15　　　　　C) 20　　　　　D) 16

5. 对下面程序段：
```
#define A 3
#define  B(a) ((A+1)*a)
...
x=3*(A+B(7));
```

正确的判断是_____。
A) 程序错误,不许嵌套宏定义
B) x=93
C) x=21
D) 程序错误,宏定义不许有参数

6. 以下正确的描述是_____。
A) C语言的预处理功能是指完成宏替换和包含文件的调用
B) 预处理指令只能位于C源程序文件的首部
C) 凡是C源程序中行首以"#"标识的控制行都是预处理指令
D) C语言的编译预处理就是对源程序进行初步的语法检查

7. 在"文件包含"预处理语句的使用形式中,当#include后面的文件名用尖括号"< >"括起时,找寻被包含文件的方式是_____。
A) 仅仅搜索当前目录
B) 仅仅搜索源程序所在目录
C) 直接按系统设定的标准方式搜索目录
D) 先在源程序所在目录搜索,再按照系统设定的标准方式搜索

8. 以下程序的运行结果是(　　　)。
```
#define MIN(x,y) (x)<(y)? (x):(y)
main()
```

```
{ int i=10,j=15,k; k=10*MIN(i,j); printf("%d\n",k);
}
```

A) 10   B) 15   C) 100   D) 150

9. 程序段：

```
#define A 3
#define B(a) ((A+1)*a)
...
x=3*(A+B(7));
```

正确的判断是(   )。

A) 程序错误，不许嵌套宏定义

B) x=93

C) x=21

D) 程序错误，宏定义不许有参数

10. 以下程序段中存在错误的是(   )。

A) `#define array_size 100`
   `int array[array_size];`

B) `#define   PI    3.1415926`
   `#define S(r) PI*(r)*(r)`
   `...`
   `area= S(3.2);`

C) `#define PI 3.1415926`
   `#define S(r)    PI*(r)*(r)`
   `...`
   `area= S(a+b);`

D) `#define PI 3.1415926`
   `#define S (r) PI*(r)*(r)`
   `...`
   `area= S(a);`

11. 以下在任何情况下计算平方数时都不会引起二义性的宏定义是(   )。

A) `#define POWER(x) x*x`

B) `#define POWER(x) (x)*x`

C) `#define POWER(x) (x*x)`

D) `#define POWER(x) ((x)*(x))`

二、填空题

1. 若有宏定义如下：

```
#define   X   5
#define   Y   X+1
#define   Z   Y*X/2
```

则执行以下 printf 语句后，输出结果是_____。

int a; a = Y; printf("%d\n",Z); printf("%d\n",--a);

2. 请读程序,写出输出结果是_____。

```
#include <stdio.h>
#define MUL(x,y) (x)*y main()
{ int a = 3,b = 4,c; c = MUL(a+1,b+2); printf("%d\n",c);
}
```

3. 以下程序在宏展开后,赋值语句 s 的形式是_____。

```
#define R 3.0
#define PI 3.14159 main()
{ float s;
  s = PI * R * R;
  printf("s = %f\n", s);
}
```

4. 以下程序的输出结果是_____。

```
#define DEBUG
main()
{ int a = 14,b = 15,c;
  c = a/b;
  #ifdef DEBUG
  printf("a = %d,b = %d,",a,b);
  #endif printf("c = %d\n",c);
}
```

三、编程题

1. 请分析一下一组宏所定义的输出格式:

```
#define NL putchar('\n')
#define PR(value) printf("value = %d \t",(value))
#define PRTINT1(x1) PR(x1); NL
#define PRTINT2(x1,x2) PR(x1); PRTINT1(x2)
```

如果在程序中有以下的宏引用:

PR(x); PRINT1(x); PRINT2(x1,x2);

写出宏展开后的情况,并写出应输出的结果,设 x=12,x1=9,x2=38。

2. 根据输入半径 r,编程分别求圆的面积 S 和周长 L,要求用带参数宏实现,并输出结果。

第 12 章

结构体与共用体

【本章考点和学习目标】

1. 结构体类型数据的定义,结构变量的说明及引用方法 结构指针的定义、使用以及结构指针在 C 程序中的应用——链表的建立、输出、删除与插入等操作。
2. 联合体类型数据的定义,联合变量的说明及引用方法。
3. 枚举类型数据的定义,枚举变量的说明及引用方法。
4. 了解自定义类型的概念和类型定义方法及应用。

【本章重难点】

重点:结构体类型数据的定义,结构变量的说明及引用方法。
难点:链表的建立、输出、删除与插入等操作。

12.1 结构体的引出

在日常生活中,经常会遇到某一种事物具有很多属性,而该事物又有很多个,这时候用 C 语言中的数组处理起来比较麻烦。例如:新生入学登记表,要记录每个学生的学号、姓名、性别、年龄、身份证号、家庭住址、家庭联系电话等信息,见表 12 - 1。

因为要有很多学生的信息要处理,按照我们前面学习过的知识,这个任务要使用数组。但是数组是由相同类型的数据构成。所以我们可以使用 7 个单独的数组(学号数组 no、姓名数组 name、性别数组 sex、年龄数组 age、身份证号数组 pno、家庭住址数组 addr、家庭联系电话数组 tel)分别保存这几类信息。分立的几个数组将给数据的处理造成麻烦,但很多计算机语言只能这样处理,如早期的 FORTRAN、PASCAL、BASIC 等。

表 12 - 1 学生信息

学 号	姓 名	性 别	年 龄	身份证号	家庭住址	家庭联系电话
11301	Pin zhang	F	19	320406841001264	changzhou	(0519)8754267
11302	Min li	M	20	612301830314261	xi'an	(029)3870909

C 语言利用一种新的构造类型——结构体将同一个对象的不同类型属性数据,组成一个有联系的整体。也就是说可以定义一种结构体类型将属于同一个对象的不同类型的属性数据组合在一起。本例可以将属于同一个学生的各种不同类型的属性数据组合在一起,形成整体

的结构体类型数据。可以用结构体类型变量存储、处理单个学生的信息。

结构体是一种自定义数据类型。如果要存储、处理多个学生(对象)的信息,就可以使用结构体类型的数组,其中一个数组元素包括一个学生(对象)所有的信息。

12.2 结构体类型

12.2.1 结构体类型的定义和结构体变量的定义

结构体是一种构造类型(自定义类型),除了结构体变量需要定义后才能使用外,结构体的类型本身也需要定义。结构体由若干成员组成。每个成员可以是一个基本的数据类型,也可以是一个已经定义的构造类型。

1. 结构体类型定义的一般形式

结构体类型定义的一般形式为:

  struct 结构体名{ 类型1 成员1;类型2 成员2;……,类型n 成员n;};

说明:

① 结构体名:结构体类型的名称。遵循标识符规定。

② 结构体有若干数据成员,每个数据成员有各自的数据类型。结构体成员名遵循标识符规定,它属于特定的结构体变量(对象),名字可以与程序中其它变量或标识符同名。

③ 使用结构体类型时,"struct"和"结构体名"作为一个整体,表示名字为"结构体名"的结构体类型。例如:定义关于学生信息的结构体类型:

```
struct student
{int no;  char name[20];  char sex;  int age;  char pno[19];
char addr[40];  char tel[10];};
```

④ struct student 是结构体类型名,struct 是关键词,在定义和使用时均不能省略。

⑤ 该结构体类型由 7 个成员组成,分别属于不同的数据类型,分号";"不能省略。成员含义同前。

⑥ 在定义了结构体类型后,可以定义结构体变量(int 整型类型,可以定义整型变量)。

⑦ 结构体类型的成员可以是基本数据类型,也可以是其它的已经定义的结构体类型。这意味着允许结构体嵌套。结构体成员的类型不能是正在定义的结构体类型(递归定义,结构体大小不能确定),但可以是正在定义的结构体类型的指针。例如:

```
struct date
{
  int month;
  int day;
  int year;
};
struct person
{
  char name[10];
```

```
    struct date birthday;
    char sex;
    int age;
};
```

2. 结构体变量的定义(3种方法)

① 先定义结构体类型,再定义结构体变量(概念、含义相当清晰),即:

结构体类型定义;

struct 结构体类型名 结构体变量名表;

例如:

```
struct  std
        {
            char name[10];
            int  num;
            float score;
        };
            struct std    students,var;
```

② 定义结构体类型的同时定义结构体变量。

struct 结构体名
{ …(成员)…
}结构体变量名表;

例如:

```
struct  std
{
  char name[10];
  int  num;
  float score;
} students,var;
```

说明:这是一种紧凑的格式,既定义类型,也定义变量;如果需要,在程序中还可以使用所定义的结构体类型,定义其它同类型变量。

③ 直接定义结构体变量,而不给出结构体类型名,使用匿名的结构体类型。

struct
{ …(成员)…
}结构体变量名表;

例如:

```
struct
{
  char name[10];
  int age;
  char  sex;
} students,worker;
```

结构体类型、变量是不同的概念：在定义时一般先定义一个结构体类型，然后定义该类型的变量；赋值、存取或运算只能对变量和变量的成员，不能对类型进行赋值等操作；编译时只对变量分配空间，对类型不分配空间。

12.2.2　结构体变量的引用

① 引用结构体变量中的一个成员

结构体变量名.成员名

其中的"."是成员运算符。

例如：

```
student1.num = 11301;
scanf("%s",student1.name);
if(strstr(student1.addr,"shanxi")! = NULL)…;
student1.age + + ;
```

② 成员本身又是结构体类型时的子成员的访问—使用成员运算符逐级访问。

例如：

```
student1.birthday.year
student1.birthday.month
student1.birthday.day
```

③ 同一种类型的结构体变量之间可以直接赋值（整体赋值，成员逐个依次赋值）。

例如"student2＝student1"。

④ 不允许将一个结构体变量整体输入/输出。

例如："scanf("%……",＆student1)"、"printf("%……",student1)"都是错误的。

12.2.3　结构体变量的初始化

结构体变量可以在定义时进行初始化，但是变量后面的一组数据应该用"{}"括起来，其顺序也应该与结构体中的成员顺序保持一致。

【例12.1】举例说明结构体变量的初始化。

```
main()
{
  struct student
  {
    int no;   char name[20];   char sex;   int age;   char pno[19];
    char addr[40];   char tel[20];
  } student1 = {11301,"Zhang Ping",'F',19,
  "320406841001264","changzhou","(0519)8754267"};
  printf("no = %d,name = %s,sex = %c,age = %d,pno = %s\naddr = %s,tel = %s\n",
    student1.no,student1.name,student1.sex,student1.age,
      student1.pno,student1.addr,student1.tel);
}
```

运行结果如下:
no=11301,name=Zhang Ping,sex=F,age=19,pno=320406841001264
addr=changzhou,tel=(0519)8754267

本例中,结构体变量 student1 在定义的同时,其各个成员也按顺序被赋予了相应的一组数据。

12.3 结构体数组

数组元素为结构体类型的数组就是结构体数组。C 语言允许使用结构体数组存放一组对象的数据。

12.3.1 结构体数组的定义

类似结构体变量定义,只是将"变量名"用"数组名"代替,同时指定元素的个数。有 3 种定义方式。

① 先定义结构体类型,再定义结构体数组,如:

```
struct    stud_type                      // 定义结构体类型
{ char    name[20];
  long    num;
  int     age;
  char    sex;
  float   score;  };
  struct  stud_type   student[50];       // 定义结构体数组
```

② 定义结构体类型名的同时定义结构体数组,如:

```
struct  stud_type
{ char    name[20];
  long    num;
  int     age;
  char    sex;
  float   score;
}student[50];
```

③ 不定义结构体类型名,直接定义结构体数组,如:

```
struct
{ char    name[20];
  long    num;
  int     age;
  char    sex;
  float   score;
}student[50];
```

与一般数组相同,结构体数组的数组名也是各元素的连续存储单元的首地址,用法也相同。

12.3.2 结构体数组的初始化

结构体数组的一个元素相当于一个结构体变量,结构体数组初始化即顺序对数组元素初始化。如:

```
struct  stud_type  student[3] =
   {{"Wang li", 80101, 18, 'M', 89.5},
    {"Zhang Fun", 89102, 19, 'M', 90.5},
    {"Li Ling", 89103, 20, 'F', 98}
   };
```

12.3.3 结构体数组的应用

除初始化外,对结构体数组赋常数值、输入和输出、各种运算均是对结构体数组元素的基本成员(相当于普通变量)进行。结构体数组元素成员表示为:

  结构体数组名[下标].成员名

在嵌套的情况下为:

  结构体数组名[下标].结构体成员名.….结构体成员名.成员名

【注意】当结构体数组元素的成员是数组时,若是字符数组则可以直接引用,如:"stu[i].name";若结构体数组元素的成员是一般数组时,只能引用其元素,如:"stu[i].score[j]"。

结构体数组元素可相互赋值。

例如:student[1]=student[2]。

对于结构体数组元素内嵌的结构体类型成员,情况也相同。如:

    student[2].birthday=student[1].birthday

其注意事项也与结构体变量相同,例如:不允许对结构体数组元素或结构体数组元素内嵌的结构体类型成员整体赋(常数)值;不允许对结构体数组元素或结构体数组元素内嵌的结构体类型成员整体进行输入/输出等。

另外,在处理结构体问题时经常涉及字符或字符串的输入,这时要注意:① scanf()函数用%s输入字符串遇空格即结束,因此输入带空格的字符串可改用 gets 函数。② 在输入字符类型数据时往往得到的是空白符(空格、回车等),甚至运行终止,因此常作相应处理,即在适当的地方增加"getchar()";空输入语句,以消除缓冲区中的空白符。

【例 12.2】已知 10 人(人数可以通过宏定义改变)参加选举,共 3 个候选人,候选人的基本信息定义在结构体类型当中,包括候选人的标识号 iID(整型),候选人的姓名 chpName(字符型数组)、得票数 iCount(整型)。选举时投票即输入 3 个人的标识号(iID 成员项,分别取 1、2、3),统计每位候选人得票数。

```
#define NUMBER 10
struct student
{ unsigned int   iID;
  unsigned char  chpName[20];
  unsigned int   iCount;
} lead[3] = {{1,"zhang",0},{2,"tan",0},{3,"wang",0}};
```

```
main()
{ unsigned int i,j,num;
  for(i = 0;i<NUMBER;i++)
     { scanf("%d",&num);
       switch(num)
          { case 1: lead[0].iCount++; break;
            case 2: lead[1].iCount++; break;
            case 3: lead[2].iCount++; break;
            default: printf("Error selection\n");}
     }
  for(i = 0;i<3;i++)
     printf("%-10s:%-d\n",lead[i].chpName,lead[i].iCount);
}
```

12.3.4 结构体指针

指针变量非常灵活方便,可以指向任一类型的变量,若定义指针变量指向结构体类型变量,则可以通过指针来引用结构体类型变量。

1. 结构体指针变量的定义

结构指针变量说明的一般形式为:

　　struct ＜结构体名＞ ＊＜结构指针变量名＞;

这样说明的含义是:一规定了指针的数据特性;二为结构指针本身分配了一定的内存空间。

结构指针变量必须要先赋值后才能使用,赋的值应是一个地址值。

有了结构指针变量,就能更方便地访问结构变量的各个成员。其访问的一般形式为:

　　＜(＊结构指针变量)＞.＜成员名＞

或为:

　　＜结构指针变量＞－＞＜成员名＞

2. 指向结构变量

当使用结构指针指向一个结构变量时,指针变量中的值就是所指向的结构变量的首地址。以下三种用于表示结构成员的形式是完全等效的。

　　结构变量.成员名

　　(＊结构指针变量).成员名

　　结构指针变量－＞成员名

请注意分析下面几种运算:

　　s－＞n　　　得到 s 指向的结构变量中的成员 n 的值
　　s－＞n++　　得到 s 指向的结构变量中的成员 n 的值,用完该值后使它加 1
　　++s－＞n　　得到 s 指向的结构变量中的成员 n 的值使之加 1

【例 12.3】通过结构指针引用结构体成员。

```
#include "stdio.h"
```

```
struct stu
{   int num;
    char name[20];
    char sex;
    float score;
}student1 = {102,"Zhang ping",'M',78.5},*s;
main()
{   s = &student1;    /*给结构指针变量赋值*/
    printf("Number = %d\tName = %s\t",student1.num, student1.name);
    printf("Sex = %c\tScore = %f\n", student1.sex, student1.score);
    printf("Number = %d\tName = %s\t",(*s).num,(*s).name);
    printf("Sex = %c\tScore = %f\n",(*s).sex,(*s).score);
    printf("Number = %d\tName = %s\t",s->num,s->name);
    printf("Sex = %c\tScore = %f\n",s->sex,s->score);
}
```

3. 指向结构数组

当结构指针指向一个结构数组时,该指针变量的值是整个结构数组的首地址。

当然结构指针也可以指向结构数组中的某个元素,这时指针变量的值是该结构数组元素的首地址。

设 s 为指向结构数组的指针变量,则 s 也指向该结构数组的 0 号元素,s+1 指向 1 号元素,……,s+i 则指向 i 号元素。

【例 12.4】用指向结构体变量的指针变量输出结构体数组元素。

```
main()
{struct  stu_type
    {long num;
     char name[20];
     int age;
    }st[3]
      = {{1001,"wang",19},{1002, "li",18},{1003, "zhang",20}},*p;
printf("No.\tName\tAge\n");
for(p = st; p<st+3; p++)
printf("%ld\t%s\t%d\n",p->num, p->name, p->age);
}
```

【例 12.5】输出上例中全部学生的 name 信息。

```
main()
{struct  stu_type
   {long  num;
    char  name[20];
    int age;
   }st[3]
     = {{1001,"wang",19},{1002,"li",18},{1003,"zhang",20}},*p,*q;
q = (struct  stu_type *)st[0].name;
```

```
    for(p = q; p<q+3; p++)
        printf("%s\t", p);
}
```

上面将指向结构体成员字符数组首地址 st[0].name 转换成指向结构体变量的指针赋给 q,按 q 的方式移动。

12.3.5 结构体与函数

1. 结构体变量和结构体变量成员做函数参数

(1) 结构体变量基本成员作为函数的实参

由于结构体变量的基本成员存放基本类型数据,因此这种情况与基本类型有值变量作实参相同,形参为基本类型的变量,实现值传递。要注意实参与形参类型的一致。

【例 12.6】 打印学号为 20050102 学生的年龄。

```
#define N 3
void PRINT(int age)
{printf("Age:%d\n", age);}
main()
{struct stu_type
    {long num;
     char name[20];
     int age;
    }st[N] = {{20050101,"wang",19},
              {20050102,"li",18},{20050103,"zhao",20}};
 int i;
 for(i = 0;i<N;i++)
    if(st[i].num == 20050102)PRINT(st[i].age);
}
```

(2) 结构体变量作为函数参数

这种用法的参数形式为:

形参——结构体变量。

实参——有值结构体变量或结构体数组元素。

通过实参将相应的结构体类型数据传递给对应的形参,实现传值调用,不同于数组作参数的传址调用。

【注意】 在结构体类型数据作为函数参数时,应将结构体类型定义成外部的,即在所有函数之前定义结构体类型。

【例 12.7】 打印学号为 20050102 学生的全部信息。

```
#define N    3
struct stu_type        /*定义外部的结构体类型*/
{ long num;
  char name[20];
  int age;
```

```
};void PRINT(struct   stu_type stu)
{ printf("No.\t\tName\tAge\n");
  printf("%-16ld%s\t%d\n",stu.num,stu.name,stu.age);
}
main()
{struct   stu_type st[N]
    ={{20050101,"wang",19},{20050102,"li",18},
      {20050103,"zhao",20}};
    int i;
    for(i=0;i<N;i++)
    if(st[i].num==20050102) PRINT(st[i]);}
```

2. 结构体指针作为函数参数

此用法一般用于结构体数组问题。与基本类型一维数组的情况相同,实现传址调用,参数用法如下:

形参——结构体数组或结构体指针变量。

实参——结构体数组名或取得数组名首地址的结构体指针变量。

【例 12.8】 输出全部学生的信息。

```
#define N 3
struct   stu_type
{long   num;
 char   name[20];
 int age;   };
 void PRINT(struct   stu_type *p)
{int   i;
 printf("No.\t\tName\tAge\n");
 for(i=0;i<N;i++)
 printf("%-16ld%s\t%d\n",(p+i)->num,(p+i)->name,(p+i)->age);
}
main()
{struct   stu_type   st[N]
 ={{20050101,"wang",19},{20050102,"li",18},{20050103,"zhao",20}};
 PRINT(st);   }
```

3. 返回结构体类型数据的函数

函数返回值可以是结构体类型的值,也可以是指向结构体变量(或数组元素)的指针。当函数返回值是结构体类型的值时,称该函数为结构体类型函数;当函数返回值是指向结构体类型存储单元的指针(地址)时,称该函数为结构体类型指针函数。

【例 12.9】 用结构体类型函数实现打印学号为 20050102 学生的全部信息。

```
#define N 3
struct   stu_type
{long   num;
 char   name[20];
```

```
   int age; };
struct  stu_type  fun(struct  stu_type st[])/*返回结构体的函数*/
{int i;
 for(i=0;i<N;i++)
    if(st[i].num==20050102) return(st[i]);   }
main()
{struct  stu_type st[N]
   ={{20050101,"wang",19},{20050102,"li",18},{20050103,"zhao",20}};
 struct  stu_type stu;
 stu=fun(st);
 printf("No.\t\tName\tAge\n");
 printf("%-16ld%s\t%d\n",stu.num,stu.name,stu.age);
}
```

12.3.6 链 表

链表是实现动态存储分配的一种方法,它是不同于变量和数组的一种新的数据结构。链表由若干结点构成,每一个结点含有两部分内容:数据部分和指针部分。数据部分是程序所需的,指针部分则存放下一个结点的地址。因此,可以通过上一个结点访问下一个结点。此外,链表中设一个头指针变量,它指向第一个结点,并且末结点(又称为表尾)的指针部分存放的是"空地址"NULL,表示它不指向任何结点,链表到此结束。

1. 链表结点的定义

结点类型定义的一般形式为:
```
struct   类型名
{数据域定义;
 struct   类型名 *  指针域名;
};
```
例如有如下结点类型的定义:
```
struct student
{int num;
 float score;
 struct student * next;
}
```
由包含一个指针域的结点组成的链表为单向链表。链表的基本操作包括:
① 建立并初始化链表;
② 遍历访问链表(包括查找、输出结点等);
③ 删除链表中的结点;
④ 在链表中插入结点。

2. 建立单向链表

(1) 建立单向链表的步骤

① 建立头结点(或定义头指针变量);

② 读取数据；
③ 生成新结点；
④ 将数据存入结点的数据域中；
⑤ 将新结点连接到链表中（将新结点地址赋给上一个结点的指针域）；
⑥ 重复步骤②～⑤，直到输入结束。

【例 12.10】建立带有头结点的单向链表，当输入-1时结束。

```c
#include <stdio.h>
struct node
{int data;
 struct node *next;
};
main()
{int x;
 struct node *h, *s, *r;
 h=(struct node *)malloc(sizeof(struct node));
 r=h;
 scanf("%d",&x);
 while(x!=-1)   {s=(struct node *)malloc(sizeof(struct node));
     s->data=x;
     r->next=s;
     r=s;
     scanf("%d",&x);}
 r->next=NULL;   }
```

（2）输出链表

输出链表即顺序访问链表中各结点数据域，方法是：从头结点开始，不断读取数据和下移指针变量，直到尾结点为止。

【例 12.11】编写单向链表的输出函数。

```c
void print_slist(struct node *h)
{struct node *p;   p=h->next;
 if(p==NULL) printf("Linklist is null!\n");
 else{ printf("head");
       while(p!=NULL)
          {printf("->%d", p->data);  p=p->next;}
       printf("->end\n");
     }
}
```

3. 删除单向链表中的一个结点

删除单向链表中一个结点的方法步骤如下：
① 找到要删除结点的前驱结点；
② 将要删除结点的后继结点的地址赋给要删除结点的前驱结点的指针域；
③ 将要删除结点的存储空间释放。

【例 12.12】 编写函数,在单向链表中删除值为 x 的结点。

```
void delete_node(struct node * h, int x)
{struct node * p, * q;
q = h; p = h->next;              if(p! = NULL)
    {while((p! = NULL) && (p->data! = x))
                {q = p;   p = p->next;}
     if(p->data = = x)
            {q->next = p->next; free(p);}
     }
}
```

4. 在单向链表的某结点前插入一个结点

在单向链表的某结点前插入一个结点的步骤如下:
① 开辟一个新结点并将数据存入该结点的数据域;
② 找到插入点结点;
③ 将新结点插入到链表中:将新结点的地址赋给插入点上一个结点的指针域,并将插入点的地址存入新结点的指针域。

【例 12.13】 编写函数,在单向链表中值为 x 的结点前插入值为 y 的结点,若值为 x 的结点不存在,则插在表尾。

分析:本例结合了查找和插入两种功能,可能遇到以下 3 种情况:
① 链表非空,值为 x 的结点存在,则插在值为 x 的结点之前;
② 链表非空,值为 x 的结点不存在,则插在表尾;
③ 链表为空,也相当于值为 x 的结点不存在,则插在表尾。

函数编写如下:

```
void  insert_node(struct node * h, int x, int y){ struct node * s, * p, * q;
    s = (struct node * )malloc(sizeof(struct node));
    s->data = y;                  /* 向新结点存入数据 */
    q = h;   p = h->next;         /* 工作指针初始化,p 指向第一个结点 */
    while((p! = NULL) && (p->data! = x))
    {q = p;   p = p->next;}       /* p、q 下移,q 指向 p 的前趋结点 */
    q->next = s; s->next = p;
}
```

12.4 共用体

12.4.1 共用体的概念及特点

共用体允许不同类型的数据使用同一段内存,即让不同类型的变量存放在起始地址相同的内存中。共用体类型也是用来描述类型不相同的数据,但与结构体类型不同,共用体数据成员存储时采用覆盖技术,共享(部分)存储空间。在结构体中增加共用体类型成员,可使结构体中产生动态成员,相当于 PASCAl 语言的变体记录。共用体类型在有的书中亦译为联合体类型。

12.4.2 共用体类型的定义

共用体与结构体一样,必须先定义类型。

定义共用体变量的一般形式为:

union 共用体标识符 变量列表;

例如:

```
union exam
{
  int a;
  float b;
  char c;
};
```

即定义了一个共用体类型 union exam。但应注意,由于共用体开辟的存储空间将为 3 个成员共同使用,即成员 a、b、c 在内存中的起始地址相同,因此开辟空间的大小为其中最大一个成员所占的空间,本例则为 4 个字节。(如果以上定义的是结构体,则变量所占的空间为 3 个成员之和,为 7 个字节)

显然,由于 3 个成员存放在相同的空间里,同一时刻只可能保存一个结果,因此必须清楚当前存放的是哪一个成员的值。这一点必须由用户自行确定。

共用体变量的定义和结构体变量的定义类似,也有 3 种方法。同样提倡使用第一种方式来定义共用体变量。

(1) 先定义共用体类型,再定义共用体变量。

一般形式为:

① union 共用体名

  {成员表};

② union 共用体名变量表;

例如:

```
union data{
  int i;
  char ch;
  float f;
};
union data a,b,c;
```

(2) 定义共用体类型的同时定义共用体变量。

一般形式为:

  union 共用体名

  {成员表}变量表;

例如:

```
union data{
    int i;
    char ch;
    float f;
}a,b,c;
```

(3) 直接定义共用体变量。

一般形式为：

union{成员表}变量表；

例如：

```
union{
  int i;
  char ch;
  float f;
}a,b,c;
```

12.4.3　共用体变量的引用

共用体变量的引用，同样分为共用体变量本身的引用和共用体成员变量的引用。共用体变量遵循结构体变量的引用规则。例如：

```
union variant a;
union variant * pA;
pA = &a;
```

通过共用体变量，引用其成员变量的语法描述如下：

共用体变量．成员变量

通过共用体指针变量，间接引用成员变量的语法描述如下：

共用体变量—＞成员变量

共用体成员变量的引用遵循基本类型变量的引用规则。

【例 12.14】 定义自定义类型 struct VARIANT，从键盘读入数据类型(1-整数,2-单精度浮点数,3-双精度浮点数)，然后从键盘读入数据存储到共用体成员变量中。

```
/*结构体 struct VARIANT */
struct VARIANT
{
  unsigned int vt;                  /*当前的结构体存储的数据类型*/
  /*共用体类型成员变量 u,存储当前的数据信息共用体定义*/
  union
  {
    long lVal;                      /* long 型数据*/
    int iVal;                       /* int 型数据*/
    float fVal;                     /* float 型数据*/
    double dVal;                    /* double 型数据*/
  }u;
```

```
};
void main()
{
    struct VARIANT varValue;
    printf("请输入数据的类型,然后输入此数据
    (1-整数,2-单精度浮点数,3-双精度浮点数)");
    scanf("%d",&(varValue.vt));
    switch(varValue.vt)
    {
        case 1:
        scanf("%d",&(varValue.u.lVal));
        break;
        case 2:
        scanf("%f",&(varValue.u.fVal));
        break;
        case 3:
        scanf("%f",&(varValue.u.dVal));
        break;
    }
}
```

【例 12.15】利用共用体类型的特点分别取出 int 变量高字节和低字节中的两个数。

```
main()
{ union
    { char ch[2];
      int d;
    }s;
    s.d = 0x4321;
    printf("%x,%x\n",s.ch[0],s.ch[1]);
}
```

在 16 位编译系统上程序执行后的输出结果是 21、43。

12.5 枚 举

在实际问题中,有些变量的取值被限定在一个有限的范围内。例如,一个星期只有 7 天,一年只有 12 个月,一个班每周有 6 门课程等等。如果把这些量说明为整型、字符型或其它类型显然是不妥当的。为此,C 语言提供了一种称为"枚举"的类型。在"枚举"类型的定义中列举出所有可能的取值,被说明为该"枚举"类型的变量取值不能超过定义的范围。应该说明的是,枚举类型是一种基本数据类型,而不是一种构造类型,因为它不能再分解为任何基本类型。

1. 枚举的定义

枚举类型定义的一般形式为:
enum 枚举名

{
  　　枚举值表
};

在枚举值表中应罗列出所有可用值。这些值也称为枚举元素。

例如：

enum weekday
{
  　　sun,mou,tue,wed,thu,fri,sat
};

该枚举名为 weekday,枚举值共有 7 个,即一周中的 7 天。凡被说明为 weekday 类型变量的取值只能是 7 天中的某一天。

2. 枚举变量的说明

如同结构和联合一样,枚举变量也可用不同的方式说明,即先定义后说明,同时定义说明或直接说明。设有变量 a、b、c 被说明为上述的 weekday,可采用下述任何一种方式：

enum weekday
{
  　　…
};
enum weekday a,b,c;或者为：enum weekday
{
  　　…
}a,b,c;或者为：
 enum
{
  　　…
}a,b,c;

3. 枚举类型变量的赋值和使用

枚举类型在使用中有以下规定：

① 枚举值是常量,不是变量。不能在程序中用赋值语句再对它赋值。例如对枚举 weekday 的元素再作以下赋值"sun=5;mon=2;sun=mon;"都是错误的。

② 枚举元素本身由系统定义了一个表示序号的数值,从 0 开始顺序定义为 0,1,2,…。如在 weekday 中,sun 值为 0,mon 值为 1,…,sat 值为 6。

```
main(){
  enum weekday
  {
    sun,mon,tue,wed,thu,fri,sat
  } a,b,c;
  a = sun;
  b = mon;
  c = tue;
```

```
    printf("%d,%d,%d",a,b,c);
}
```

③ 只能把枚举值赋予枚举变量,不能把元素的数值直接赋予枚举变量。如"a=sum;b=mon;"是正确的。而"a=0;b=1;"是错误的。如一定要把数值赋予枚举变量,则必须用强制类型转换,如"a=(enum weekday)2;"其意义是将顺序号为 2 的枚举元素赋予枚举变量 a,相当于"a=tue;"。还应该说明的是枚举元素不是字符常量也不是字符串常量,使用时不要加单、双引号。

```
main(){
  enum body
  {
    a,b,c,d
  } month[31],j;
  int i;
  j=a;
  for(i=1;i<=30;i++){
    month[i]=j;
    j++;
    if (j>d) j=a;
  }
  for(i=1;i<=30;i++){
    switch(month[i])
    {
      case a:printf(" %2d %c\t",i,'a'); break;
      case b:printf(" %2d %c\t",i,'b'); break;
      case c:printf(" %2d %c\t",i,'c'); break;
      case d:printf(" %2d %c\t",i,'d'); break;
      default:break;
    }
  }
  printf("\n");
}
```

12.6 用 typedef 定义类型

C 语言不仅提供了丰富的数据类型,而且还允许由用户自己定义类型说明符,也就是说允许由用户为数据类型取"别名"。类型定义符 typedef 即可用来完成此功能。例如,有整型量 a、b,其说明如下:

int a,b;

其中 int 是整型变量的类型说明符。int 的完整写法为 integer,为了增加程序的可读性,可把整型说明符用 typedef 定义为:

typedef int INTEGER

以后就可用 INTEGER 来代替 int 作整型变量的类型说明了。

例如:"INTEGER a,b;"它等效于"int a,b;"。

用 typedef 定义数组、指针、结构等类型将带来很大的方便,不仅使程序书写简单而且意义更为明确,增强了可读性。

例如:"typedef char NAME[20];"表示 NAME 是字符数组类型,数组长度为 20。然后可用 NAME 说明变量,如:"NAME a1,a2,s1,s2;"完全等效于"char a1[20],a2[20],s1[20],s2[20]"。

又如:

```
typedef struct stu
{ char name[20];
  int age;
  char sex;
} STU;
```

定义 STU 表示 stu 的结构类型,然后可用 STU 来说明结构变量:

STU body1,body2;

typedef 定义的一般形式为:

  typedef 原类型名 新类型名

其中原类型名中含有定义部分,新类型名一般用大写表示,以便于区别。

有时也可用宏定义来代替 typedef 的功能,但是宏定义是由预处理完成的,而 typedef 则是在编译时完成的,后者更为灵活方便。

本章小结

本章主要介绍了结构体类型的定义、结构体变量的定义和引用,共用体类型的定义、共用体变量的定义和引用,枚举类型的定义和使用以及 typedef 的使用。要求大家能够熟练掌握这些知识。

历年试题汇集

1.【2000.4】有以下结构体说明和变量的定义,且如图所示指针 p 指向变量 a,指针 q 指向变量 b。不能把结点 b 连接到结点 a 之后的语句是_____。

```
struct node
{ char data;
  struct node *next;
{ a,b, *p=&a, *q=&b;
```

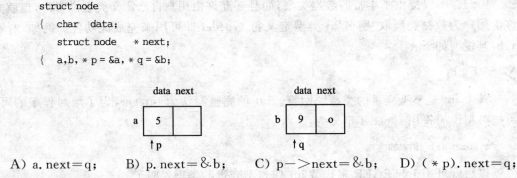

A) a.next=q; B) p.next=&b; C) p->next=&b; D) (*p).next=q;

2.【2000.4】变量 a 所占内存字节数是_____。

```
union U
{ char st[4];
  int  i;
  long l;
};
struct A
{ int  c;
  union U u;
}a;
```

A) 4 B) 5 C) 6 D) 8

3.【2000.9】有如下定义：

```
struct person{char  name[9]; int age;};
strict person   class[10]={"Johu",  17,
"Paul",  19
"Mary",  18,
"Adam",  16,};
```

根据上述定义,能输出字母 M 的语句是_____。

A) prinft("%c\n",class[3].mane);
B) pfintf("%c\n",class[3].name[1]);
C) prinft("%c\n",class[2].name[1]);
D) printf("%^c\n",class[2].name[0]);

4.【2000.9】以下对结构体类型变量的定义中,不正确的是_____。

A) typedef struct aa
   { int n;
     float m;
   }AA;
   AA td1;

B) #define AA   struct aa
   AA {int n;
       float m;
   }td1;

C) struct{ int n;
    float m;
   }aa;
   stuct aa td1;

D) struct
   { int n;
     float m;
   }td1;

5.【2000.9】若已建立如下图所示的单向链表结构：

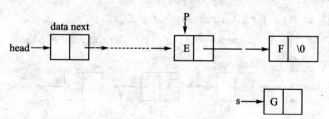

在该链表结构中,指针 p、s 分别指向图中所示结点,则不能将 s 所指的结点插入到链

表末尾仍构成单向链表的语句组是_____。

A) p=p->next; s->next=p; p->next=s;

B) p=p->next; s->next=p->next; p->next=s;

C) s->next=NULL; p=p->next; p->next=s;

D) p=(*p).next; (*s).next=(*p).next; (*p).next=s;

6.【2000.9】设有以下结构类型说明和变量定义，则变量a在内存所占字节数是_____。

```
Struct    stud
{ char    num[6];
  int     s[4];
  double  ave;
} a,*p;
```

7.【2001.4】设有以下说明语句：

```
struct ex
{ int x; float y; char z;} example;
```

则下面的叙述中不正确的是_____。

A) struct 结构体类型的关键字　　B) example 是结构体类型名

C) x,y,z 都是结构体成员名　　　　D) struct ex 是结构体类型

8.【2001.4】以下程序的输出是_____。

```
struct st
{ int x; int *y;} *p;
    int dt[4]={10,20,30,40};
    struct st aa[4]={50,&dt[0],60,&dt[0],60,&dt[0],60,&dt[0],};
    main()
{ p=aa;
    printf("%d\n",++(p->x));
}
```

A) 10　　　　　B) 11　　　　　C) 51　　　　　D) 60

9.【2001.4】假定建立了以下链表结构，指针p、q分别指向如图所示的结点，则以下可以将q所指结点从链表中删除并释放该结点的语句组是_____。

A) free(q); p->next=q->next;

B) (*p).next=(*q).next; free(q);

C) q=(*q).next; (*p).next=q; free(q);

D) q=q->next; p->next=q; p=p->next; free(p);

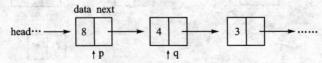

10.【2001.4】以下程序用来输出结构体变量 ex 所占存储单元的字节数，请填空。

```
    struct st
    {   char  name[20];  double score;  };
    main()
    {  struct st  ex;
       printf("ex size:%d\n",sizeof(_____));
    }
```

11. 【2001.9】以下各选项企图说明一种新的类型名,其中正确的是_____。
    A) typedef v1   int;   B) typedef v2=int;
    C) typedefv1   int v3;   D) typedef v4:int;

12. 【2001.9】以下程序的输出结果是_____。
```
    union myun
    {   struct
    { int  x, y, z; } u;
       int k;
    } a;
    main()
    { a.u.x = 4; a.u.y = 5; a.u.z = 6;
      a.k = 0;
      printf("%d\n",a.u.x);
    }
```
    A) 4   B) 5   C) 6   D) 0

13. 【2001.9】以下程序段用于构成一个简单的单向链表,请填空。
```
    struct STRU
    {  int   x, y;
       float rate;
       _____p;
    } a, b;
    a.x = 0; a.y = 0; a.rate = 0; a.p = &b;
    b.x = 0; b.y = 0; b.rate = 0; b.p = NULL;
```

14. 【2001.9】若有如下结构体说明,
```
    struct STRU
    { int  a, b;  char  c;  double d;
      struct STRU  p1,p2;
    };
```
    请填空,以完成对 t 数组的定义,t 数组的每个元素为该结构体类型:
    _____t[20];

15. 【2002.4】若有下面的说明和定义:
```
    struct test
    { int  m1; char  m2;  float  m3;
      union uu {char u1[5]; int u2[2];} ua;
```

} myaa;

则 sizeof(struct test)的值是_____。

A) 12   B) 16   C) 14   D) 9

16.【2002.4】若以下定义：

```
struct link
{ int data;
  struck link * next;
}a,b,c,*p,*q;
```

且变量 a 和 b 之间已有如下图所示的链表结构：

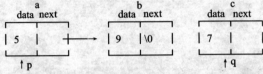

指针 p 指向变量 a,q 指向变量 c,则能够把 c 插入到 a 和 b 之间并形成新的链表的语句组是：

A) a.next=c; c.next=b;
B) p.next=q; q.next=p.next;
C) p->next=&c; q->next=p->next;
D) (*p).next=q; (*q).next=&b;

17.【2002.4】设有以下说明语句：

```
typedef struct
{  int  n;
char ch[8];
}PER;
```

则以下叙述正确的是_____。

A) PER 是结构体变量名   B) PER 是结构体类型名
C) typedef struct 是结构体类型   D) struct 是结构体类型名

18.【2002.4】以下定义的结构体类型拟包含两个成员,其中成员变量 info 用来存入整形数据,成员变量 link 是指向自身结构体的指针。请将定义补充完整。

```
struct node
{ int info;
  _____ link;
}
```

19.【2002.9】有以下程序：

```
struct STU
{ char num[10];  float score[3]; };
main()
{ struct stu s[3] = {{"20021",90,95,85},
{"20022",95,80,75},
```

```
      {"20023",100,95,90}},*p=s;
    int i;    float sum=0;
    for(i=0;i<3,i++)
    sum=sum+p->score[i];
    printf("%6.2f\n",sum);
}
```

程序运行后的输出结果是_____。

A) 260.00   B) 270.00   C) 280.00   D) 285.00

20.【2002.9】设有如下定义：

```
struck sk
{ int a;
  float b;
}data;
int *p;
```

若要使 P 指向 data 中的 a 域,则正确的赋值语句是_____。

A) p=&a;   B) p=data.a;   C) p=&data.a;   D) *p=data.a;

21.【2002.9】有以下程序：

```
#include <stdlib.h>
struct NODE
{ int num; struct NODE  *next;};
main()
{ struct NODE *p,*Q,*R;
  p=(struct NODE *)malloc(sizeof(struct NODE));
  q=(struct NODE *)malloc(sizeof(struct NODE));
  r=(struct NODE *)malloc(sizeof(struct NODE));
  p->num=10; q->num=20; r->num=30;
  p->next=q;q->next=r;
  printf("%d\n",p->num+q->next->num);
}
```

程序运行后的输出结果是_____。

A) 10   B) 20   C) 30   D) 40

22.【2002.9】若有以下说明和定义：

```
typedef int *INTEGER;
INTEGER p,*q;
```

以下叙述正确的是_____。

A) P 是 int 型变量   B) p 是基类型为 int 的指针变量
C) q 是基类型为 int 的指针变量   D) 程序中可用 INTEGER 代替 int 类型名

23.【2002.9】下面程序的运行结果是：_____。

```
typedef union student
{ char name[10];
```

```
    long sno;
    char sex;
    float score[4];
}STU;
main()
{ STU  a[5];
  printf("%d\n",sizeof(a));
}
```

24.【2003.4】设有如下说明：

```
typedef struct
{ int n; char c; double x;}STD;
```

则以下选项中，能正确定义结构体数组并赋初值的语句是_____。
A) STD tt[2]={{1,'A',62},{2,'B',75}};
B) STD tt[2]={1,"A",62,2,"",75};
C) struct tt[2]={{1,'A'},{2,'B'}};
D) struct tt[2]={{1,"A",62.5},{2,"B",75.0}};

25.【2003.4】有以下程序：

```
main()
{ union{ unsigned int n;
         unsigned char c;
       }ul;
  ul.c='A';
  printf("%c\n",ul.n);
}
```

执行后的输出结果是_____。
A) 产生语法错   B) 随机值   C) A   D) 65

26.【2003.4】若要说明一个类型名STP，使得定义语句STP s;等价于char *s;，以下选项中正确的是_____。
A) typedef STP char *s;   B) typedef * char STP;
C) typedef STP * char;   D) typedef char * STP;

27.【2003.4】设有如下定义：

```
struct ss
{ char name[10];
  int age;
  char sex;
} std[3],* p=std;
```

下面各输入语句中错误的是_____。
A) scanf("%d",&(*p).age);   B) scanf("%s",&std.name);
C) scanf("%c",&std[0].sex); D) scanf("%c",&(p->sex));

28.【2003.9】以下选项中不能正确把 c1 定义成结构体变量的是_____。

A) typedef struct
   { int red;
     int green;
     int blue;
   } COLOR;
   COLOR c1;

B) struct color c1
   { int red;
     int green;
     int blue;
   };

C) struct color
   { int red;
     int green;
     int blue;
   } c1;

D) struct
   { int red;
     int green;
     int blue;
   } c1;

29.【2003.9】有以下结构体说明和变量定义,指针 p、q、r 分别指向一个链表中的 3 个连续结点。

```
struct node
{ int data;
  struct node *next;
} *p, *q, *r;
```

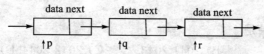

现要将 q 和 r 所指结点的先后位置交换,同时要保持链表的连续,以下程序段错误的是_____。

A) r->next=q; q->next=r->next; p->next=r;
B) q->next=r->next; p->next=r; r->next=q;
C) p->next=r; q->next=r->next; r->next=q;
D) q->next=r->next; r->next=q; p->next=r;

30.【2003.9】已有定义如下:

```
struct node
{ int data;
  struct node *next;
} *p;
```

以下语句调用 malloc 函数,使指针 p 指向一个具有 struct node 类型的动态存储空间。请填空。

p=(struct node *) malloc(_____);

31.【2004.4】设有以下语句:

typedef struct S
{ int g; char h;} T;

则下面叙述中正确的是_____。

A) 可用 S 定义结构体变量　　　　B) 可以用 T 定义结构体变量
C) S 是 struct 类型的变量　　　　D) T 是 struct S 类型的变量

32. 【2004.4】有以下程序：

```
struc STU
{ char name[10];
  int num;
};
void f1(struct STU C)
{ struct STU b = {"LiSiGuo",2042};
    c = b;
}
void f2(struct STU *C)
{ struct STU b = {"SunDan",2044};
  *c = b;
}
main( )
{ struct STU a = {"YangSan",2041},b = {"WangYin",2043};
    f1(A) ;f2(&B) ;
    printf("%d %d\n",a.num,b.num);
}
```

执行后的输出结果是_____。
A) 2041 2044　　　B) 2041 2043　　　C) 2042 2044　　D) 2042 2043

33. 【2004.4】有以下程序：

```
struct STU
{ char name[10];
  int num;
  int Score;
};
main( )
{ struct STU s[5] = {{"YangSan",20041,703},{"LiSiGuo",20042,580},
  {"wangYin",20043,680},{"SunDan",20044,550},
  {"Penghua",20045,537}}, *p[5], *t;
  int i,j;
  for(i = 0;i<5;i++) p = &s;
  for(i = 0;i<4;i++)
  for(j = i+1;j<5;j++)
  if(p->Score>p[j]->Score)
  { t = p;p = p[j];p[j] = t;}
  printf("5d %d\n",s[1].Score,p[1]->Score);
}
```

执行后的输出结果是_____。
A) 550 550　　　　B) 680 680　　　　C) 580 550　　　　D) 580 680

34.【2004.4】有以下程序：

```
#include
struct NODE{
  int num;
  struct NODE *next;
  };
main( )
{ struct NODE *p,*q,*r;
  int sum = 0;
  p = (struct NODE *)malloc(sizeof(struct NODE));
  q = (struct NODE *)malloc(sizeof(struct NODE));
  r = (struct NODE *)malloc(sizeof(struct NODE));
  p->num = 1;q->num = 2;r->num = 3;
  p->next = q;q->next = r;r->next = NULL;
  sum += q->next->num;sum += p->num;
  printf("%d\n",sum);
}
```

执行后的输出结果是_____。
A) 3   B) 4   C) 5   D) 6

35.【2004.4】以下程序的运行结果是_____。

```
#include
typedef struct student{
  char name[10];
  long sno;
  float score;
 }STU;
main( )
{ STU
  a = {"zhangsan",2001,95},b = {"Shangxian",2002,90},c = {"Anhua",2003,95},d,*p = &d;
  d = a;
  if(strcmp(a.name,b.name)>0) d = b;
  if(strcmp(c.name,d.name)>0) d = c;
  printf("%ld%s\n",d.sno,p->name);
}
```

36.【2004.9】有以下说明和定义语句：

```
struct student
{ int age; char num[8];};
struct student stu[3] = {{20,"200401"},{21,"200402"},{10\9,"200403"}};
struct student *p = stu;
```

以下选项中引用结构体变量成员的表达式错误的是_____。
A) (p++)->num   B) p->num
C) (*p).num   D) stu[3].age

37.【2004.9】以下程序的功能是：建立一个带有头结点的单向链表，并将存储在数组中的字符依次转存到链表的各个结点中，请从与下划线处号码对应的一组选若中选择出正确的选项。

```
#include
stuct node
{ char data; struct node *next;};
(1) CreatList(char *s)
{ struct node *h,*p,*q;
  h=(struct node *)malloc(sizeof(struct node));
  p=q=h;
  while(*s!='\0')
  { p=(struct node *)malloc(sizeof(struct node));
    p->data=(2);
    q->next=p;
    q=(3);
    s++;
  }
  p->next='\0';
  return h;
}
main()
{ char str[]="link list";
  struct node *head;
  head=CreatList(str);
  ...
}
```

(1) A) char *　　　　B) struct node　　　C) struct node *　　　D) char
(2) A) *s　　　　　　B) s　　　　　　　　C) *s++　　　　　　　D) (*s)++
(3) A) p->next　　　 B) p　　　　　　　　C) s　　　　　　　　　D) s->next

38.【2005.4】若有以下说明和定义：

union dt
{int a;char b;double c;}data;

以下叙述中错误的是_____。
A) data 的每个成员起始地址都相同
B) 变量 data 所占的内存字节数与成员 c 所占字节数相等
C) 程序段:data.a=5;printf("%f\n",data.c);输出结果为 5.000000
D) data 可以作为函数的实参

39.【2005.4】设有如下说明：

typedef struct ST
{long a;int b;char c[2];}NEW;

则下面叙述正确的是_____。

A) 以上的说明形式非法 B) ST 是一个结构体类型
C) NEW 是一个结构体类型 D) NEW 是一个结构体变量

40.【2005.4】有以下结构体说明和变量定义,如图所示:

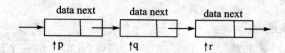

```
struct node
{int data; struct node *next;} *p,*q,*r;
data next data next data next pqr
```

现要将 q 所指结点从链表中删除,同时要保持链表的连续,以下不能完成指定操作的语句是_____。

A) P->next=q->next; B) p->next=p->next->next;
C) p->next=r; D) p=q->next;

41.【2005.4】以下对结构体类型变量 td 的定义中,错误的是_____。

A) typedef struct aa
  { int n;
   float m;
  }AA;
  struct AA td;

B) struct aa
  { int n;
   float m;
  }td;
  struct aa td;

C) struct
  { int n;
   float m;
  }aa;
  struct aa td;

D) struct
  { int n;
   float m;
  }td;
  struct aa td;

42.【2005.4】以下程序运行后的输出结果是_____。

```
struct NODE
{ int k;
  struct NODE *link;
};
main()
{ struct NODE m[5],*p=m,*q=m+4;
  int i=0;
  while(p!=q){
      p->k=++i; p++;
      q->k=i++; q--;
  }
  q->k=i;
  for(i=0;i<5;i++) printf("%d",m[i].k);
  printf("\n");
}
```

43.【2005.9】有以下程序段:

```
typedef struct NODE
{ int num; struct NODE * next;
} OLD;
```

以下叙述中正确的是_____。

A) 以上的说明形式非法　　　　　　B) NODE 是一个结构体类型
C) OLD 是一个结构体类型　　　　　D) OLD 是一个结构体变量

44.【2005.9】有以下程序:

```
#include
struct STU
{ int num;
float TotalScore; };
void f(struct STU p)
{ struct STU s[2]={{20044,550},{20045,537}};
p.num = s[1].num; p.TotalScore = s[1].TotalScore;
}
main()
{ struct STU s[2]={{20041,703},{20042,580}};
  f(s[0]);
  printf("%d %3.0f\n", s[0].num, s[0].TotalScore);
}
```

程序运行后的输出结果是_____。

A) 20045 537　　　B) 20044 550　　　C) 20042 580　　　D) 20041 703

45.【2005.9】有以下程序:

```
#include
struct STU
{ char name[10];
int num; };
void f(char * name, int num)
{ struct STU s[2]={{"SunDan",20044},{"Penghua",20045}};
num = s[0].num;
strcpy(name, s[0].name);
}
main()
{ struct STU s[2]={{"YangSan",20041},{"LiSiGuo",20042}}, * p;
  p=&s[1]; f(p->name, p->num);
  printf("%s %d\n", p->name, p->num);
}
```

程序运行后的输出结果是_____。

A) SunDan 20042　　　　　　　　　B) SunDan 20044
C) LiSiGuo 20042　　　　　　　　　D) YangSan 20041

46.【2005.9】有以下程序：

```
struct STU
{ char name[10]; int num; float TotalScore; };
void f(struct STU * p)
{ struct STU s[2] = {{"SunDan",20044,550},{"Penghua",20045,537}}, *q = s;
  ++p ; ++q; *p = *q;
}
main()
{ struct STU s[3] = {{"YangSan",20041,703},{"LiSiGuo",20042,580}};
  f(s);
  printf("%s %d %3.0f\n", s[1].name, s[1].num, s[1].TotalScore);
}
```

程序运行后的输出结果是_____。
A) SunDan 20044 550　　　　　　B) Penghua 20045 537
C) LiSiGuo 20042 580　　　　　　D) SunDan 20041 703

47.【2005.9】已有定义：double *p;，请写出完整的语句，利用malloc函数使p指向一个双精度型的动态存储单元。

48.【2005.9】以下程序运行后的输出结果是_____。

```
struct NODE
{ int num; struct NODE * next;
} ;
main()
{ struct NODE s[3] = {{1,'\0'},{2,'\0'},{3,'\0'}}, *p, *q, *r;
  int sum = 0;
  s[0].next = s + 1; s[1].next = s + 2; s[2].next = s;
  p = s; q = p->next; r = q->next;
  sum + = q->next->num; sum + = r->next->next->num;
  printf("%d\n", sum);
}
```

49.【2006.4】现有以下结构体说明和变量定义（如图所示），指针p、q、r分别指向一个链表中连续的3个结点。

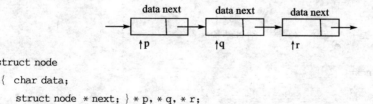

```
struct node
{ char data;
  struct node * next; } *p, *q, *r;
```

现要将q和r所指结点交换前后位置，同时要保持链表的连续，以下不能完成此操作的语句是_____。
A) q->next=r->next;p->next=r;r->next=q;

B) p->next=r;q->next=r->next;r->next=q;
C) q->next=r->next;r->next=q;p->next=r;
D) r->next=q;p->next=r;q->next=r->next;

50.【2006.4】有以下程序段：

```
struct st
{int x;int *y;} *pt;
int a[]={1,2},b[]={3,4};
struct st c[2]={10,a,20,b};
pt=c;
```

以下选项中表达式的值为 11 的是_____。
A) *pt->y   B) pt->x   C) ++pt->x   D) (pt++)->x

51.【2006.4】有以下程序：

```
main()
{union
 { char ch[2];
   int d;
 }s;
 s.d=0x4321;
 printf("%x,%x\n",s.ch[0],s.ch[1]);
}
```

在 16 位编译系统上，程序执行后的输出结果是_____。
A) 21,43   B) 43,21   C) 43,00   D) 21,00

52.【2006.4】以下叙述中错误的是_____。
A) 可以通过 typedef 增加新的类型
B) 可以用 typedef 将已存在的类型用一个新的名字来代表
C) 用 typedef 定义新的类型名后，原有类型名仍有效
D) 用 typedef 可以为各种类型起别名，但不能为变量起别名

53.【2006.4】以下程序中函数 fun 的功能是：构成一个带头结点的单向链表，在结点的数据域中放入了具有两个字符的字符串。函数 disp 的功能是显示输出该单链表中所有结点中的字符串。请填空完成函数 disp。

```
#include <stdio.h>
typedef struct node        /*链表结点结构*/
{ char sub[3];
  struct node *next;
}Node;
Node fun(char s)           /*建立链表*/
{…}
void disp(Node *h)
{ Node *p;
  p=h->next;
```

```
        while(_____)
        {printf("%s\n",P->sub); p = _____ ; }
    }
    main()
    { Node * hd;
        hd = fun();disp(hd);printf("\n");
    }
```

课后练习

一、选择题

1. C 语言结构体类型变量在程序执行期间_____。
   A) 所有成员一直驻留在内存中
   B) 只有一个成员驻留在内存中
   C) 部分成员驻留在内存中
   D) 没有成员驻留在内存中

2. 下面程序的运行结果是_____。
   ```
   main()
   {
       struct cmplx{int x;
                    int y;
                    }cnum[2] = {1,3,2,7};
       printf("%d\n",cnum[0].y/cnum[0].x*cnum[1].x);
   }
   ```
   A) 0   B) 1   C) 3   D) 6

3. 设有如下定义：
   ```
   struct sk
   {int n;
    float x;
   }data, * p;
   ```
   若要使 p 指向 data 中的 n 域,正确的赋值语句是_____。
   A) p=&data.n;
   B) *p=data.n;
   C) p=(struct sk *)&data.n;
   D) p=(struct sk *)data.n;

4. 以下对结构体变量 stu1 中成员 age 的非法引用是_____。
   ```
   struct  student
     {int age;
      int num;
     }stu1, * p;
   ```

p = &stu1;
   A) stu1.age   B) student.age
   C) p->age   D) (*p).age

5. 下面对 typedef 的叙述中不正确的是_____。
   A) 用 typedef 可以定义各种类型名,但不能用来定义变量
   B) 用 typedef 可以增加新类型
   C) 用 typedef 只是将已存在的类型用一个新的标识符来代表
   D) 使用 typedef 有利于程序的通用和移植

6. 以下 scanf 函数调用语句中对结构体变量成员的不正确引用是_____。
   ```
   struct pupil
     { char name[20];
       int age;
       int sex;
     }pup[5], *p;
    p = pup;
   ```
   A) scanf("%s",pup[0].name);
   B) scanf("%d",&pup[0].age);
   C) scanf("%d",&(p->sex));
   D) scanf("%d",p->age);

二、填空题

1. 以下程序的运行结果是_____。
   ```
   struct n{
   int x;
   char c;
   };
   main()
     { struct n a={10,'x'};
       func(a);
       printf("%d,%c",a.x,a.c);
     }
   func(struct n b)
     {
       b.x = 20;
       b.c = 'y';
     }
   ```

2. 若有定义:
   ```
   struct num
    { int a;
      int b;
      float f;
    }n={1,3,5.0};
   ```

```
   struct num * pn = &n;
```
则表达式 pn->b/n.a*++pn->b 的值是_____，表达式(*pn).a+pn->f 的值是_____。

3. 以下程序的运行结果是_____。
```
struct ks
{ int a;
  int *b;
}s[4],*p;
main()
{
  int n=1;
  printf("\n");
  for(i=0;i<4;i++)
  {
    s[i].a=n;
    s[i].b=&s[i].a;
    n=n+2;
  }
  p=&s[0];
  p++;
  printf("%d,%d\n",(++p)->a,(p++)->a);
}
```

4. 结构数组中存有三人的姓名和年龄，以下程序输出三人中最年长者的姓名和年龄。请在_____内填入正确内容。
```
stati struct man{
char name[20];
int age;
}person[]={ "li=ming",18,
            "wang-hua",19,
            "zhang-ping",20
          };
main()
  { struct man *p,*q;
    int old=0;
    p=person;
    for( ;p_____;p++)
    if(old<p->age)
    {q=p;_____;}
    printf("%s %d",_____);
  }
```

5. 以下程序段的功能是统计链表中结点的个数，其中 first 为指向第一个结点的指针（链表不带头结点）。请在_____内填入正确内容。

```
struct link
  {char data ;
   struct link * next;
  };
...
   struct link * p, * first;
   int c = 0;
   p = first;
   while(_____)
   {_____;
    p = _____;
   }
```

三、编程题

1. 定义一个结构体变量（包括年、月、日），计算该日在本年中是第几天？注意闰年问题。

2. 已知 head 指向一个带头结点的单向链表，链表中每个结点包含整形数据域（data）和指针域（next）。链表中各结点按数据域递增链接，以下函数删除链表中数据域值相同的结点，使之保留一个。请将程序补充完整。

```
typedef int datatype;
typedef struct node
{ datatype data;
  struct node * next;
}linklist;
...
purge(linklist * head)
{ linklist * p, * q;
  q = head->next;
  if(q == NULL) return;
  p = q->next;
  while(p! = NULL)
  if(p->data == q->data)
  { ;free(p);p = q->next;}
  else {q = p; ;}
}
```

第 13 章

位运算

【本章考点和学习目标】
1. 熟练位运算符的运算功能。
2. 使用位运算符处理简单的问题。

【本章重难点】
重点：位运算的运算规则。
难点：位运算符的使用。

本章是初学 C 语言者的一大难点，属较高要求，符合编写系统软件的需要。读者应在掌握了计算机的几种基本数值编码的基础上，开始本章的学习。通过本章的学习我们将进一步体会到 C 语言既具有高级语言的特点，又具有低级语言的功能，它能直接对计算机的硬件进行操作，因而它具有广泛的用途和很强的生命力。

13.1 位运算符

在计算机程序中，数据的位是可以操作的最小数据单位，理论上可以用"位运算"来完成所有的运算和操作。一般的位操作是用来控制硬件的，或者作数据变换使用，但是灵活的位操作可以有效地提高程序运行的效率。C 语言提供了位运算的功能，这使得 C 语言也能像汇编语言一样用来编写系统程序。

C 语言提供了 6 种位运算符（见表 13-1）。

表 13-1 位逻辑运算与移位运算

类　型	运算符	含　义
位逻辑运算符	&	按位与
	|	按位或
	^	按位异或
	~	取反
移位运算符	<<	左移
	>>	右移

说明：
① 操作数只能是整型或字符型的数据，不能为实型或结构体等类型的数据。

② 6个位运算符的优先级由高到低依次为：取反、左移和右移、按位与、按位异或、按位或。

③ 两个不同长度的数据进行位运算时，系统会将二者右端对齐。

13.2 位运算符的运算功能

13.2.1 按位与运算符（&）

1. 规则

按位与是双目运算符，参与运算的两个操作数（以补码方式出现）各对应的二进位进行逻辑与（即逻辑乘）。逻辑与的规则是：只有对应的两个二进位均为1时，结果位才为1，否则为0。即：0&0=0；0&1=0；1&0=0；1&1=1。

9&5 运算如下：

9 的二进制补码：　　　　00001001
5 的二进制补码：　　　　00000101
　　　　　　　　　　　 &
　　　　　　　　　　　 00000001（1的二进制补码）

由此可见 9&5=1。

2. 特殊用途

按位与运算通常用来对某些位清0，结果中只保留需要的位。由按位与的规则可知：为了清除某数的指定位，可将该位按位与0。如果要保留指定位，可将该位按位与1。

【例 13.1】取出 00110110 中的最低位。

为了得到最低位，我们只要保留最低位，其余位清零即可。

原数补码：　　00110110
逻辑尺：　　　00000001
　　　　　　　&
　　　　　　　00000000

【例 13.2】取出 a 的最低 4 位数。

分析：要取出最低 4 位数，低 4 位必须为 1111，其余位为 0000，这将保证最低 4 位数被保留，而其余所有位被清零。

```
#include "stdio.h"
main()
{ int a,b=15,c;
  scanf("%d",&a);
  c=a&b;
  printf("a=%x\nb=%x\nc=%x\n",a,b,c);
}
```

【例 13.3】编写一个函数 Int2Bin(x,len)，该函数能返回无符号整数 x 的二进制字符串，字符串的个数由形参 len 给出。如 x=200，函数 Int2Bin(x,8)返回"11001000"。

分析：我们用逻辑尺取 x 的最后一位二进制数，转换为字符后放到输出字符串的最前面，然后 x 除以 2（这相当于 x 右移一位）。重复以上操作 len 次，结果就是二进制的字符串。

程序如下：

```
unsigned char * Int2Bin(unsigned int x, unsigned char len)
{
    unsigned char s[128];       // 该函数现在只支持 126 位以内的二进制数
    unsigned char * sp = s + 126;
    if (len>126)
        len = 126;
    s[127] = 0;                 // 0 是字符串结束符
    while (len--)
    {
        * sp-- = '0' + (x & 1);
        x/= 2;                  // 也可以写作:x>>= 1
    }
    return sp + 1;
}
```

【例 13.4】编写一个函数 Int2Hex(x,len)，该函数能返回无符号整数 x 的十六进制字符串，字符串的个数由形参 len 给出。如 x=2000，函数 Int2Hex(x,4)返回"07D0"。

分析：一个十六进制数位正好是 4 个二进制数位，如果我们一次取出 4 个二进制位，就能确定一个十六进制位。当一个十六进制位取出后，必须将 x 除以 16，这意味着刚才取走的十六进制位被移走。

程序如下：

```
unsigned char * Int2Hex(unsigned int x, unsigned char len)
{
    unsigned char s[33];        // 该函数仅支持 32 位十六进制数的转换
    unsigned char * sp = s + 31;
    if (len>32)
        len = 32;
    s[32] = 0;
    while (len--)
    {
        if ((x & 15)>9)
            * sp-- = 'A' - 10 + (x & 15);
        else
            * sp-- = '0' + (x & 15);
        x/= 16;                 // 也可以写作:x>>= 4
    }
    return sp + 1;
}
```

13.2.2 按位或运算符(|)

1. 规则

按位或是双目运算,参与运算的两个操作数(以补码形式出现)各对应的二进位相或(即逻辑加)。只要对应的两个二进位有一个为1时,结果位就为1。即:0|0=0;0|1=1;1|0=1;1|1=1。

例如:9|5可写算式如下:

```
   00001001
 | 00000101
   --------
   00001101    （十进制数为 13）
```

可得 9|5=13。

2. 特殊用途

将一个数据的某些指定的位置为1。

将该数按位或一个特定的数,该特定的数的相应位置为1。

【例 13.5】如果一个字符为大写字母,则改为小写字母;否则不变。

分析:大写字母 A~Z 的 ASCII 码为 0x41~0x5A,小写字母 a~z 的 ASCII 码为 0x61~7A。对于一个大写字母,只要将第5位置1就可转换为小写字母。

程序片断如下:

```
...
if (c>='A' && c<='Z')
    c |= 0x20;
...
```

13.2.3 按位异或运算符(^)

1. 规则

按位异或是双目运算,参与运算的两个操作数(以补码形式出现)各对应的二进位相异或,当两对应的二进位不同时,结果即为1,否则为0。即:0^0=0;0^1=1;1^0=1;1^1=0。

2. 特殊用途

按位异或能使特定位翻转;也可交换两个值,而不用临时变量。

【例 13.6】如果一个字符为大写字母,则改为小写字母;如果为小写字母则改为大写字母,其它符号不变。

分析:大写字母的 ASCII 码为 0x41~5A,小写字母的 ASCII 码为 0x61~0x7A,对于大小写字母,只要翻转其第5位即可实现大小写的翻转。

程序代码片断如下:

```
...
if ((c & 0xDf)>='A' && (c & 0xDF)<='Z')
    c ^= 0x20;
...
```

【例 13.7】利用按位异或运算,将整型数 a 和 b 的值互换。

程序代码片断如下：

```
……
a ^= b;              // 先在 a 中保存 a、b 的值
b ^= a;              // 恢复 a 的值并存入 b
a ^= b;              // 恢复 b 的值并存入 a
……
```

【例 13.8】下面的函数可对一串数据进行简单加密解密。

```
void crypt(unsigned char *p, unsigned char len)
{
    while (len--)
        *p++ ^= 0x6a;
}
```

如果输入的是明文,则处理以后变成密文。
如果输入的是密文,则处理以后为明文。

13.2.4 按位取反运算符(～)

1. 规 则

按位取反运算是单目运算,对操作数的各二进位按位求反,运算符具有右结合性。即运算规则为：～0=1;～1=0。

例如：9 的二进制编码为 00001001,～9 为 11110110。

2. 用 途

适当的使用可增加程序的移植性。

如要将整数 a 的最低位置为 0,我们通常采用语句 a&=～1;来完成,因为这样对 a 是 16 位数还是 32 位数均不受影响。

13.2.5 左移运算符(<<)

1. 规 则

左移运算是双目运算符,把"<<"左边操作数的各二进位全部左移若干位,移动的位数由"<<"右边的数指定,高位丢弃,低位补 0。

例如：a<<4 指把 a 的各二进位向左移动 4 位。如 00000011(十进制数为 3),左移 4 位后为 00110000(十进制数为 48)。

2. 特殊用途

左移 1 位相当于该数乘以 2;左移 n 位相当于该数乘以 2n。但此结论只适用于该数左移时被溢出舍弃的高位中不包含 1 的情况。

左移比乘法运算快得多,有的 C 编译系统自动将乘 2 运算用左移一位来实现。如果计算机的处理器没有硬件乘法器,乘法就由加法和左移实现。

13.2.6 右移运算符(>>)

1. 规 则

把">>"左边的运算数的各二进位全部右移若干位,">>"右边的数指定移动的位数。

2. 特殊用途

右移 1 位相当于该数除以 2；右移 n 位相当于该数除以 2n。

3. 说 明

对于有符号数,在右移时符号位将随同移动。当为正数时,最高位补 0；而为负数时,符号位为 1,最高位是补 0 还是补 1 取决于计算机系统的规定。移入 0 的称为"逻辑右移"；移入 1 的称为"算术右移"。我们可以通过编写程序来验证所使用的系统是采用"逻辑右移"还是"算术右移"。很多系统规定为补 1,即"算术右移"。

如： a: 1001011111101101
　　 a>>1：   0100101111110110   （逻辑右移）
　　 a>>1：   1100101111110110   （算术右移）

【例 13.9】用一个函数实现两个 8 位数的乘法。

```
unsigned int multi8(unsigned char m, unsigned char n)
{
    unsigned int p;
    unsigned int t;
    p = 0;
    t = m;                    // 临时变量,防止左移溢出
    while (n)                 // 只要 n 为 0,乘法就算完成
    {
        if (n & 1)
            p + = t;
        t<< = 1;
        n>> = 1;
    }
    return p;
}
```

为了使该函数正确执行,必须保证 int 类型的长度至少为 16。

同理,也可以用右移和减法实现除法运算。下面就是一个实例。

```
unsigned char divide(unsigned int m, unsigned char n)
{
    unsigned char t,x;
    t = ((unsigned int)n)<<8;
    x = 0;
    while (m> = n)
    {
        x<< = 1;
```

```
                if(m>=t)
                {
                    x++;
                    m-=t;
                }
                t>>=1;
        }
        return x;
    }
```

该函数实现 16 位无符号数除以 8 位无符号数的除法,返回值为商,余数保存在 m 中。

13.3 位复合赋值运算符

位运算符与赋值运算符结合组成位复合赋值运算符。位复合赋值运算符与算术复合赋值运算符相似,它们的运算级别较低,仅高于逗号运算符,是自右而左的结合性。位复合赋值运算符如表 13-2 所列。

表 13-2 位复合赋值运算符

运算符	名 称	例 子	等价于
&=	位与赋值	a&=b	a=a&b
|=	位或赋值	a|=b	a=a|b
^=	位异或赋值	a^=b	a=a^b
>>=	右移赋值	a>>=b	a=a>>b
<<=	左移赋值	a<<=b	a=a<<b

运算过程:
① 先对两个操作数进行位操作。
② 再将结果赋予第一个操作数(因此第一个操作数必须是变量)。如"a&=2;"表示"a=a&2;"。

本章小结

本章主要介绍了各种位运算符及其使用规则,要求大家熟练掌握其运算规则。

历年试题汇集

1. 【2000.4】设 int   b=2;表达式(b>>2)/(b>>1)的值是_____。
    A) 0   B) 2   C) 4   D) 8
2. 【2000.9】有如下程序段:
    int   a=14,b=15,x;

```
char  c = 'A';
x = (a&&b)&&(c<'B');
```

执行该程序后，x 的值为 _____。

A) ture   B) false   C) 0   D) 1

3. 【2001.4】以下程序的输出结果是 _____。

```
main()
{ int  x = 0.5;  char  z = 'a';
  printf("%d\n", (x&1)&&(z<'z')  ); }
```

A) 0   B) 1   C) 2   D) 3

4. 【2001.9】整型变量 x 和 y 的值相等、且为非 0 值，则以下选项中，结果为零的表达式是 _____。

A) x || y   B) x | y   C) x & y   D) x ^ y

5. 【2002.4】以下程序的输出结果是 _____。

```
main()
{ char  x = 040;
  printf("%o\n", x<<1);
}
```

A) 100   B) 80   C) 64   D) 32

6. 【2002.9】有以下程序：

```
main()
{ unsigned char a,b,c;
  a = 0x3;  b = a|0x8;  c = b<<1;
  printf("%d %d\n",b,c);
}
```

程序运行后的输出结果是 _____。

A) -11 12   B) -6 -13   C) 12 24   D) 11 22

7. 【2003.4】设 char 型变量 x 中的值为 10100111，则表达式 (2+x)^(~3) 的值是 _____。

A) 10101001   B) 10101000   C) 11111101   D) 01010101

8. 【2003.9】有以下程序：

```
main()
{ int  x = 3, y = 2, z = 1;
  printf("%d\n", x/y&~z);
}
```

程序运行后的输出结果是 _____。

A) 3   B) 2   C) 1   D) 0

9. 【2004.4】有以下程序：

```
main()
```

```
{ unsigned char a,b;
  a = 4|3;
  b = 4&3;
  printf("%d %d\n",a,b,);
}
```

执行后输出结果是_____。

A) 7 0   B) 0 7   C) 1 1   D) 4 3 0

10. 【2004.9】设有定义语句：char c1＝92,c2＝92;，则以下表达式中值为零的是_____。

A) c1^c2   B) c1&c2   C) ~c2   D) c1|c2

11. 【2005.9】以下程序的功能是进行位运算：

```
main()
{ unsigned char a, b;
  a = 7^3; b = ~4 & 3;
  printf("%d %d\n",a,b);
}
```

程序运行后的输出结果是_____。

A) 4 3   B) 7 3   C) 7 0   D) 4 0

12. 【2006.4】设有以下语句：

```
int a = 1, b = 2, c;
c = a^(b<<2);
```

执行后，C 的值为_____。

A) 6   B) 7   C) 8   D) 9

课后练习

一、填空题

1. 以下程序段的输出结果是_____。

```
int x = -1;
x = x | 0377;
printf("%d,%o\n",x, x);
```

2. 设有一个整数 a，b；若要通过 a&b 运算屏蔽掉 a 中的其它位，只保留第 2 和 8 位，则 b 的八进制数是：_____。

3. 如果想使一个数 a 的低 4 位全改为 1，需要 a 与_____进行按位或运算。

4. 设有一个整数 a,b；若要通过 a^b 运算，使低 4 位翻转，高 4 位不变，则 b 的八进制数是_____。

5. 设有一个整数 a 和 b，若要通过 a^b 运算，使高 4 位翻转，低 4 位不变，则 b 的八进制数是_____。

二、选择题

1. 以下运算符中优先级最低的是_____,优先级最高的_____。
   A) && B) & C) || D) |

2. 若有运算符<<, sizeof, ^, &=, 则它们按优先级由高到低的正确排列次序是_____。
   A) sizeof, &=, <<, ^
   B) sizeof, <<, ^, &=
   C) ^, <<, sizeof, &=
   D) <<, ^, &=, sizeof

3. sizeof(float)是_____。
   A) 一种函数调用
   B) 一个不合法的表示形式
   C) 一个整型表达式
   D) 一个浮点表达式

4. 以下叙述中不正确的是_____。
   A) 表达式 a&=b 等价于 a=a&b
   B) 表达式 a|=b 等价于 a=a|b
   C) 表达式 a!=b 等价于 a=a!b
   D) 表达式 a^=b 等价于 a=a^b

5. 若 x=2, y=3, 则 x&y 的结果是_____。
   A) 0 B) 2 C) 3 D) 5

6. 在位运算中,操作数每左移一位,则结果相当于_____。
   A) 操作数乘以 2
   B) 操作数除以 2
   C) 操作数除以 4
   D) 操作数乘以 4

7. 设有以下语句,则 c 的二进制数是_____;十进制数是_____。
   ```
   char a=3, b=6, c;
   c=a^b<<2;
   ```
   A) 10010100 B) 00010100 C) 00011100 D) 10011000
   E) 27 F) 20 G) 28 H) 24

8. 表达式 ~0x13 的值是_____。
   A) 0xFFEc B) 0xFF71 C) 0xFF68 D) 0xFF17

9. 表达式 0x13 | 0x17 的值是_____。
   A) 0x17 B) 0x13 C) 0xf8 D) 0xec

10. 设"int a=04, b;",则执行"b=a<<2;"后, b 的结果是_____。
    A) 4 B) 8 C) 16 D) 32

11. 在位运算中,运算量每右移动一位,其结果相当于_____。
    A) 运算量乘以 2
    B) 运算量除以 2
    C) 运算量除以 4
    D) 运算量乘以 4

三、编程题

编程实现输入任意2个字符,不通过第3个变量,交换2个字符,然后输出。

第 14 章

文 件

【本章考点和学习目标】
1. 掌握文件的打开与关闭。
2. 掌握对文件的基本操作。
3. 掌握对文件的定位。

【本章重难点】
重点:对文件的基本操作。
难点:文件的定位。

文件是程序设计中极为重要的一个概念,文件一般指存储在外部介质上的数据的集合。通过文件可以大批量处理数据,可以长时间地将信息存储起来。本章通过文件操作实例分析着手,使读者首先对文件的操作过程有一个初步的了解,明白文件操作的重要性,进而再深入学习 C 语言有关文件的操作。

14.1 概 述

14.1.1 文件的概念

文件是指一组相关数据的有序集合。这个数据集称为文件名,其结构为:主文件名[.扩展名]。在前面的各章中我们已经多次使用了文件,例如源程序文件、目标文件、可执行文件、库文件(头文件)等。文件通常是驻留在外部介质(如磁盘等)上的,在使用时才调入内存中来。

14.1.2 文件的分类

可以从不同的角度对文件进行分类。
① 从用户使用的角度看,文件可分为普通文件和设备文件。
普通文件是指驻留在磁盘或其它外部介质上的一个有序数据集,可以是源文件、目标文件、可执行程序;也可以是一组待输入处理的原始数据,或者是一组输出的结果。对于源文件、目标文件、可执行程序可以称作程序文件,对输入/输出数据可称作数据文件。
设备文件是指与主机相联的各种外部设备,如显示器、打印机、键盘等。在操作系统中,把外部设备也看作是一个文件来进行管理,把它们的输入、输出等同于对磁盘文件的读和写。通常把显示器定义为标准输出文件,一般情况下在屏幕上显示有关信息就是向标准输出文件输出。如前面经常使用的 printf、putchar 函数就是这类输出。键盘通常被指定标准的输入文件,从键盘上输入就意味着从标准输入文件上输入数据。scanf、getchar 函数就属于这类输入。

② 从文件编码和数据的组织方式来看,文件可分为 ASCII 码文件和二进制码文件。

ASCII 文件也称为文本文件,这种文件在磁盘中存放时每个字符对应一个字节,用于存放对应的 ASCII 码。ASCII 码文件可在屏幕上按字符显示,例如源程序文件就是 ASCII 文件,用 DOS 命令 TYPE 可显示文件的内容。由于是按字符显示,因此能读懂文件内容。

二进制文件是按二进制的编码方式来存放文件的。二进制文件虽然也可在屏幕上显示,但其内容无法读懂。C 系统在处理这些文件时,并不区分类型,都看成是字符流,按字节进行处理。输入/输出字符流的开始和结束只由程序控制而不受物理符号(如回车符)的控制。因此也把这种文件称作"流式文件"。

14.1.3 文件类型指针

C 语言程序可以同时处理多个文件,为了对每一个文件进行有效的管理,在打开一个文件时,系统会自动地在内存中开辟一个空间,用来存放文件的有关信息(如文件名、文件状态、读/写指针等)。这些信息保存在一个结构体变量中,该结构体是由系统定义的,取名为 FILE。FILE 定义在头文件 stdio.h 中。

每一个要进行操作的文件都需要定义一个指向 FILE 类型结构体的指针变量,该指针称为文件类型指针。

定义文件指针的一般形式为:

    FILE * 指针变量标识符

其中,FILE 必须大写,它实际上是在 stdio.h 头文件中定义的一个结构,该结构中含有文件名、文件状态和文件当前位置等信息。在编写源程序时不必关心 FILE 结构的细节。例如"FILE * fp;"表示 fp 是指向 FILE 结构的指针变量,通过 fp 即可找到存放某个文件信息的结构变量,然后按结构变量提供的信息找到该文件,实施对文件的操作。习惯上也笼统地把 fp 称为指向一个文件的指针。文件在进行读写操作之前要先打开,使用完毕要关闭。所谓打开文件,实际上是建立文件的各种有关信息,并使文件指针指向该文件,以便进行其它操作。关闭文件即断开指针与文件之间的联系,也就是禁止再对该文件进行操作。

14.2 文件的操作

14.2.1 文件的打开函数

在使用一个文件之前,必须先打开它,然后才能对它进行读/写操作。fopen 函数的功能就是用来打开一个文件。使用格式为:

    fopen("文件名","文件使用方式");

fopen 函数的作用是以指定的方式打开指定文件。如果文件打开成功,则返回一个文件类型指针;如果文件打开失败,则返回一个空指针 NULL。"文件名"指要打开文件的名称。"文件使用方式"指文件的类型和操作要求。例如:

```
FILE * fp;
fp = ("file a","r");
```

其意义是在当前目录下打开文件 file a,只允许进行"读"操作,并使 fp 指向该文件。

又如:

```
FILE * fphzk
fphzk = ("C:hzk16","rb")
```

其意义是打开驱动器磁盘 C 的根目录下的文件 hzk16,这是一个二进制文件,只允许按二进制方式进行读操作。两个半角双引号(" ")中的第一个表示转义字符,第二个表示根目录。使用文件的方式共有 12 种,表 14-1 给出了它们的符号和意义。

表 14-1 文件使用方式的符号与意义

文件使用方式符号	意 义
"rt"	只读打开一个文本文件,只允许读数据
"wt"	只写打开或建立一个文本文件,只允许写数据
"at"	追加打开一个文本文件,并在文件末尾写数据
"rb"	只读打开一个二进制文件,只允许读数据
"wb"	只写打开或建立一个二进制文件,只允许写数据
"ab"	追加打开一个二进制文件,并在文件末尾写数据
"rt+"	读/写打开一个文本文件,允许读和写
"wt+"	读/写打开或建立一个文本文件,允许读/写
"at+"	读/写打开一个文本文件,允许读,或在文件末追加数据
"rb+"	读/写打开一个二进制文件,允许读和写
"wb+"	读/写打开或建立一个二进制文件,允许读和写
"ab+"	读/写打开一个二进制文件,允许读,或在文件末追加数据

对于文件使用方式有以下几点说明。

① 文件使用方式由 r、w、a、t、b、+ 共 6 个字符拼成,各字符的含义如下:

　　r(read):读。

　　w(write):写。

　　a(append):追加。

　　t(text):文本文件,可省略不写。

　　b(banary):二进制文件。

　　+:读和写。

② 凡用"r"打开一个文件时,该文件必须已经存在,且只能从该文件读出。

③ 用"w"打开的文件只能向该文件写入。若打开的文件不存在,则以指定的文件名建立该文件,若打开的文件已经存在,则将该文件删去,重建一个新文件。

④ 若要向一个已存在的文件追加新的信息,只能用"a"方式打开文件。但此时该文件必须是存在的,否则将会出错。

⑤ 在打开一个文件时,如果出错,fopen 将返回一个空指针值 NULL。在程序中可以用这

一信息来判别是否完成打开文件的工作,并作相应的处理。因此常用以下程序段打开文件:

```
if((fp = fopen("C:hzk16","rb")) == NULL)
{
  printf("erroronopenC:hzk16file!");
  getCh();
  exit(1);
}
```

这段程序的意义是:如果返回的指针为空(表示不能打开 C 盘根目录下的 hzk16 文件),则给出提示信息"error on open C:hzk16file!",下一行 getCh()的功能是从键盘输入一个字符,但不在屏幕上显示。在这里,该行的作用是等待,只有当用户从键盘敲任意键时,程序才继续执行,因此用户可利用这个等待时间阅读出错提示。敲键后执行 exit(1)退出程序。

⑥ 把一个文本文件读入内存时,要将 ASCII 码转换成二进制码,而把文件以文本方式写入磁盘时,也要把二进制码转换成 ASCII 码,因此文本文件的读写要花费较多的转换时间。对二进制文件的读/写不存在这种转换。

当打开文件出错时,函数 fopen 会返回一个空指针 NULL,出错原因可能是以"r"方式打开一个不存在的文件,或者是磁盘已满等。一旦文件打开出错,后边的程序也将无法执行。所以在打开文件以后,必须检查操作是否出错,如果有错则提示给用户,并终止程序的执行。打开文件的常规做法是:

```
FILE *fp;
fp = fopen("文件名","文件使用方式");
if (fp == NULL)
{ printf("cannot open this file\n");
  exit(0);
}
```

14.2.2 文件的关闭函数

在使用完一个文件后应该立即关闭它,这是一个程序设计者应养成的良好习惯。没有关闭的文件不仅占用系统资源,还可能造成文件被破坏。关闭文件的函数是 fclose(),其使用方法为:

fclose(文件指针变量);

fclose 用来关闭文件指针变量所指向的文件。该函数如果调用成功,返回数值 0,否则返回一个非零值。

如"fclose(fp);",关闭文件后,文件类型指针变量将不再指向和它所关联的文件,此后不能再通过该指针对原来与其关联的文件进行读/写操作,除非再次打开该文件,使该指针变量重新指向该文件。

14.2.3 单个字符读/写函数

1. 读字符函数 fgetc()

该函数的使用方法为:

字符变量=fgetc(文件指针变量);

函数 fgetc 的作用是从文件指针变量指向的文件中读取一个字符。该函数如果调用成功,返回读出的字符,文件结束或出错时返回 EOF(-1)。

如"ch=fgetc(fp);",其中 ch 是字符变量,fp 为文件指针变量,fgetc 函数将从 fp 指向的文件中读出一个字符并赋给变量 ch。

在 fgetc()函数调用中,读取的文件必须是以读或读/写方式打开。

【例 14.1】读文本文件内容,并显示。

```
#include <stdio.h>
main()
{   FILE *fp;
    char ch;
    if((fp=fopen("out.txt","r"))==NULL)
       {   printf("cannot open file\n");  exit(0);   }
    while((ch=fgetc(fp))!=EOF)
       putchar(ch);
    fclose(fp);
}
```

2. 写字符函数 fputc()

该函数的一般格式为:

fputc(ch,文件指针变量);

fputc 函数的作用是将 ch 所对应的一个字符写入到文件指针变量所指向的文件中去。ch 是要写入到文件中的字符,它可以是一个字符常量,也可以是一个字符变量。如果函数调用成功返回所写字符的 ASCII 码值,出错时返回 EOF。如"fputc("a",fp);",其执行结果是将字符 a 写入到 fp 所指向的文件中。

【例 14.2】从键盘输入字符,逐个存到磁盘文件中,直到输入"#"为止。

```
#include <stdio.h>
main()
{   FILE *fp;
    char ch;
    if((fp=fopen(out.txt, "w"))==NULL)
    {   printf("cannot open file\n");  exit(0);   }
    printf("Please input string:");
    ch=getchar();
    while(ch!='#')
    {  fputc(ch,fp);
       putchar(ch);
       ch=getchar();
    }
    fclose(fp);
}
```

14.2.4 字符串读/写函数

1. 读字符串函数 fgets()

函数 fgetc 每次只能从文件中读取一个字符,而函数 fgets 则用来读取一个字符串。该函数的一般格式为:

fgets(字符数组,n,文件指针变量)

fgets 函数的作用是从文件指针变量所指向的文件中读取 n−1 个字符。如果在读 n−1 个字符前遇到换行符或 EOF 标记,则读取结束。读出的字符放到字符数组中,然后在末尾加一个字符串结束标志"\0"。如果该函数调用成功,则返回字符数组的首地址,失败时则返回 NULL。

【例 14.3】使用 fgets 函数读出文件 file.txt 中的文字。

```
#include "stdio.h"
#include "stdlib.h"
main()
{ char ch[50];                        /*定义一个字符数组*/
  FILE *fp;                           /*定义一个文件类型的指针变量fp*/
  fp=fopen("file.txt","r");           /*打开文本文件file*/
  if(fp==NULL)                        /*打开文件失败则退出*/
  { printf("cannot open this file\n");
    exit(0);
  }
  fgets(ch,50,fp);                    /*读出文件中的字符串*/
  printf("%s",ch);
  fclose(fp);
}
```

2. 写字符串函数 fputs 函数

该函数的一般格式为:

fputs(字符串,文件指针变量);

fputs 函数的作用是将字符串写入文件指针所指向的文件中。其中字符串可以是字符常量,也可以是字符数组或指针变量。该函数调用成功时返回 0,失败时返回 EOF。

如"fputs("student",fp);",执行结果是将字符串"student"写入到 fp 所指向的文件中。

14.2.5 数据块读/写函数

1. 数据块读函数 fread 函数

fread 函数用来从指定文件读一个数据块,例如读一个实数或一个结构体变量的值,该函数的一般格式为:

fread(buffer, size, count, 文件指针变量)

buffer 是读入数据在内存中的存放地址。

size 是要读的数据块的字节数。

count 是要读多少个 size 字节的数据项。

fread 函数的作用是从文件指针变量指向的文件中读 count 个长度为 size 的数据块到 buffer 所指的地址中。该函数如果调用成功则返回实际读入数据块的个数，如果读入数据块的个数小于要求的字节数，说明读到了文件结尾或出错。

2. 数据块写函数 fwrite 函数

fwrite 函数用来将一个数据块写入文件，该函数的一般格式为：

   fwrite(buffer, size, count, 文件指针变量)

fwrite 函数的作用是从 buffer 所指的内存区写 count 个长度为 size 的数据项到文件指针变量指向的文件中。该函数如果调用成功则返回实际写入文件中数据块的个数，如果写入数据块的个数小于指定的字节数，则说明函数调用失败。

【例 14.4】从键盘输入 3 个学生的姓名、性别、年龄，存入文件 student.stu 中，然后再从文件中读出所输入的数据。

```c
#include "stdio.h"
#include <stdlib.h>
struct student                              /*定义结构体*/
{ char sname[8];                            /*姓名*/
  char ssex[2];                             /*性别*/
  int sage;                                 /*年龄*/
}stu1[3],stu2[3];
void main()
{ int i;
  FILE *fp;                                 /*定义文件指针变量*/
  fp=fopen("student.stu","wb");             /*只写方式打开文件*/
  if(fp==NULL)                              /*打开失败后退出*/
  { printf("写文件打开失败!");
    exit(0);
  }
for(i=0;i<3;i++)
{ printf("%s %s %d\n",stu1[i].sname,stu1[i].ssex,stu1[i].sage);
  fwrite(&stu1[i],sizeof(student),1,fp);
}
fread(&stu2,sizeof(student),3,fp);          /*读数据到数组变量*/
printf("您刚才输入的数据为:\n");
for(i=0;i<3;i++)
{ printf("%s %s %d\n",stu2[i].sname,stu2[i].ssex,stu2[i].sage);
}
fclose(fp);                                 /*关闭文件*/
}
```

14.2.6 格式化读/写函数

1. 格式化读函数 fscanf 函数

fscanf 函数类似于 scanf 函数，两者都是格式化输入函数，不同的是 scanf 函数的作用对

象是终端键盘,而 fscanf 函数的作用对象是文件。fscanf 函数的一般格式为:

  fscanf(文件指针变量,"格式控制",输入列表)

"格式控制"与"输入列表"同 scanf 函数中描述。

fscanf 函数的作用是从文件指针变量指向的文件中按指定的格式读取数据到输入列表中的变量中。

如"fscanf(fp, "%d,%d",&x,&y);",执行结果是从 fp 指向的文件中读取两个整数到变量 x 和 y 中。

2. 格式化写函数 fprintf 函数

fprintf 函数类似于 printf 函数,两者都是格式化输出函数,只不过两者的作用对象一个文件,一个是终端。fprintf 函数的一般格式为:

  fprintf(文件指针,"格式控制",输出列表)

"格式控制"与"输出列表"同 printf 函数中描述。

fprintf 函数的作用是将输出项按指定的格式写入到文件指针变量所指向的文件中。

如"fprintf(fp,"%d%d",100,200);",执行结果是将 100 和 200 两个整数存放到 fp 指向的文件中。

注:用 fprintf 和 fscanf 函数对文件读/写使用方便,容易理解,但由于在输入时要将 ASCII 码转换为二进制形式,在输出时又要将二进制形式转换成字符,花费时间较多,占用系统资源较大。因此在数据量较大的情况下,最好不用 fprintf 和 fscanf 函数,而用 fread 和 fwrite 函数。

14.2.7 文件的定位函数

文件中有一个位置指针,指向当前文件读/写的位置。C 语言的文件既可以顺序存取,又可以随机存取。如果顺序读/写一个文件,每次读/写完一个数据后,该位置指针会自动移动到下一个数据的位置。如果想随机读/写一个文件,那么就必须根据需要改变文件的位置指针,这就需要用到文件定位函数。

1. 文件头定位函数 rewind()

函数 rewind 的一般格式为:

  rewind(文件指针变量)

rewind 函数的作用是将文件位置指针返回到文件指针变量指向的文件的开头。该函数无返回值。

2. 随机定位函数 fseek()

如果能将文件位置指针按需要移动到任意位置,就可以实现对文件的随机读/写。函数 fseek 可以实现这个功能,它的使用格式为:

  fseek(文件指针变量,位移量,起始位置)

该函数如果调用成功返回 0,否则返回非零值。

"位移量"是指以起始位置为基准点,文件位置指针移动的字节数,它要求必须为长整型数,当用常量表示位移量时要求加后缀"L"。

"起始位置"是位移量的基准点,它的取值可以是 0、1 或 2。含义如下:

如"fseek(fp,20L,0)",执行结果是将文件位置指针移到距文件头 20 个字节处。

如"fseek(fp,50L,1)",执行结果是将文件位置指针移到距文件当前位置 50 个字节处。

【例 14.5】读出例 14.4 中输入的三条信息的第二条。

```
#include "stdio.h"
#include <stdlib.h>
struct student                           /*结构体定义*/
{   char sname[8];
    char ssex[2];
    int sage;
}stu;
void main()
{
    FILE *fp;                            /*定义文件指针变量*/
    fp=fopen("student.stu","rb");
    if(fp==NULL)
    {   printf("cannot open the file student.stu!");
        exit(0);
    }
    fseek(fp,sizeof(student),0);         /*文件位置指针定位*/
    fread(&stu,sizeof(student),1,fp);    /*读文件*/
    printf("%s %s %d\n",stu.sname,stu.ssex,stu.sage);
    fclose(fp);                          /*关闭文件*/
}
```

3. 求当前读/写位置函数 ftell( )

读/写文件时,文件位置指针的值经常发生变化,不容易知道其当前位置。但在程序设计过程中,明确文件当前的读/写位置是很重要的,这就会用到 ftell 函数,该函数的一般格式为:

   ftell(文件指针变量)

ftell 函数的作用是得到文件指针变量所指向的文件的当前读/写位置,该函数调用成功返回文件的当前读/写位置,该数值为长整型,是指文件位置指针从文件头算起的字节数。该函数调用失败返回 −1L。

4. 检测文件是否结束函数 feof( )

函数 feof( )用来检测文件内部的位置指针是否位于文件末尾。该函数的调用方法如下:

   feof(文件指针变量);

feof 函数的作用是检测文件指针变量指向的文件是否结束,如果结束则返回一个非零值,否则返回 0。

14.3 文件程序举例

【例 14.6】有如下课程表,记录的是星期一至星期五每天的课程。编程使其具有以下功能:

星期＼课程	1～2节	3～4节	5～6节
星期一			
星期二			
星期三			
星期四			
星期五			

① 课程表设置，将一星期的课程数据写入到文件中。
② 查阅某天课程，随机读出文件中的相关数据。
③ 查阅整个课程表，读出全部数据。
④ 退出系统，提示用户系统已经退出。

```
#include <stdio.h>
#include <stdlib.h>
struct clsset                              /*定义结构体*/
{   char class12[6];                       /*1～2节课*/
    char class34[6];                       /*3～4节课*/
    char class56[6];                       /*5～6节课*/
}cls[5],cls2;
void save()                                /*定义函数,将课程数据写入文件*/
{   FILE *fp;
    int i;
        fp = fopen("class","wb");
    if(fp == NULL)
    { printf("cannot open the file.");
      exit(0);
    }
printf("请输入所编排的课程表:\n");
for(i = 0;i<5;i++)
{ scanf("%s%s%s",&cls[i].class12,&cls[i].class34,&cls[i].class56);
  fwrite(&cls[i],sizeof(struct clsset),1,fp);
}
fclose(fp);
}
void somedaycls()                          /*定义函数,随机读取某天的课程数据*/
{ FILE *fp;
  int no;
  fp = fopen("class","rb");
  if(fp == NULL)
  { printf("cannot open the file.");
    exit(0);
  }
printf("请输入星期代号(用1,2,3,4,5表示):");
```

```
    scanf("%d",&no);
    if(no>=1&&no<=5)
       {  fseek(fp,(no-1)*sizeof(clsset),0);
          fread(&cls2,sizeof(clsset),1,fp);
          printf("\n%s,%s,%s\n",cls2.class12,cls2.class34,cls2.class56);
          fclose(fp);
       }
    else
          printf("请输入1到5之间的数！\n");
}
void clssheet()                          /*读取文件中的全部数据*/
{    FILE *fp;
     int i;
     fp=fopen("class","rb");
     if(fp==NULL)
     {  printf("cannot open the file.");
        exit(0);
     }
     for(i=0;i<5;i++)
     {  fread(&cls[i],sizeof(clsset),1,fp);
        printf("%s %s %s\n",cls[i].class12,cls[i].class34,cls[i].class56);
     }
     fclose(fp);
}
void main()
{    int op;
     printf("1.课程表设置\n");
     printf("2.查阅某天课程\n");
     printf("3.查阅整个课程表\n");
     printf("4.退出系统\n");
     printf("请选择要操作的命令(1--4):");
     scanf("%d",&op);
     switch(op)
     {     case 1:save();break;
     case 2:somedaycls();break;
                case 3:clssheet();break;
     case 4:printf("系统已经退出!");break;
                default:printf("输入错误!");
     }
}
```

本章小结

本章主要介绍了文件的概念，对文件的操作，要求大家掌握各种文件函数的调用。

历年试题汇集

1. 【2000.4】在 C 程序中,可把整型数以二进制形式存放到文件中的函数是_____。
   A) fprintf 函数　　　　B) fread 函数　　　　C) fwrite 函数　　　　D) fputc 函数

2. 【2000.9】若 fp 是指向某文件的指针,且已读到此文件末尾,则库函数 feof(fp)的返回值是_____。
   A) EOF　　　　　　　B) 0　　　　　　　　C) 非零值　　　　　　D) NULL

3. 【2001.4】若 fp 是指向某文件的指针,且已读到文件末尾,则库函数 feof(fp)的返回值是_____。
   A) EOF　　　　　　　B) −1　　　　　　　　C) 非零值　　　　　　D) NULL

4. 【2001.4】下面程序把从终端读入的文本(用@作为文本结束标志)输出到一个名为 bi.dat 的新文件中,请填空。

```
#include  "stdio.h"
FILE  * fp;
{ char ch;
    if( (fp = fopen (_____)) == NULL)exit(0);
    while( (ch = getchar( )) ! = '@') fputc (ch,fp);
    fclose(fp);
}
```

5. 【2001.9】下面的程序执行后,文件 testt.t 中的内容是_____。

```
#include  <stdio.h>
void fun(char  * fname.,char  * st)
{ FILE  * myf;   int  i;
    myf = fopen(fname,"w");
    for(i = 0;i<strlen(st); i++)fputc(st[i],myf);
    fclose(myf);
}
main( )
{ fun("test","new world"; fun("test","hello,"0;)
```

   A) hello,　　　　　　　　　　　　　　B) new worldhello,
   C) new world　　　　　　　　　　　　D) hello, world

6. 【2001.9】以下程序段打开文件后,先利用 fseek 函数将文件位置指针定位在文件末尾,然后调用 ftell 函数返回当前文件位置指针的具体位置,从而确定文件长度,请填空。

```
FILE  * myf;   ling  f1;
myf = _____("test.t","rb");
fseek(myf,0,SEEK_END); f1 = ftel(myf);
fclose(myf);
printf("%d\n",f1);
```

7. 【2002.4】若要打开 A 盘上 user 子目录下名为 abc.txt 的文本文件进行读/写操作,下面符合此要求的函数调用是_____。

    A) fopen("A:\user\abc.txt","r")   B) fopen("A:\\user\\abc.txt","r+")

    C) fopen("A:\user\abc.txt","rb")   C) fopen("A:\\user\\abc.txt","w")

8. 【2002.4】以下程序用来统计文件中字符个数,请填空。

```
#include "stdio.h"
main()
{ FILE *fp;  long num=0L;
  if((fp=fopen("fname.dat","r"))==NULL)
   { pirntf("Open error\n"); exit(0);}
  while(_____)
   { fgetc(fp); num++;}
  printf("num=%1d\n",num-1);
  fclose(fp);
}
```

9. 【2002.9】有以下程序：

```
#include <stdio.h>
main()
{ FILE *fp; int i=20,j=30,k,n;
  fp=fopen("d1.dat""w");
  fprintf(fp,"%d\n",i);fprintf(fp,"%d\n"j);
  fclose(fp);
  fp=fopen("d1.dat", "r");
  fp=fscanf(fp,"%d%d",&k,&n); printf("%d%d\n",k,n);
  fclose(fp);
}
```

程序运行后的输出结果是_____。

    A) 20 30   B) 20 50   C) 30 50   D) 30 20

10. 【2002.9】以下叙述中错误的是_____。

    A) 二进制文件打开后可以先读文件的末尾,而顺序文件不可以

    B) 在程序结束时,应当用 fclose 函数关闭已打开的文件

    C) 在利用 fread 函数从二进制文件中读数据时,可以用数组名给数组中所有元素读入数据

    D) 不可以用 FILE 定义指向二进制文件的文件指针

11. 【2002.9】若 fp 已正确定义为一个文件指针,d1.dat 为二进制文件,请填空,以便为"读"而打开此文件"fp=fopen(____);"。

12. 【2003.4】以下叙述中不正确的是_____。

    A) C 语言中的文本文件以 ASCII 码形式存储数据

    B) C 语言中对二进制位的访问速度比文本文件快

    C) C 语言中,随机读/写方式不使用于文本文件

    D) C 语言中,顺序读/写方式不使用于二进制文件

13.【2003.4】以下程序企图把从终端输入的字符输出到名为 abc.txt 的文件中,直到从终端读入字符♯号时结束输入和输出操作,但程序有错。

```
#include
main()
{ FILE *fout; char ch;
    fout = fopen('abc.txt','w');
    ch = fgetc(stdin);
    while(ch! ='♯')
    { fputc(ch,fout);
        ch = fgetc(stdin);
    }
    fclose(fout);
}
```

出错的原因是_____。
A) 函数 fopen 调用形式有误
B) 输入文件没有关闭
C) 函数 fgetc 调用形式有误
D) 文件指针 stdin 没有定义

14.【2003.4】已有文本文件 test.txt,其中的内容为"Hello,everyone!"。以下程序中,文件 test.txt 已正确为"读"而打开,由此文件指针 fr 指向文件,则程序的输出结果是_____。

```
#include
main()
{ FILE *fr; char str[40];
  …
  fgets(str,5,fr);
  printf("%s\n",str);
  fclose(fr);
}
```

15.【2003.9】若 fp 已正确定义并指向某个文件,当未遇到该文件结束标志时函数 feof(fp)的值为_____。
A) 0   B) 1   C) −1   D) 一个非 0 值

16.【2003.9】下列关于 C 语言数据文件的叙述中正确的是_____。
A) 文件由 ASCII 码字符序列组成,C 语言只能读/写文本文件
B) 文件由二进制数据序列组成,C 语言只能读/写二进制文件
C) 文件由记录序列组成,可按数据的存放形式分为二进制文件和文本文件
D) 文件由数据流形式组成,可按数据的存放形式分为二进制文件和文本文件

17.【2003.9】有以下程序:

```
#include
main()
{ FILE *fp; int i,k = 0,n = 0;
```

```
        fp=fopen("d1.dat","w");
        for(i=1;i<4;i++) fprintf(fp,"%d",i);
        fclose(fp);
        fp=fopen("d1.dat","r");
        fscanf(fp,"%d%d",&k,&n); printf("%d %d\n",k,n);
        fclose(fp);
    }
```

执行后的输出结果是_____。

A) 1 2   B) 123 0   C) 1 23   D) 0 0

18.【2004.9】有以下程序,语句的作用是使位置指针从文件尾向前移 2*sizeof(int)字节),(提示:程序中 fseek(fp,-2L*sizeof(int),SEEK_END);

```
#include
main()
{ FILE *fp; int i,a[4]={1,2,3,4},b;
    fp=fopen("data.dat","wb");
    for(i=0;i<4;i++) fwrite(&a,sizeof(int),1,fp);
    fclose(fp);
    fp=fopen("data.dat","rb");
    fseek(fp,-2L*sizeof(int).SEEK_END);
    fread(&b,sizeof(int),1,fp);/*从文件读取 sizeof(int)字节的数据到变量 b 中*/
    fclose(fp);
    printf("%d\n",B);
}
```

执行后的输出结果是_____。

A) 2   B) 1   C) 4   D) 3

19.【2004.9】有如下程序:

```
#include
main()
{ FILE *fp1;
    fp1=fopen("f1.txt","w");
    fprintf(fp1,"abc");
    fclose(fp1);
}
```

若文本文件 f1.txt 中原有内容为 good,则运行以上程序后文件 f1.txt 中的内容为_____。

A) goodabc   B) abcd   C) abc   D) abcgood

20.【2004.9】以下与函数 fseek(fp,0L,SEEK_SET)有相同作用的是_____。

A) feof(fp)   B) ftell(fp)   C) fgetc(fp)   D) rewind(fp)

21.【2004.9】有以下程序:

```
#include
void WriteStr(char *fn,char *str)
```

```
{ FILE *fp;
  fp=fopen(fn,"w");fputs(str,fp);fclose(fp);
}
main()
{
  WriteStr("t1.dat","start");
  WriteStr("t1.dat","end");
}
```

程序运行后,文件 t1.dat 中的内容是_____。
A) start　　　　　　B) end　　　　　　C) startend　　　　　　D) endrt

22.【2005.4】以下叙述中错误的是_____。
A) C 语言中对二进制文件的访问速度比文本文件快
B) C 语言中,随机文件以二进制代码形式存储数据
C) 语句"FILE fp;"定义了一个名为 fp 的文件指针
D) C 语言中的文本文件以 ASCII 码形式存储数据

23.【2005.4】有以下程序:
```
#include
main()
{ FILE *fp; int i,k,n;
  fp=fopen("data.dat","w+");
  for(i=1; i<6; i++)
  { fprintf(fp," %d ",i);
    if(i%3==0) fprintf(fp,"\n");
  }
  rewind(fp);
  fscanf(fp, "%d%d", &k, &n); printf("%d %d\n", k, n);
  fclose(fp);
}
```

程序运行后的输出结果是_____。
A) 0 0　　　　　　B) 123 45　　　　　　C) 1 4　　　　　　D) 1 2

24.【2006.4】设 fp 为指向某二进制文件的指针,且已读到此文件末尾,则函数 feof(fp) 的返回值为_____。
A) EOF　　　　　　B) 非 0 值　　　　　　C) 0　　　　　　D) NULL

25.【2006.4】执行以下程序后,test.txt 文件的内容是(若文件能正常打开)_____。
```
#include <stdio.h>
main()
{ FILE *fp;
  char *s1="Fortran", *s2="Basic";
  if((fp=fopen("test.txt","wb"))==NULL)
  {printf("Can't open test.txt file\n");exit(1);}
  fwrite(s1,7,1,fp);            /* 把从地址 s1 开始的 7 个字符写到 fp 所指文件中 */
```

```
    fseek(fp,0L,SEEK_SET);        /* 文件位置指针移到文件开头 */
    fwrite(s2,5,1,fp);
    fclose(fp);
}
```

  A) Basican   B) BasicFortran   C) Basic   D) FortranBasic

课后练习

一、选择题

1. 系统的标准输入文件是指_____。

  A) 键盘   B) 显示器   C) 软盘   D) 硬盘

2. 若执行 fopen 函数时发生错误，则函数的返回值是_____。

  A) 地址值   B) 0   C) 1   D) EOF

3. 若要用 fopen 函数打开一个新的二进制文件，该文件要既能读也能写，则文件方式字符串应是_____。

  A) "ab+"   B) "wb+"   C) "rb+"   D) "ab"

4. fscanf 函数的正确调用形式是_____。

  A) fscanf(fp,格式字符串,输出表列)

  B) fscanf(格式字符串,输出表列,fp)

  C) fscanf(格式字符串,文件指针,输出表列)

  D) fscanf(文件指针,格式字符串,输入表列)

5. fgetc 函数的作用是从指定文件读入一个字符，该文件的打开方式必须是_____。

  A) 只写   B) 追加   C) 读或读/写   D) 答案 B) 和 C) 都正确

6. 函数调用语句：fseek(fp,-20L,2);的含义是_____。

  A) 将文件位置指针移到距离文件头 20 个字节处

  B) 将文件位置指针从当前位置向后移动 20 个字节

  C) 将文件位置指针从文件末尾处后退 20 个字节

  D) 将文件位置指针移到离当前位置 20 个字节处

7. 利用 fseek 函数可实现的操作_____。

  A) fseek(文件类型指针,起始点,位移量)

  B) fseek(fp,位移量,起始点)

  C) fseek(位移量,起始点,fp)

  D) fseek(起始点,位移量,文件类型指针)

8. 在执行 fopen 函数时，ferror 函数的初值是_____。

  A) TURE   B) -1   C) 1   D) 0

9. 当已经存在一个 file1.txt 文件，执行函数 fopen("file1.txt","r+")的功能是(　　)。

  A) 打开 file1.txt 文件，清除原有的内容

  B) 打开 file1.txt 文件，只能写入新的内容

  C) 打开 file1.txt 文件，只能读取原有内容

D）打开 file1.txt 文件，可以读取和写入新的内容

10. fread(buf，64,2,fp)的功能是(　　)。

A）从 fp 所指向的文件中，读出整数 64，并存放在 buf 中

B）从 fp 所指向的文件中，读出整数 64 和 2，并存放在 buf 中

C）从 fp 所指向的文件中，读出 64 个字节的字符，读两次，并存放在 buf 地址中

D）从 fp 所指向的文件中，读出 64 个字节的字符，并存放在 buf 中

11. 以下程序的功能是(　　)。

```
main()
{
    FILE * fp;
    char str[] = "Beijing 2008"; fp = fopen("file2","w"); fputs(str,fp);
    fclose(fp);
}
```

A）在屏幕上显示"Beiing 2008"

B）把"Beijing 2008"存入 file2 文件中

C）在打印机上打印出"Beiing 2008"

D）以上都不对

二、填空

1. 文件是指_____。

2. 根据数据的组织形式，C 中将文件分为_____和_____两种类型。

3. 现要求以读/写方式，打开一个文本文件 stu1，写出语句：_____。

4. 现要求将上题中打开的文件关闭掉，写出语句：_____。

5. 若要用 fopen 函数打开一个新的二进制文件，该文件要既能读也能写，则打开文件方式字符串应该是_____。

6. 已知函数的调用形式"fread(buffer,size,count,fp);"，其中 buffer 代表的是_____。

7. fwrite 函数的一般调用形式是_____。

8. 下面程序由键盘输入字符，存放到文件中，用"!"结束输入，请在_____上填空。

```
#include <stdio.h>
void main()
{ FILE * fp;
  char ch ;
  char fname[10];
  printf("Input name of file\n");
  gets(fname);
  if ((fp = fopen( fname, "w")) == NULL)
  { printf ("cannot open file\n");
    exit(0) ;
  }
  printf(("Enter data:\n");
  while(! ='! ')        // 提示：从键盘输入一个字符，如不是"!"
    fputc(_____);    // 将从键盘输入的字符存入打开的文件中
```

```
        fclose(fp);
    }
```

9. 下面程序用变量 count 统计文件中字符的个数。请在_____中填写正确内容。

```
#include <stdio.h>
vood main()
{ FILE *fp;
  long count = 0;
  if ((fp = fopen("letter.txt",_____)) == NULL)
  { printf ("cannot open file\n");
    exit(0);
  }
  while( !feof (fp))    //!feof (fp)－－－－未到文件尾,为真
  //feof()函数判断文件指针是否到文件尾,若到文件尾,则函数返回非 0 值,若未到文件尾,
  //则函数返回值 0
  {_____;    //提示:从文件读入一个字符
    _____;
  }
  printf("count = %ld\n",count);
    _____;
}
```

三、编程题

1. 从键盘输入一行字符,将其中的大写字母换成小写字母,其余字符不变,将该字符串写到文件"file.txt"中。输入的字符串以"!"结束。

2. 从键盘输入一个字符串,将其中的小写字母全部转换成大写字母,然后输出到一个磁盘文件"test"中保存,输入的字符串以"!"表示结束。

第15章

面向对象程序设计基础

【本章考点和学习目标】
1. 熟悉面向对象的基本概念。
2. 掌握面向对象语言的特点。

【本章重难点】
重点:面向对象语言的特点。
难点:继承和多态。

C语言是一种结构化程序设计语言,它是面向过程的,在处理较小规模的程序时一般比较容易实现,而当程序规模较大时,C语言就显示出了它的不足。在这种情况下面向对象的语言C++应运而生。C++语言是从C语言演变而来的,它保留了C语言的所有优点,同时也增加了面向对象的功能。现在C++已成为程序设计中应用最广泛的一种语言。

15.1 C++语言概述

由于结构化程序设计自身的不足,在20世纪80年代出现了面向对象程序设计方法,C++语言也由此而产生。

面向对象程序设计(Object-Oriented Programming,简称OOP)设计的出发点就是为了能更直接地描述客观世界中存在的事物(即对象)以及它们之间的关系。面向对象程序设计是对结构化程序设计的继承和发展,它认为现实世界是由一系列彼此相关且能相互通信的实体组成,这些实体就是面向对象方法中的对象,而对一些对象的共性的抽象描述,就是面向对象方法中的类。类是面向对象程序设计的核心。

C++是目前最流行的面向对象程序设计语言。它在C语言的基础上进行了改进和扩充,并增加了面向对象程序设计的功能,更适合于开发大型的软件。C++是由贝尔实验室在C语言的基础上成功开发的,C++保留了C语言原有的所有优点,同时与C语言又完全兼容。它既可以用于结构化程序设计,又可用于面向对象程序设计,因此C++是一个功能强大的混合型程序设计语言。

C++最有意义的一个特征是支持面向对象程序设计。虽然与C语言的兼容性使得C++具有双重特点,但它在概念上和C语言是完全不同的。学习C++应该按照面向对象程序的思维去编写程序。

15.2 类和对象

1. 对象

从一般意义上讲,客观世界中任何一个事物都可以看成是一个对象,例如一本书、一名学生等。对象具有自己的静态特征和动态特征。静态特征可以用某种数据来描述,如一名学生的身高、年龄、性别等;动态特征是对象所表现的行为或具有的功能,如学生学习、运动和休息等。

面向对象方法中的对象是系统中用来描述客观事物的一个实体,它是用来构成系统的一个基本单位,对象由一组属性和一组行为构成。属性是用来描述对象静态特征的数据项,行为是用来描述对象动态特征的操作序列。

2. 类

许多对象具有相同的结构和特性,例如不管是数学书还是化学书,它们都具有开本大小、定价、编者等特性。在现实生活中,我们通常将具有相同性质的事物归纳、划分成一类,例如数学书和化学书都属于书这一类。同样在面向对象程序设计中也会采用这种方法。面向对象方法中的类是具有相同属性和行为的一组对象的集合。

类代表了一组对象的共性和特征,类是对象的抽象,而对象是类的具体实例。例如,家具设计师按照家具的设计图做成一把椅子,那么设计图就好比是一个类,而做出来的椅子则是该类的一个对象,一个具体实例。

15.3 数据的抽象和封装

15.3.1 类的封装

类的封装就是将对象的属性和行为结合成一个独立的实体,并尽可能隐蔽对象的内部细节,对外形成一道屏障,只保留有限的对外接口使之和外界发生联系。类的成员包括数据成员和成员函数,分别描述类所表达问题的属性和行为。对类成员的访问加以控制就形成了类的封装,这种控制是通过设置成员的访问权限来实现的。

在面向对象程序设计中,通过封装将一部分行为作为外部接口,而将数据和其它行为进行有效的隐蔽,就可以达到对数据访问权限的合理控制。把整个程序中不同部分的相互影响降到最低限度。

15.3.2 类的定义

类定义的一般格式为:

```
class    类名称
{
    public:
            公有数据和成员函数              /* 外部接口 */
```

protected：
　　　　保护数据的成员函数
private：
　　　　私有数据和成员函数
};

关键字 class 说明了类定义的开始,类中所有的内容用大括号括起来。类的成员可分为3种级别的访问权限：

public(公有的)：说明该成员是公有的,它不但可以被类的成员函数访问,而且可以被外界访问。公有类型定义了类的外部接口。

Protected(保护的)：说明该成员只能被该类的成员函数和该类的派生类的成员函数访问。

Private(私有的)：说明该成员只能被类的成员函数访问,外界不能直接访问它。类的数据成员一般都应该声明为私有成员。

15.3.3 类的成员函数

类的成员函数描述的是类的行为。定义类时在类定义体中给出函数的声明,说明函数的参数列表和返回值类型,而函数的具体实现一般在类定义体之外给出。下面是类外定义成员函数的一般格式：

返回值类型　　类名：：类成员函数名(参数列表)
{
函数体
}

其中"：："称为作用域分辨符,用它可以限制要访问的成员所在的类的名称。

15.3.4 构造函数和析构函数

在建立一个对象时,常常需要做一些初始化工作,而当对象使用结束时,又需要做一些清理工作。在 C++中提供了两个特殊的成员函数来完成这两项工作,即构造函数和析构函数。

构造函数的作用就是在对象在被创建时利用特定的值构造对象,将对象初始化。构造函数完成的是一个从一般到具体的过程。需要注意的是,构造函数同其它的成员函数不同,它不需要用户触发,而是在创建对象时由系统自动调用,其它任何过程都无法再调用构造函数。构造函数的函数名必须与类名相同,而且不能有返回值,也不需加 void 类型声明。构造函数可以带参数也可以不带参数。构造函数一般定义为公有类型。

析构函数也是类的一个公有成员函数,其作用与构造函数正好相反,它是用来在对象被删除前进行一些清理工作。析构函数调用之后,对象被撤消了,相应的内存空间也将被释放。析构函数名也应与类名相同,只是函数名前加一个波浪符号(~),以区别于构造函数。析构函数不能有任何参数,且不能有返回值。如果不进行显式说明,系统会自动生成缺省的析构函数,所以一些简单的类定义中没有显式的析构函数。

【例 15.1】构造函数和析构函数的使用。

```cpp
#include<iostream.h>
class A                                          // 定义类A
{   public：
    A()
    { cout<<"构造函数被调用"<<endl;            // 构造函数
    }
    void disp()                                  // 成员函数
    {   cout<<"构造函数与析构函数应用举例"<<endl;
    }
    ~A()                                         //析构函数
    {   cout<<"析构函数被调用"<<endl;
    }
};
void main()
{   A a;                                         //声明类对象,自动调用构造函数
    a.disp();                                    //调用成员函数,对象使用结束时
                                                 //自动调用析构函数
}
```

分析：程序在声明 A 类的对象时，系统会自动调用构造函数，因而先执行构造函数中的输出语句，输出"构造函数被调用"；接下来调用 disp 成员函数，执行 disp 成员函数中的输出语句，输出"构造函数与析构函数应用举例"；最后程序在退出前由系统自动调用析构函数，执行析构函数中的输出语句，输出"析构函数被调用"。因此程序的输出结果为：

构造函数被调用

构造函数与析构函数应用举例

析构函数被调用

15.3.5 创建对象

通过使用数组，我们可以对大量的数据和对象进行有效的管理，但对于许多程序，在运行之前，并不能确切地知道数组中会有多少个元素。例如，一个网络中有多少个可用节点，一个 CAD 系统中会用到多少个形状等。如果数组开的太大会造成很大的浪费，如果数组较小则又影响大量数据的处理。在 C++ 中，动态内存分配技术可以保证在程序运行过程中按实际需要申请适量的内存，使用结束后再进行释放。这种在程序运行过程中申请和释放存储单元的过程称为创建对象和删除对象。

C++ 用 new 运算符来创建对象。运算符 new 的功能是动态创建对象，其语法形式为：

   new 类型名(初值列表)；

该语句的功能是在程序运行过程中申请用于存放指定类型的内存空间，并用初值列表中给出的值进行初始化。

如果创建的对象是普通变量，初始化工作就是赋值，如果创建的对象是某一个类的实例对象，则要根据实际情况调用该类的构造函数。

例如：

int *p;

```
                p = new int(100);           // 赋值给指针变量
```
例如：
```
rectangle *r;
        r = new rectangle(5,6);    // 调用矩形类的构造函数
```
如果创建的对象是数组类型，则应按照数组的结构来创建，其语法形式为：

一维数组：new 类型名[下标];

当数组为一维数组时，下标为数组元素的个数，动态分配内存时不能指定数组元素的初值。如果内存申请成功，则返回一个指向新分配内存的首地址的指定类型的指针，如果失败则返回0。

例如：
```
int *p;
        p = new int[10];
```

多维数组：new 类型名[下标1][下标2]……;

当数组为多维数组时，返回一个指向新分配内存的首地址的指针，但该指针的类型为指定类型的数组。数组元素的个数为除最左边一维外下标的乘积。

例如：
```
int (*p)[5];
        p = new int[10][5];
```

运算符 delete 的功能是删除由 new 运算符创建的对象，释放指针指向的内存空间，其语法形式为：

delete 指针名;

例如：
```
int *p;
        p = new int(100);
        delete p;
```

如果 new 运算符创建的对象是数组，则删除对象时应使用的语法形式为：

delete []指针名;

例如：
```
int *p;
        p = new int[10];
        delete []p;
```

【例 15.2】 类对象的创建与删除。
```
#include<iostream.h>
class rectangle                              // 定义一个矩形类
{public:
        rectangle(float len,float wid)       // 构造函数
        {    length = len;
```

```
                    width = wid;
            }
            float GetArea();                    // 成员函数
private:
    float length;
    float width;
};
float rectangle∷GetArea()                       // 成员函数实现
{ return  length*width;
}
void main()
{   rectangle *r;                               // 定义指向 rectangle 类的指针变量 r
    r = new rectangle(10,5);                    // 创建 rectangle 类对象
    cout<<r->GetArea()<<endl;
    delete r;                                   // 删除对象
}
```

分析：程序中先建立了一个 rectangle 类，然后在主函数中定义了一个指向 rectangle 类的指针变量 r，用 new 在内存中开辟一段空间以存放 rectangle 类对象，这时会自动调用构造函数来初始化该对象，接下来使用指向 rectangle 类的指针变量 r 得到矩形的面积，最后用 delete 删除对象，释放该空间。

15.3.6 友 元

在程序设计过程中，假如用户建立了一个类，这个类的数据成员被定义为私有，这时如果想把该数据存取到某个函数（非该类的成员函数）中，那么这样肯定是不被允许的。但是有时候一些非成员函数需要亲自访问类中的某些私有数据，那么这时候就需要用到友元。友元提供了不同类或对象的成员函数之间、类的成员函数与一般函数之间进行数据共享的机制。通过友元，一个普通函数或类的成员函数可以访问到封装于其它类中的数据。友元的作用在于提高程序的运行效率，但同时它也破坏了类的封装性和隐藏性，使得非成员函数可以访问类的私有成员。

友元函数是在类定义中由关键字 friend 修饰的非成员函数。友元函数可以是一个普通函数，也可以是其它类中的一个成员函数。它不是本类的成员函数，但它可以访问本类的私有成员和保护成员。友元函数需要在类的内部进行声明。其格式如下：

```
    class    类名称
    {
        类的成员声明
        friend    返回类型    友元函数名(参数列表);
        类的成员声明
    }
```

【例 15.3】使用友元函数计算两点间的距离。

```
#include <iostream.h>
#include <math.h>
```

```
class Point                                      // 定义 Point 类(点)
{public:
    Point(double xx,double yy)                   // 构造函数
        {x = xx;
         y = yy;}
    void Getxy();                                // 成员函数声明
    friend double Distance(Point &a,Point &b);   // 友元函数声明
private:
    double x,y;                                  // 私有成员(点的坐标)
};
void Point::Getxy()                              // 成员函数实现
{cout<<"("<<x<<","<<y<<")";                      // 输出点的坐标
}
double Distance(Point &a, Point &b)              // 友元函数实现
{   double dx = a.x - b.x;                       // 访问私有成员
    double dy = a.y - b.y;
    return sqrt(dx * dx + dy * dy);              // 两点距离
}
void main()
{   Point p1(3.0, 4.0), p2(6.0, 8.0);            // 定义 Point 类对象
    p1.Getxy();                                  // 调用成员函数
    p2.Getxy();
    cout<<"\nThe istance is"<<Distance(p1, p2)<<endl;
                                                 //调用友元函数
}
```

分析：程序在类定义体内声明了友元函数的原形，在声明时函数名前加 friend 关键字进行修饰，友元函数的具体实现在类外给出。由此可以看出友元函数通过对象名可直接访问 Point 类的私有成员，而不需要借用外部接口 Getxy。在调用友元函数时同调用普通函数一样，采用直接调用方法，而不需要像调用类的成员函数那样必须通过对象。该程序的输出结果为：

(3,4)(6,8)

The distance is 5

同函数一样，类也可以声明为另一个类的友元，这时称为友元类。当一个类作为另一个类的友元时，这个类的所有成员函数都将是另一个类的友元函数。

友元类的一般格式为：

```
class    类 A
{
    类 A 的成员声明
    friend   class    类 B;
    类 A 的成员声明
}
```

【例 15.4】友元类的使用。

```
#include<iostream.h>
class A                         //定义类A
{    public:
    A(int xx,int yy)            //类A的构造函数
        {  x = xx;
           y = yy;
        }
    friend class B;             //声明类B为类A的友元类
private:
    int x,y;
};
class B                         //定义类B
{public:
    void disp1(A s)
            {cout<<"disp1 调用了类 A 的私有成员 x:"<<s.x<<endl;}
            //类B的成员函数访问类A的私有成员
void disp2(A s)
        {  cout<<"disp2 调用了类 A 的私有成员 y:"<<s.y<<endl;}
            //类B的成员函数访问类A的私有成员
};
void main()
{
    A a(5,9);                   //声明A类对象
    B b;                        //声明B类对象
    b.disp1(a);                 //调用B类的成员函数
    b.disp2(a);
}
```

分析：程序中定义了 A 和 B 两个类，其中类 B 为类 A 的友元类，定义时在类 A 的内部声明类 B，而类 B 的具体实现过程是在类 A 的外部。类 B 中有两个成员函数 disp1 和 disp2，根据友元类的概念，这两个成员函数都成为类 A 的友元函数，所以它们都可以访问类 A 的私有成员 x 和 y。该程序的输出结果为：

disp1 调用了类 A 的私有成员 x:5
disp2 调用了类 A 的私有成员 y:9

15.4 继承性

面向对象程序设计过程中，一个很重要的特点就是代码的可重用性。C++是通过继承这一机制来实现代码重用的。所谓继承指的是类的继承，就是在原有类的基础上建立一个新类，新类将从原有类那里得到已有的特性。例如现有一个学生类，定义了学号、姓名、性别、年龄 4 项内容，如果我们除了用到以上 4 项内容外，还需要用到电话和地址等信息，我们就可以在学生类的基础上再增加相关的内容，而不必重新再定义一个类。

换个角度来说，从已有类产生新类的过程就是类的派生。类的继承与派生允许在原有类

的基础上进行更具体、更详细的修改和扩充。新的类由原有的类产生,包含了原有类的关键特征,同时也加入了自己所特有的性质。新类继承了原有类,原有类派生出新类。原有的类我们称为基类或父类,而派生出的类我们称为派生类或子类。比如:所有的 Windows 应用程序都有一个窗口,可以说它们都是从一个窗口类中派生出来的,只不过有的应用程序用于文字处理,有的则应用于图像显示。

类的继承与派生的层次结构是人们对自然界中事物进行分类分析认识的过程在程序设计中的体现。现实世界中的事物都是相互联系、相互作用的,人们在认识过程中,根据它们的实际特征,抓住其共同特性和细小差别,利用分类的方法进行分析和描述。

1. 派生类

定义派生类的一般形式为:

  class 派生类名:继承方式 基类名
  {   派生类成员定义   };

继承方式指派生类的访问控制方式,可以是 public(公有继承)、protected(保护继承)和 private(私有继承)。继承方式可以省略不写,缺省值为 private。

派生类在派生过程中,需要经历吸收基类成员、改造基类成员和添加新成员三个步骤。其中,吸收基类成员主要目的是实现代码重用,但应该注意的是基类的构造函数和析构函数是不能被继承下来的;改造基类成员则主要是对基类数据成员或成员函数的覆盖,就是在派生时定义一个和基类中的数据或函数同名的成员,这样基类中的成员就被替换为派生类中的同名成员;添加新成员是对类功能的扩展,添加必要的数据成员和成员函数来实现新增功能。

在继承中,派生类继承了除构造函数和析构函数以外的全部成员。对于从基类继承过来的成员的访问,并不是简单地把基类的私有成员、保护成员和公有成员直接作为私有成员、保护成员和公有成员,而是要根据基类成员的访问权限和派生类的继承方式共同决定。

(1) 公有继承

当类的继承方式为 public 时,基类的公有(public)成员和保护(protected)成员仍然成为派生类的公有成员和保护成员,而基类的私有成员不能被派生类访问。

(2) 保护继承

当类的继承方式为 protected 时,基类的公有(public)成员和保护(protected)成员将成为派生类的保护成员,而基类的私有成员不能被派生类访问。

(3) 私有继承

当类的继承方式为 private 时,基类的公有(public)成员和保护(protected)成员将成为派生类的私有成员,而基类的私有成员不能被派生类访问。

2. 虚函数

虚函数就是在前面使用 virtual 关键字来限定的普通成员函数。虚函数是为实现某种功能而假设的函数,它是类的一个成员函数。当在派生类中定义了一个同名的成员函数时,只要该成员函数的参数类型及返回类型与基类中同名的虚函数完全一样,那么无论是否用到 virtual 关键字,它都将成为一个虚函数。

【例 15.5】虚函数的使用。

```
#include <iostream.h>
```

```
class color                                          // 定义 color 类
{public:
        void paint(){cout<<"No color."<<endl;}
};
class green:public color                             // 由 color 派生出 green 类
{public:
        void paint(){cout<<"The color is green."<<endl;}
};
void main()
{       color c, * p;                                // 声明 color 类变量及指针变量
        green g;                                     // 声明 green 类变量
        p = &g;                                      // 将指向 color 类的指针 p 指向 green 类
        c.paint();
        g.paint();
        p->paint();
}
```

程序执行的结果如下：

No color.

The color is green.

No color.

程序中对象 c 和对象 g 的输出结果都不难理解，但指针 p 已经指向了 green 类的对象，然而从输出结果看调用的却是 color 类的 paint()函数。解决这个问题的方法就是使用虚函数。将上例 color 类改为如下使用虚函数的方法：

```
class color                                          // 定义 color 类
{ public:
    virtual void paint(){cout<<"No color."<<endl;}   // 定义虚函数
};
```

结果如下：

No color.

The color is green.

The color is green.

以上实例说明在 C++中，如果一个函数被定义成虚函数，那么即使是使用指向基类对象的指针来调用该成员函数，C++也能保证所调用的是正确的特定于实际对象的成员函数。

15.5 多态性

多态性是指用一个名字定义不同的函数，这函数执行不同但又类似的操作，从而实现"一个接口，多种方法"。多态性的实现与静态联编、动态联编有关。静态联编支持的多态性称为编译时的多态性（也称静态多态性），它是通过函数重载和运算符重载实现的。动态联编支持的多态性称为运行时的多态性（也称动态多态性），它是通过继承和虚函数实现的。

下面介绍运算符重载。

运算符重载增强了C++语言的可扩充性。在C++中，定义一个类就是定义了一个新类型。因此，类对象和变量一样，可以作为参数传递，也可以作为返回类型。在基本数据类型中，系统提供了许多预定义的运算符，而实际上，对于用户自定义的类型（比如类），也需要有类似的运算操作，这就提出了对运算符进行重新定义，赋于已有符号以新的功能要求。

运算符重载的实质是函数重载。所谓函数重载，简单地说就是赋给同一个函数名多个含义，C++中允许在相同的作用域内以相同的名字定义几个不同的函数，可以是成员函数，也可以是非成员函数，定义重载函数时要求函数的参数或者至少有一个类型不同，或者个数不同，而对于返回值的类型可以相同，也可以不同。对于每一个运算符@都对应于一个运算符函数 operator@，例如"+"对应的运算符函数是 operator+。运算符重载在实现过程中首先把指定的运算符转化为对运算符函数的调用，再把运算对象转化为运算符函数的实参，然后根据实参的类型来确定需要调用的运算符函数。

运算符重载的规则如下：

① C++中的运算符除了少数几个外，全部可以重载，而且只能重载已有的这些运算符。

② 重载之后运算符的优先级和结合性保持不变。

③ 运算符重载是针对新类型数据的实际需要，对原有运算符进行适当的改造。一般来讲，重载的功能应与原有的功能相类似，不能改变原有运算符的操作对象个数，同时至少有一个操作对象是自定义类型。

不能重载的运算符有 5 个，它们是类属关系运算符"."、指针运算符"*"、作用域运算符"::"、三目运算符"?:"和 sizeof 运算符。

运算符的重载形式有两种，重载为类的成员函数和重载为友元函数。重载为类的成员函数的一般形式为：

  类名称 operator 运算符(参数表)
    {
      函数体
    }

重载为友元函数的一般形式为：

    friend 函数类型 operator 运算符(参数表)
      {
        函数体
      }

函数类型指定了重载运算符的返回值类型，operator 是定义运算符重载函数的关键字，运算符是 C++中可重载的运算符。当运算符重载为类的成员函数时，双目运算符仅有一个参数，而单目运算符则不能显式地说明参数。

一般情况下，单目运算符最好重载为成员函数，双目运算符最好重载为友元函数，双目运算符重载为友元函数比重载为成员函数更方便操作，但是有的双目运算符重载为成员函数为好，例如赋值运算符。如果被重载为友元函数，将会出现与赋值语义不一致的地方。

15.6 程序举例

【例 15.6】 创建一个 Point 类，用来描述坐标系中的一个点。点具有横坐标和纵坐标两个属性，同时应具有成员函数用来显示点的坐标。再创建一个 Circle 类，用来描述坐标系中的一个圆。圆应具有圆心坐标和半径两个属性，还应具有得到圆心坐标和显示圆的属性等相关成员函数。由于圆心是一个点（Point 类），所以在创建 Circle 类的时候可以从 Point 类继承。坐标系中的两个圆有相交、相离和相切 3 种关系，为了描述这种关系，需要用到圆心坐标之间的距离及两圆半径之和。为了计算方便，我们可以重载"＋"运算符返回两圆半径之和；重载"－"运算符返回两点之间的距离。

```cpp
#include<iostream.h>
#include<math.h>
class Point                                    //定义 Point 类
{ private:
        double x,y;                            //私有成员(点的坐标)
    public:
        Point(){}                              //构造函数
        Point(double px,double py)             //构造函数
        {x = px;y = py;}
        void show()                            //成员函数(显示坐标)
        {cout<<"("<<x<<","<<y<<")";}
        friend double operator-(Point p1,Point p2)
        {
            return sqrt((p1.x-p2.x)*(p1.x-p2.x)+(p1.y-p2.y)*(p1.y-p2.y));
        }                                      //"-"运算符重载返回两点之间的距离
};
class Circle:public Point                      //从 Point 类派生 Circle 类
{private:
        Point p;
        double r;                              //私有成员
    public:
        Circle(double px,double py,double cr):Point(px,py)
        {                                      //派生类的构造函数
            p = Point(px,py);
            r = cr;
        }
        void show()                            //覆盖基类的成员函数
        { cout<<"[p";
            Point::show();
            cout<<","<<r<<"]";
        }
    Point GetCenter()                          //成员函数(返回圆心)
        {    return p;}
```

```
        friend double operator + (Circle c1,Circle c2)
            {   return c1.r+c2.r;                  //"+"运算符重载,返回两圆半径之和
            }
};
void Crelation(Circle cr1,Circle cr2)
{                                                  //定义函数说明两圆的关系
        if((cr1.GetCenter()-cr2.GetCenter())>(cr1+cr2))
            cout<<"两圆相离"<<endl;
        if((cr1.GetCenter()-cr2.GetCenter())==(cr1+cr2))
            cout<<"两圆相切"<<endl;
        if((cr1.GetCenter()-cr2.GetCenter())<(cr1+cr2))
            cout<<"两圆相交"<<endl;
}
void main()
{       Point p1(1,1);                             //定义 Point 类对象 p1
        Point p2(4,5);                             //定义 Point 类对象 p2
        cout<<"p1 与 p2 两点之间的距离为:"<<endl;
        p1.show();                                 //输出 p1 坐标
        cout<<" - >";
        p2.show();                                 //输出 p2 坐标
        cout<<" = "<<p1-p2<<endl;                  //输出两点之间的距离
        Circle c1(0,0,1);                          //定义 Circle 类对象 c1
        Circle c2(3,0,2);                          //定义 Circle 类对象 c2
        cout<<"c1 与 c2 两圆圆心之间的距离为:"<<endl;
        c1.show();                                 //输出 c1 圆心及半径
        cout<<" - >";
        c2.show();                                 //输出 c2 圆心及半径
cout<<" = "<<c1.GetCenter()-c2.GetCenter()<<endl;
                                                   //输出两圆圆心之间的距离
        cout<<"两圆的半径之和为:"<<c1+c2<<endl;
        cout<<"两圆之间的关系为:";
        Crelation(c1,c2);
}
```

本章小结

本章主要介绍了面向对象的基本概念和主要特点,介绍了类的定义和对象的实现,面向对象程序设计的三大特点。

历年试题汇集

一、选择题

1.【2003.4】在一个 C++程序中,main 函数的位置(   )。

A) 必须在程序的开头 B) 必须在程序的后面
C) 可以在程序的任何地方 D) 必须在其它函数中间

2. 【2003.4】用C++语言编制的源程序要变为目标程序必须要经过( )。
A) 解释 B) 汇编 C) 编辑 D) 编译

3. 【2003.9】C++程序基本单位是( )。
A) 数据 B) 字符 C) 函数 D) 语句

4. 【2003.9】C++程序中的语句必须以( )结束。
A) 冒号 B) 分号 C) 空格 D) 花括号

5. 【2004.4】执行C++程序时出现的"溢出"错误属于( )错误。
A) 编译 B) 连接 C) 运行 D) 逻辑

6. 【2004.4】下列选项中,全部都是C++关键字的选项为( )。
A) while IF static B) break char go
C) sizeof case extern D) switch float integer

7. 【2004.4】按C++标识符的语法规定,合法的标识符是( )。
A) _abc B) new C) int1 D) "age"

8. 【2004.9】下列选项中,( )不是分隔符。
A) ? B) ; C) : D) ()

9. 【2004.9】下列正确的八进制整型常量表示是( )。
A) 0a0 B) 015 C) 080 D) 0x10

10. 【2004.9】下列正确的十六进制整型常量表示是( )。
A) 0x11 B) 0xaf C) 0xg D) 0x1f

11. 【2004.9】在下列选项中,全部都合法的浮点型数据的选项为( ),全部都不合法的浮点型数据选项是( )。
A) −1e3,15.,2e−4 B) 12.34,−1e+5,0.0
C) 0.2e−2.5,e−5 D) 5.0e−4,0.1,8.e+2

12. 【2004.9】下列正确的字符常量为( )。
A) "a" B) '\0' C) a D) '\101'

13. 【2005.4】下列选项中,(a,b,c)能交换变量a和b的值。
A) t=b;b=a;a=t; B) a=a+b;b=a−b;a=a−b;
C) t=a;a=b;b=t; D) a=b; b=a;

14. 【2005.4】执行语句"int i = 10, *p = &i;"后,下面描述错误的是( )。
A) p的值为10 B) p指向整型变量i
C) *p表示变量i的值 D) p的值是变量i的地址

15. 【2005.4】执行语句"int a = 5,b = 10,c;int * p1 = &a, *p2 = &b;"后,下面不正确的赋值语句是( )。
A) *p2 = b; B) p1 = a; C) p2 = p1; D) c = *p1 * (*p2);

16. 【2005.4】执行语句"int a = 10,b;int &pa = a,&pb = b;"后,下列正确的语句是( )。
A) &pb = a; B) pb = pa; C) &pb = &pa; D) *pb = *pa

17. 【2005.9】执行下面语句后,a 和 b 的值分别为(　　)。
```
int a = 5,b = 3,t;
int &ra = a;
int &rb = b;
    t = ra;ra = rb;rb = t;
```
　　A) 3 和 3　　　　B) 3 和 5　　　　C) 5 和 3　　　　D) 5 和 5

18. 【2005.9】在下列运算符中,(　　)优先级最高。
　　A) <=　　　　　B) *=　　　　　　C) +　　　　　　D) *

19. 【2005.9】在下列运算符中,(　　)优先级最低。
　　A) !　　　　　　B) &&　　　　　　C) !=　　　　　　D) ?:

20. 【2005.9】设 i=1,j=2,则表达式 i+++j 的值为(　　)。
　　A) 1　　　　　　B) 2　　　　　　C) 3　　　　　　D) 4

21. 【2005.9】设 i=1,j=2,则表达式 ++i+j 的值为(　　)。
　　A) 1　　　　　　B) 2　　　　　　C) 3　　　　　　D) 4

22. 【2006.4】在下列表达式选项中,(　　)是正确的。
　　A) ++(a++)　　B) a++b　　　　C) a+++b　　　　D) a++++b

23. 【2006.4】已知 i=0,j=1,k=2,则逻辑表达式 ++i||--j&&++k 的值为(　　)。
　　A) 0　　　　　　B) 1　　　　　　C) 2　　　　　　D) 3

24. 【2006.9】执行下列语句后,x 的值是(　　),y 的值是(　　)。
```
    int x , y ;
    x = y = 1; ++x || ++y ;
```
　　A) 不确定　　　　B) 0　　　　　　C) 1　　　　　　D) 2

25. 【2006.9】设 X 为整型变量,能正确表达数学关系 1<X<5 的 C++逻辑表达式是(　　)。
　　A) 1<X<5　　　　　　　　　　　B) X==2||X==3||X==4
　　C) 1<X&&X<5　　　　　　　　　D) !(X<=1)&&!(X>=5)

26. 【2006.9】已知 x=5,则执行语句

　　x += x -= x*x ;

　　后,x 的值为(　　)。
　　A) 25　　　　　　B) 40　　　　　C) -40　　　　　D) 20

27. 【2006.9】设 a=1,b=2,c=3,d=4,则条件表达式 a<b? a:c<d? c:d 的值为(　　)。
　　A) 1　　　　　　B) 2　　　　　　C) 3　　　　　　D) 4

28. 【2006.9】逗号表达式"(x=4*5,x*5),x+25"的值为(　　)。
　　A) 25　　　　　　B) 20　　　　　C) 100　　　　　D) 45

二、【2004.9】用关系表达式或逻辑表达式表示下列条件
1. i 整除 j;

2. n 是小于正整数 k 的偶数；
3. 1<=x<10；
4. x,y 其中有一个小于 z；
5. y[-100,-10]，并且 y[10,100]；
6. 坐标点(x，y)落在以(10，20)为圆心，以 35 为半径的圆内；
7. 三条边 a、b 和 c 构成三角形；
8. 年份 Year 能被 4 整除,但不能被 100 整除或者能被 400 整除。

三、【2005.9】阅读下列程序,写出执行结果

1.
```
#include <iostream.h>
void main()
{
    int a = 1, b = 2, x, y;
    cout << a++ + ++b << endl;
    cout << a % b << endl;
    x = !a>b;  y = x-- && b;
    cout << x << endl;
    cout << y << endl;
}
```

2.
```
#include <iostream.h>
void main()
{
    int x,y,z,f;
    x = y = z = 1;
    f = --x || y-- && z++;
    cout << "x = " << x << endl;
    cout << "y = " << y << endl;
    cout << "z = " << z << endl;
    cout << "f = " << f << endl;
}
```

四、编程题

1. 【2003.9】输入一个三位整数,将它反向输出。
2. 【2004.4】输入三个整数,求出其中最小数(要求使用条件表达式)。

课后练习

1. 请根据你的了解,叙述 C++ 的特点。C++ 对 C 有哪些发展？
2. 一个 C++ 的程序是由哪几个部分构成的？其中的每一部分起什么作用？
3. 从拿到一个任务到得到最终的结果,一般要经过几个步骤？
4. 请说明编辑、连接的作用。在编译后得到的目标文件为什么不能直接运行？
5. 分析下面程序的运行结果。

```
#include <iostream>
```

```
using namespace std;
int main()
{
  cout<<"This"<<"is";
  cout<<"a"<<"C++";
  cout<<"program.";
  return 0;
}
```

6. 分析下面程序的运行结果。

```
#include <iostream>
using namespace std;
int main()
{
  int a,b,c;
  a = 10;
  b = 23;
  c = a + b;
  cout<<"a + b = ";
  cout<<c;
  cout<<endl;
  return 0;
}
```

7. 分析下面程序的运行结果。请先阅读程序写出程序运行时应输出的结果,然后上机运行程序,验证自己分析的结果是否正确。

```
#include <iostream>
using namespace std;
int main()
{
  int a,b,c;
  int f(int x,int y,int z);
  cin>>a>>b>>c;
  c = f(a,b,c);
  cout<<c<<endl;
  return 0;
}
int f(int x,int y,int z)
{
  int m;
  if (x<y) m = x;
    else m = y;
  if (z<m) m = z;
    return(m);
}
```

8. 在你所用的C++系统上,输入以下程序,运行编译。观察编译情况,如果有错误,请修改程序,再进行编译,直到没有错误,然后进行连接和运行,分析运行结果。

```cpp
#include <iostream>
using namespace std;
int main()
{
    int a,b,c;
    cin>>a>>b;
    c=a+b;
    cout<<"a+b="<<a+b<<endl;
    return 0;
}
```

9. 输入以下程序,进行编译,观察编译情况,如果有错误,请修改程序,再进行编译,直到有错误,然后进行连接和运行,分析运行结果。

```cpp
#include <iostream>
using namespace std;
int main()
{
    int a,b,c;
    int add(int x,int y);
    cin>>a>>b;
    c=add(a,b);
    cout<<"a+b="<<c<<endl;
    return 0;
}
int add(int x,int y)
{ int z;
    z=x+y;
    return(z);
}
```

10. 输入以下程序,编译并运行,分析运行结果。

```cpp
#include <iostream>
Using namespace std;
Int main()
{void sort(int x,int y,int z);
Int x,y,z;
Cin>>x>>y>>z;
Sort(x,y,z)
Return 0;
}
Void sort(int x,int y,int z)
{
```

```
Int temp;
if(x>y){temp = x;x = y;y = temp;}
if(z<x) cout<<z<<","<<x<<","<<y<<endl;
else if(z<y) cout<<x<<","<<z<<","<<y<<endl;
else cout<<x<<","<<y<<","<<z<<endl;
}
```

请分析此程序的作用。Sort 函数中的 if 语句是一个嵌套的 if 语句。虽然还没有正式介绍 if 语句的结构，但相信读者能够完全看懂它。

运行时先后输入以下几组数据，观察并分析运行结果。

① 3 6 10 ↙
② 6 3 10 ↙
③ 10 6 3 ↙
④ 10 6 3 ↙

通过以上的练习，可以帮助读者了解 C++ 的程序结构，熟悉 C++ 的上机方法。

第 16 章

上机考试指导

【本章考点和学习目标】
1. 熟悉计算机等级考试的上机环境。
2. 掌握上机考试做题的方法。

【本章重难点】
重点：上机考试的步骤。
难点：做题的方法。

全国计算机等级考试上机考试系统专用软件运行在中文 Windows 2000 平台下，提供了开放的考试环境，具有自动计时、断点保护、自动阅卷和回收的功能。

全国计算机等级考试二级 C 语言考试包括笔试部分和上机部分。笔试部分在全国规定的时间内进行统考，上机考试由上机考试系统进行分时分批考试。考试成绩分为优秀、良好、合格和不合格四个等级。笔试或上机考试成绩只有一门合格的，下次考试时，已经合格的一门可以免考。两部分均合格的由教育部考试中心统一颁发计算机二级合格证书。

16.1 上机考试系统说明

16.1.1 上机考试时间

上机考试时间定为 90 分钟。考试时间由上机考试系统自动计时，提前 5 分钟自动报警提醒考生及时交卷。考试时间用完后，上机考试系统自动锁定计算机，考生将不能继续进行考试。

16.1.2 上机考试题型及分值

全国计算机等级考试二级 C 语言上机考试试卷满分为 100 分，共有三种类型的考题，即程序填空题(30 分)、程序修改题(30 分)和程序编制题(40 分)。

16.1.3 上机考试登录

下面将对使用上机考试系统的操作步骤进行较为详细的阐述。
首先启动计算机。
双击桌面上的"全国计算机等级考试上机考试系统"图标，将显示上机考试系统的登录界面(如图 16-1 所示)。

当上机考试系统的登录界面出现后,请考生单击"开始登录"按钮,进入准考证号登录验证状态,屏幕显示如图 16-2 所示。此时请考生输入自己的准考证号(必须是 16 位数字或字母),以回车键或按"考号验证"按钮进行输入确认,然后上机考试系统开始对所输入的准考证号进行合法性检查。

在登录过程中可能会出现以下提示信息。当输入的准考证号不存在时,上机考试系统会显示相应的提示信息,并要求考生重新输入准考证号,直至输入正确为止(如图 16-3 所示)。

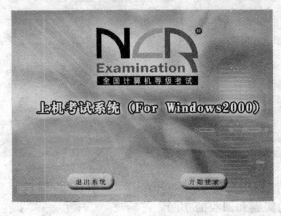

图 16-1 登录界面

图 16-2 准考证号登录验证界面

如果输入的准考证号存在,则屏幕显示此准考证号所对应的身份证号和姓名,并显示相应的应答提示信息,如图 16-3 所示。

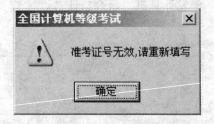

图 16-3 无准考证号登录提示

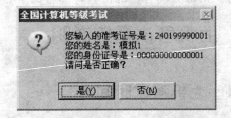

图 16-4 准考证号存在登录提示

考生核对自己的姓名和身份证号,如果发现不符合并单击"否"按钮,则重新输入准考证号。如果输入的准考证号核对后相符,则请单击"是"按钮,接着上机考试系统进行一系列处理后将随机生成一份二级 C 语言考试的试卷。

如果上机考试系统在抽取试题过程中产生错误并显示相应的错误提示信息时,则考生应重新登录直至试题抽取成功为止。

当上机考试系统抽取试题成功后,在屏幕上会显示二级 C 语言考生上机考试须知(如图 16-5 所示)。若考生单击"开始答题并计时"按钮,则开始考试并进行计时。考生所有的答案均在考生文件夹下完成。考生在考试过程中,允许考生自由选择答题顺序,中间可以退出并允许考生重新进行答题。

当考生在上机考试时遇到死机等意外情况(即无法进行整场考试时),考生应向监考人员说明情况,由监考人员确认为非人为因素造成停机时,方可进行第二次登录。在二次登录过程中,系统接收考生的准考证号并显示姓名和身份证号,考生确认是否相符。一旦考生确认,则系统给出如图 16-6 所示的密码验证界面,考生需由监考人员输入密码后方可继续进行上机考试。因此考生必须注意在上机考试时不得随意关机,否则监考人员有权取消其考试资格。

当上机考试系统提示"考试时间已到,请停止答卷"后,由监考人员输入延时密码对还没有存盘的数据进行存盘。如果考生擅自关机或重启机器,将直接影响考生的考试成绩。

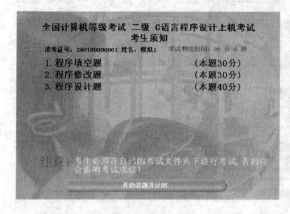

图 16-5 考试须知 　　　　　　　　图 16-6 密码验证界面

16.1.4　试题内容查阅工具的使用

在系统登录完成以后,系统为考生抽取一套完整的试题。此时系统环境也有了一定的变化,上机考试系统将自动在屏幕中间生成装载试题内容查阅工具的考试窗口,并在屏幕顶部始终显示着考生的准考证号、姓名、考试剩余时间以及可以随时显示或隐藏试题内容查阅工具和退出考试系统进行交卷的按钮的窗口,窗口最左边的"显示窗口"字符表示屏幕中间的考试窗口正被隐藏着,当单击"显示窗口"字符时,屏幕中间就会显示考试窗口,且"显示窗口"字符变成"隐藏窗口"。

在考试窗口中单击"程序填空题"(如图 16-7 所示)、"程序设计题"(如图 16-8 所示)和"程序修改题"(如图 16-9 所示)按钮,可以分别查看各个题型的题目要求。

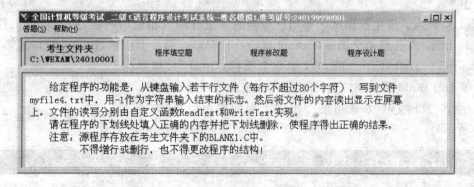

图 16-7 程序填空题

当试题内容查阅窗口中显示上下或左右滚动条时,表明该试题查阅窗口中试题内容不能完全显示。因此,考生可用鼠标移动并显示余下的试题内容,防止漏做试题而影响考生的考试成绩。

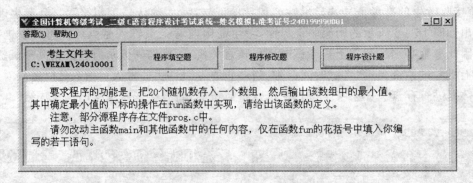

图 16-8 程序设计题

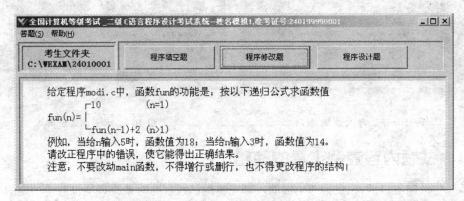

图 16-9 程序修改题

16.1.5 编辑、连接和运行

当考试系统登录成功后,考生应在试题内同查阅窗口的"答题"菜单上根据试题内同的要求选择相应的命令,系统将自动进入 VC 系统,再根据"程序填空题"、"程序修改题"和"程序设计题"内的要求进行操作。下面以"程序填空题"为例进行介绍。

单击"答题"→"程序填空题"菜单项,系统将自动启动 VC 系统并把相应的文件 BLANK1.C 调入。考生根据试题要求在相应的填空处填入相应的内容,接着单击工具栏(如图 16-10 所示)左边第 1 个图标(Compile(Ctrl+F7))或第 2 个图标(Build(F7))或第 4 个图标(Execute Program(Ctrl+F5))或第 5 个图标(Go(F5))或单击主菜单上的 Build 菜单项并选择相应的功能就可以进行编译、链接和运行。此时,VC 系统可能会出现下面的提示信息(如图 16-11 所示)。

图 16-10 VC 系统工具栏

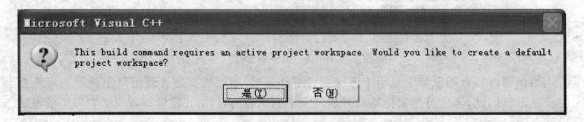

图 16-11 建立工程文件提示

VC 系统没有发现工程文件,要求建立一个活动的工程,此时请单击"是"按钮即可。接着如果再出现提示要求保存文件,那么请单击"是"按钮进行保存。VC 系统开始进行编译,如果没有发现错误,则程序通过调试;如果发现有错误或没有得到正确的运行结果,则重新进行修改,再进行编译,直至得到正确的运行结果,最后关闭系统。

16.1.6 考生文件夹和文件的恢复

1. 考生文件夹

当考生登录成功后,上机考试系统将会自动产生一个考生考试文件,该文件夹将存放该考生所有上机考试的考试内容以及答题过程,因此考生不能随意删除该文件夹以及该文件夹下与考试内容有关的文件及文件夹,避免在考试和评分时产生错误,从而影响考生的考试成绩。

假设考生登录的准考证号为 240199990001,则上机考试系统生成的考生文件夹将存放到 K 盘根目录的用户目录文件夹下,即考生文件夹为 K:\用户目录文件夹\24010001。

考生在考试过程中所有操作不能脱离上机系统生成的考生文件夹,否则将会直接影响考生的考试成绩。

在考试界面的菜单栏下,左边的区域可显示考生文件夹的路径。

2. 文件的恢复

如果考生在考试过程中,所操作的文件不能复原或误操作删除,那么请考生自行把相应的文件从考生文件夹下 HLPSYS 子文件夹中复制回来即可,这样考生就可以继续进行考试且不会影响考生的考试成绩。

16.1.7 文件名的说明

当考生登录成功后,上机考试系统将在考生文件夹下产生一系列文件夹和文件,这其中有些文件夹和文件是不能被删除的,否则将会影响考生的考试成绩;也有些文件会根据试题内容的要求进行修改操作。

下面列出的 4 种类型的文件不能删除:
① BLANK1.C:存放二级 C 语言程序填空题的源文件。
② MODI1.C:存放二级 C 语言程序修改题的源文件。
③ PROG1.C:存放二级 C 语言程序编制题的源文件。
④ 程序填空题、程序修改题和程序编制题所规定的输入数据文件和输出结果文件。例如:IN.DAT 和 OUT.DAT 等。

16.2 上机考试内容

16.2.1 程序填空题

当考生登录成功后,上机考试系统已将需修改的源程序存放到 BLANK1.C 文件中。考生在指定的 C 语言环境下,按照试题给定的要求对 BLANK1.C 源程序进行修改和调试。在修改调试过程中,一般不允许增或删行数(包括空行),一行只能修改或填写一个或几个地方。

考生不能删除注释行中有＊＊＊found＊＊＊或＊＊＊FOUND＊＊＊的行,因为这是程序填空题的标识行,如果标识行删除或移动位置将会直接影响考生这部分的成绩。在标识行下有一横线并标有数字,就是要求考生在此填写相应的内容,内容填写完毕后要把原来的横线和数字删除。

1. 评分规则

程序填空题只要考生修改正确填空处的任意一个地方就可得相应的分值。

2. 举 例

【例 16.1】 给定程序的功能是将未在字符串 s 中出现,而在字符串 t 中出现的字符,形成一个新的字符串放在 u 中,u 中字符按原字符串中字符顺序排序,但去掉重复字符。例如:当 s ="12345",t="24677"时,u 中的字符为"67"。

请注意在程序的下划线处填入正确的内容并把下划线删除,使程序得出正确的结果。

【注意】 源程序存放在考生文件夹下的 BLANK1.C 中;不得增行或删行,也不得更改程序的结构。

程序如下:

```
#include <stdio.h>
#include <string.h>
void fun (char *s, char *t, char *u)
{   int   i, j, sl, tl, k, ul = 0;
    sl = strlen(s);    tl = strlen(t);
    for (i = 0; i<tl; i++)
    {   for (j = 0; j<sl; j++)
            if (t[i] == s[j])  break;
        if (j >= sl)
        {   for (k = 0; k<ul; k++)
/* * * * * * * * * * * * * found * * * * * * * * * * * * */
                if (t[i] == u[k])  ___1___ ;
            if (k >= ul)
/* * * * * * * * * * * * * found * * * * * * * * * * * * */
                u[ul++] = ___2___ ;
        }
    }
/* * * * * * * * * * * * * found * * * * * * * * * * * * */
    ___3___ = '\0';
}
main()
{   char   s[100], t[100], u[100];
    printf("\nPlease enter string s:"); scanf("%s", s);
    printf("\nPlease enter string t:"); scanf("%s", t);
    fun(s, t, u);
    printf("The result is: %s\n", u);
}
```

在给定的程序中有三个标示行,因此本题共有三个填空处。

第一处:break;

第二处:t[i]

第三处:u[u1]

16.2.2 程序修改题

一般来说,当程序修改有结果文件输出时,则结果文件输出的格式在程序中已给出,考生不必自己编写,只要调用即可。

程序修改题一般有 3 种题型:填空、填写语句和改错,且这 3 种题型可能在一道试题中同时出现。那么怎样对给定的程序进行修改呢?考生首先要找出程序的错误点数以及错误位置,再根据题意以及程序的上下关系修改程序。当程序修改完成后,必须要运行该程序,判断其运行结果是否正确。如果其运行结果不正确,则说明该程序修改还不正确,考生应该对该程序序继续进行修改,直至其运行结果正确为止。

1. 评分规则

程序修改调试题如果有指定的结果输出文件时,只要运行结果正确即可得分。如果运行结果有错误或无结果文件输出时,则上机考试评分系统将对其修改部分进行检测。如果修改内容全部正确,则同样可以得满分;如果修改内容部分正确,则按比例给分。

2. 举 例

【例 16.2】给定程序 modi.c 中,函数 fun 的功能是:给定 n 个实数,输出平均值,并统计在平均值以上(含平均值)的实际个数。

例如,n=8 时输入:193.199、195.673、195.757、196.051、196.092、196.596、196.579、196.763 所得平均值为:195.838745,在平均值以上的实数个数应为:5。

请改正程序中的错误,使它能得出正确结果。

【注意】不要改动 main 函数,不得增行或删行,也不得更改程序的结构。

程序如下:

```
# include <conio.h>
# include <stdio.h>
# include <windows.h>
int fun(float x[],int n)
/* * * * * * * * * * * * * * * found * * * * * * * * * * * * * */
  int j,c = 0;float xa = 0.0;
    for(j = 0;j<n;j ++ )
      xa + = x[j]/n;
    printf("ave = % f\n",xa);
    for(j = 0;j<n;j ++ )
/* * * * * * * * * * * * * * * found * * * * * * * * * * * * * */
      if(x[j] = >xa)
        c ++ ;
    return c;
```

```
main()
{float x[100] = {193.199f,195.673f,195.757f,196.051f,196.092f,196.596f,196.579f,196.763f};
 system("cls");
 printf("%d\n",fun(x,8));
}
```

在给定的程序中有 3 个标示行,因此本题共有 3 个填空处。
第一处:{ int j,c=0;float xa=0.0;
第二处:if(x[j]>=xa)

16.2.3 程序编写题

当试题抽取成功后,上机考试系统已将需编制程序的部分源程序存放到文件 PROG1.C 中,考生在指定的 C 语言环境中,按照试题给定的要求在 PROG1.C 文件中进行程序的编写,经过调试和运行,最后得到其运行结果并存放到指定的输出结果文件中。一般来说输出结果的文件格式在程序中已给出,考生不必自行编写,只要调用即可。

程序编写题只有一种题型:编写部分程序、过程或函数。那么怎样编写程序呢?首先在编写程序之前,考生必须要理解试题,并分析试题要求做什么,得出的结果怎样输出,再编写部分程序并调试运行,直至程序运行得到正确结果为止。

1. 评分规则

对于程序编制、调试运行这类试题的评分规则,一般是通过最终的运行结果进行判定,根据正确结果的多少,按比例给分。考生编写程序的方法和内容会有所不同,但必须得出正确的结果才能得分。

2. 举 例

【例 16.3】请编写函数 fun,其功能是求出二维数组周边元素之和,作为函数值返回。二维数组的值在主函数赋予。

例如:二维数组中的值为:
1 3 5 7 9
2 9 9 9 4
6 9 9 9 8
1 3 5 7 0
则函数值为 61。

【注意】部分源程序存放在文件 prog.c 中。
请勿改动主函数和其它函数中的任何内容,仅在 fun 函数的花括号中填入编写的若干语句。

```
#include <conio.h>
#include <stdio.h>
#include <windows.h>
#define M 4
#define N 5
int fun (int a[M][N])
```

```
    {
    }
}

NONO( )
{/* 请在此函数内打开文件,输入测试数据,调用 fun 函数,输出数据,关闭文件。*/
    int i, j, y, k, aa[M][N] ;
    FILE *rf, *wf ;
    rf = fopen("bc4.in", "r") ;
    wf = fopen("bc4.out", "w") ;
    for(k = 0 ; k < 10 ; k++) {
        for(i = 0 ; i < M ; i++)
        for(j = 0 ; j < N ; j++) fscanf(rf, "%d", &aa[i][j]) ;
        y = fun ( aa );
        fprintf(wf, "%d\n", y) ;
    }
    fclose(rf) ;
    fclose(wf) ;
}
main()
{   int aa[M][N] = {{1,3,5,7,9},
                    {2,9,9,9,4},
                    {6,9,9,9,8},
                    {1,3,5,7,0}};
    int i,j,y;
    system("cls");
    printf("The original data is:\n");
    for (i = 0;i<M;i++)
    {   for(j = 0;j<N;j++) printf("%6d",aa[i][j]);
        printf("\n");
    }
    y = fun(aa);
    printf("\nThe sum:  %d\n",y);
    printf("\n");
    NONO( );
}
```

本章小结

本章主要介绍了全国计算机等级考试上机考试系统的组成、登录方法及注意事项,介绍了上机考试的内容包括程序填空题、程序改错题和编程题,要求在规定时间内完成。

历年试题汇集

1.【2003.9】编一个 C 程序,它能读入一个正整数 N(N<20),再逐行读入一个 N×N 的

矩阵的元素(矩阵元素为整数,输入时相邻的整数用空格隔开),找出这个矩阵的最大元素,再输出该元素的行号和列号,均从 1 开始)。

2.【2004.4】设 N<1 时 y(n)=1,y(N)=-y(N-2)+2*y(N-1) N>1 时,编写 C 程序,使它能对读入的任意 N(N≥0 且 n<50)计算并输出 y(n)的值。

3.【2004.9】编写一段 C 程序,它能读入一个字符串(串长<100,串中可能有空格),计算并输出该字符十进制的个数。

4.【2005.4】编写一段 C 程序,它能读入一串浮点数(以-9999.0 为结束标记,-9999.0 不算在内,这串浮点数个数不大于 10000)计算并输出这些数绝对值的平均值以及这些数绝对值大于、小于该平均值的数的个数。

5.【2005.9】编写一段 C 程序,它能读入文本文件 f1.c 和 f2.c 中的所有整数,并把这些数按从大到小的次序写到文本文件 f3.c(同一个数在文件 f3.c 中最多只能出现一次,文件 f1.c、f2.c 及 f3.c 都存于你的账号目录下,否则无成绩)中,文件中的相邻两个整数都用空格隔开,每 10 个换行,文件 f1.c 和 f2.c 中的整数个数都不超过 2000。

课后练习

1. m 个人的成绩存放在 score 数组中,请编写函数 fun,它的功能是:将低于平均分的人数作为函数值返回,将低于平均分的分数放在 below 所指的数组中。例如,当 score 数组中的数据为 10、20、30、40、50、60、70、80、90 时,函数返回的人数应该是 4,below 中的数据应为 10、20、30、40。

注意:部分源程序给出如下。请勿改动主函数 main 和其它函数中的任何内容,仅在函数 fun 的花括号中填入所编写的若干语句。

```
int fun(int score[],int m,int below[])
{

}
void main()
{
    int i,n,below[9];
    int score[9]={10,20,30,40,50,60,70,80,90};
    clrscr();
    n=fun(score,9,below);
    printf("\nBelow the average score are:");
    for(i=0;  i<n;  i++)printf(" %d ",below[i]);
}
```

2. 请编写函数 fun,它的功能是:求出 1~1000 中能被 7 或 11 整除、但不能同时被 7 和 11 整除的所有整数并将它们放在 a 所指的数组中,通过 n 返回这些数的个数。

注意:部分源程序给出如下。请勿改动主函数 main 和其它函数中的任何内容,仅在函数 fun 的花括号中填入所编写的若干语句。

```
#include <conio.h>
```

```
#include <stdio.h>
void fun(int *a, int *n)
{



}
void main()
{
  int aa[1000],n,k;
  clrscr();
  fun (aa, &n);
  for ( k = 0 ; k<n ; k++ )
    if((k+1)%10==0)printf("\n");
    else printf(" %5d", aa[k]);
}
```

3. 请编写函数 void fun(int x,int pp[],int *n),它的功能是:求出能整除 x 且不是偶数的各整数,并按从小到大的顺序放在 pp 所指的数组中,这些除数的个数通过形参 n 返回。例如,若 x 中的值为 30,则有 4 个数符合要求,它们是 1,3,5,15。

注意:部分源程序给出如下。请勿改动主函数 main 和其它函数中的任何内容,仅在函数 fun 的花括号中填入所编写的若干语句。

```
#include <conio.h>
#include <stdio.h>
void  fun (int x, int  pp[], int *n)
{



}
void main ( )
{
  int   x, aa[1000], n, i;
  clrscr();
  printf( "\nPlease enter an integer number:\n" ); scanf(" %d", &x);
  fun(x, aa, &n);
  for( i = 0 ; i < n ; i++ )
    printf(" %d ", aa[i]);
  printf("\n");
}
```

4. 请编写一个函数 void fun(char *tt,int pp[]),统计在 tt 字符串中"a"到"z"26 个字母各自出现的次数,并依次放在 pp 所指数组中。例如,当输入字符串 abcdefgabcdeabc 后,程序的输出结果应该是:

3 3 3 2 2 1 1 0 0 0 0 0 0 0 0 0 0 0 0 0 0 0 0 0 0 0

注意:部分源程序给出如下。请勿改动主函数 main 和其它函数中的任何内容,仅在函数

fun 的花括号中填入所编写的若干语句。

```c
#include <conio.h>
#include <stdio.h>
void fun(char *tt, int pp[])
{


}
void main( )
{
    char aa[1000];
    int  bb[26], k, n;
    clrscr( );
    printf( "\nPlease enter  a char string:" ); scanf("%s", aa);
    fun (aa, bb);
    for (k = 0; k < 26; k++) printf("%d ", bb[k]);
    printf( "\n" );
}
```

测试：

Please enter a char string:abcdefgabcdeabc

3 3 3 2 2 1 1 0 0 0 0 0 0 0 0 0 0 0 0 0 0 0 0 0 0 0

5. 请编写一个函数 void fun(int m,int k,int xx[])，该函数的功能是：将大于整数 m 且紧靠 m 的 k 个素数存入 xx 所指的数组中。例如输入：17,5,则应输出：19,23,29,31,37。

注意：部分源程序给出如下。请勿改动主函数 main 和其它函数中的任何内容，仅在函数 fun 的花括号中填入所编写的若干语句。

```c
#include <conio.h>
#include <stdio.h>
void fun(int m, int k, int xx[])
{


}
void main()
{
    int m, n, zz[1000];
    clrscr();
    printf( "\nPlease enter two integers:" );
    scanf("%d%d", &m, &n);
    fun( m, n, zz);
    for( m = 0; m < n; m++ )printf("%d ", zz[m]);
    printf("\n");
```

}

6. 请编写一个函数 void fun(char a[],char b[],int n),其功能是:删除一个字符串中指定下标的字符。其中,a 指向原字符串,删除后的字符串存放在 b 所指的数组中,n 中存放指定的下标。例如输入一个字符串 World,然后输入 3,则调用该函数后的结果为 Word。

注意:部分源程序给出如下。请勿改动主函数 main 和其它函数中的任何内容,仅在函数 fun 的花括号中填入所编写的若干语句。

```
#include <stdio.h>
#include <conio.h>
#define LEN 20
void fun (char a[], char b[], int n)
{

}
void main( )
{
    char str1[LEN], str2[LEN] ;
    int n ;
    clrscr() ;
    printf("Enter the string:\n") ;
    gets(str1) ;
    printf("Enter the position of the string deleted:");
    scanf("%d", &n) ;
    fun(str1, str2, n) ;
    printf("The new string is: %s\n", str2) ;
}
```

测试:

Enter the string:

World

Enter the position of the string deleted:3

The new string is: Word

7. 请编写一个函数 int fun(int *s,int t,int *k),用来求出数组的最大元素在数组中的下标并存放在 k 所指的存储单元中。例如输入如下整数:876　675　896　101　301　401　980　431　451　777,则输出结果为:6,980。

注意:部分源程序给出如下。请勿改动主函数 main 和其它函数中的任何内容,仅在函数 fun 的花括号中填入所编写的若干语句。

```
#include <conio.h>
#include <stdio.h>
void fun(int *s, int t, int *k)
{
```

```
}
void main( )
{
    int a[10] = {876, 675, 896, 101, 301, 401, 980, 431, 451, 777}, k;
    clrscr();
    fun(a, 10, &k);
    printf("%d, %d\n", k, a[k]);
}
```

测试:

6, 980

8. 下列给定程序的功能是:读入一个整数 k(2≤k≤10000),打印它的所有质因子(即所有为素数的因子)。例如,若输入整数 2310,则应输出:2、3、5、7、11。

请改正程序中的错误,使程序能得出正确的结果。注意:不要改动 main 函数,不得增行或删行,也不得更改程序的结构。

试题程序:

```
#include      "conio.h"
#include      "stdio.h"
/********found********/
IsPrime    ( int n   );
{
    int    i,    m;
    m = 1;
    /********found********/
    for(i = 2; i < n; i++)
        if !(n%i)
        {
            m = 0;
            break;
        }
        return(m);
}

main()
{
    int    j, k;
    clrscr();
    printf("\nplease enter an integer number between 2 and 10000:");
    scanf("%d", &k);
    printf("\n\nThe    prime factor(s)    of %d is(are):", k);
    for(j = 2; j < k; j++)
        if((!(k%j))&&(IsPrime(j)))
            printf(" %4d,", j);
    printf("\n");
```

}

9. 下列给定程序中,函数 fun 的功能是:逐个比较 a、b 两个字符串对应位置中的字符,把 ASCII 值大或相等的字符依次存放到 c 数组中,形成一个新的字符串。例如,若 a 中的字符串为:aBCDeFgH,b 中的字符串为:ABcd,则 C 中的字符串应为:aBcdeFgH。

请改正程序中的错误,使它能得出正确结果。注意:不要改动 main 函数,不得增行或删行,也不得更改程序的结构。

试题程序:

```
#include <stdio.h>
#include <string.h>
void fun(char *p,char *q,char *c)
{
    /*********found**********/
    int k=1;
    /*********found**********/
    while(*p != *q)
    {
        if(*p< *q)
            c[k] = *q;
        else
            c[k] = *p;
        if(*p)
            p++;
        if(*q)
            q++;
        k++;
    }
}
main()
{
    char a[10]="aBCDeFgH",b[10]="ABcd",c[80]={'\0'};
    fun(a,b,c);
    printf("The string a:");
    puts(a);
    printf("The string b:");
    puts(b);
    printf("The result:");
    puts(c);
}
```

10. 下列给定程序中,函数 fun 的功能是:依次取出字符串中所有数字字符,形成新的字符串,并取代原字符串。

请改正函数 fun 中的错误,使它能得出正确的结果。注意:不要改动 main 函数,不得增行或删行,也不得更改程序的结构。

试题程序：

```c
#include <stdio.h>
#include <conio.h>
void fun(char *s)
{
    int i,j;
    /********found********/
    for(i=0,j=0;s[i]!='\0';i++)
        if(s[i]>='0' && s[i]<='9')
            s[j]=s[i];
    /********found********/
    s[j]="\0";
}
main()
{
    char item[80];
    clrscr();
    printf("\nEnter a string :");
    gets(item);
    printf("\n\nThe string is : \%s\n",item);
    fun(item);
    printf("\n\nThe string of changing is : \%s\n",item);
}
```

附录 A

C 语言常用关键字及说明

C 语言常用关键字及说明见表 A-1。

表 A-1 C 语言常用关键字及说明

关键字	用途	说明
auto	存储种类说明	用以说明局部变量,缺省值为此
break	程序语句	退出最内层循环
case	程序语句	switch 语句中的选择项
char	数据类型说明	单字节整型数或字符型数据
const	存储类型说明	在程序执行过程中不可更改的常量值
continue	程序语句	转向下一次循环
default	程序语句	switch 语句中的失败选择项
do	程序语句	构成 do-while 循环结构
double	数据类型说明	双精度浮点数
else	程序语句	构成 if-else 选择结构
enum	数据类型说明	枚举
extern	存储种类说明	在其它程序模块中说明了的全局变量
float	数据类型说明	单精度浮点数
for	程序语句	构成 for 循环结构
goto	程序语句	构成 goto 转移结构
if	程序语句	构成 if..else 选择结构
int	数据类型说明	基本整型数
long	数据类型说明	长整型数
register	存储种类说明	使用 CPU 内部寄存的变量
return	程序语句	函数返回
short	数据类型说明	短整型数
signed	数据类型说明	有符号数,二进制数据的最高位为符号位
sizeof	运算符	计算表达式或数据类型的字节数
static	存储种类说明	静态变量
struct	数据类型说明	结构类型数据
swicth	程序语句	构成 switch 选择结构
typedef	数据类型说明	重新进行数据类型定义
union	数据类型说明	联合类型数据
unsigned	数据类型说明	无符号数数据
void	数据类型说明	无类型数据
volatile	数据类型说明	该变量在程序执行中可被隐含地改变
while	程序语句	构成 while 和 do-while 循环结构

注:本表中一共列出 32 个关键字,按照字母表顺序排列。

附录 B

ASCII 码表

ASCII 码表见表 B-1。

表 B-1 ASCII 码表

字符	ASCII 码	字符	ASCII 码	字符	ASCII 码	字符	ASCII 码	字符	ASCII 码
NUL	0	SUB	26	4	52	N	78	H	104
SOH	1	ESC	27	5	53	O	79	i	105
STX	2	FS	28	6	54	P	80	j	106
ETX	3	GS	29	7	55	Q	81	k	107
EOT	4	RS	30	8	56	R	82	l	108
EDQ	5	US	31	9	57	S	83	m	109
ACK	6	Space	32	:	58	T	84	n	110
BEL	7	!	33	;	59	U	85	o	111
BS	8	"	34	<	60	V	86	p	112
HT	9	#	35	=	61	W	87	q	113
LF	10	$	36	>	62	X	88	r	114
VT	11	%	37	?	63	Y	89	s	115
FF	12	&	38	@	64	Z	90	t	116
CR	13	'	39	A	65	[	91	u	117
SO	14	(	40	B	66	\	92	v	118
SI	15	)	41	C	67	]	93	w	119
DLE	16	*	42	D	68	^	94	x	120
DCI	17	+	43	E	69	_	95	y	121
DC2	18	,	44	F	70	`	96	z	122
DC3	19	-	45	G	71	a	97	{	123
DC4	20	.	46	H	72	b	98	|	124
NAK	21	/	47	I	73	c	99	}	125
SYN	22	0	48	J	74	d	100	~	126
ETB	23	1	49	K	75	e	101	del	127
CAN	24	2	50	L	76	f	102		
EM	25	3	51	M	77	g	103		

注：表中所列 ASCII 代码值为十进制数。

附录 C

C 语言运算符及优先级

C 语言运算符及优先级见表 C-1。

表 C-1 C 语言运算符及优先级

级别	类别	名称	运算符	结合性
1	强制转换、数组、结构、联合	强制类型转换	( )	右结合
		下标	[ ]	
		存取结构或联合成员	->或.	
2	逻辑	逻辑非	!	左结合
	字位	按位取反	~	
	增量	加一	++	
	减量	减一	--	
	指针	取地址	&	
		取内容	*	
	算术	单目减	-	
	长度计算	长度计算	sizeof	
3	算术	乘	*	右结合
		除	/	
		取模	%	
4	算术和指针运算	加	+	
		减	-	
5	字位	左移	<<	
		右移	>>	
6	关系	大于等于	>=	
		大于	>	
		小于等于	<=	
		小于	<	
7		恒等于	==	
		不等于	!=	
8	字位	按位与	&	
9		按位异或	^	
10		按位或	|	
11	逻辑	逻辑与	&&	
12		逻辑或	||	
13	条件	条件运算	?:	左结合
14	赋值	赋值	=	
		复合赋值	Op=	
15	逗号	逗号运算	,	右结合

注：优先级从低到高排列，参与运算时优先级高的先参与运算。

附录 D

常用库函数

库函数并不是 C 语言的一部分,它是由编译程序根据一般用户的需要编制并提供用户使用的一组程序。每一种 C 编译系统都提供了一批库函数,不同的编译系统所提供的库函数的数目、函数名以及函数功能是不完全相同的。ANSIC 标准提出了一批建议提供的标准库函数。它包括了目前多数 C 编译系统所提供的库函数,但也有一些是某些 C 编译系统未曾实现的。考虑到通用性,本书列出部分常用库函数。

(1) 数学函数

使用数学函数(见表 D-1)时,应该在源文件中使用命令:

＃include "math.h"

表 D-1 数学函数

函数名	函数与形参类型	功　能	返回值
acos	double　acos(x) double　x	计算 $\cos^{-1}(x)$ 的值 $-1<=x<=1$	计算结果
asin	double　asin(x) double　x	计算 $\sin^{-1}(x)$ 的值 $-1<=x<=1$	计算结果
atan	double　atan(x) double　x	计算 $\tan^{-1}(x)$ 的值	计算结果
atan2	double　atan2(x,y) double　x,y	计算 $\tan^{-1}(x/y)$ 的值	计算结果
cos	double　cos(x) double　x	计算 $\cos(x)$ 的值 x 的单位为弧度	计算结果
cosh	double　cosh(x) double　x	计算 x 的双曲余弦 $\cosh(x)$ 的值	计算结果
exp	double　exp(x) double　x	求 e^x 的值	计算结果
fabs	double　fabs(x) double　x	求 x 的绝对值	计算结果
floor	double　floor(x) double　x	求出不大于 x 的最大整数	该整数的双精度实数
fmod	double　fmod(x,y) double　x,y	求整除 x/y 的余数	返回余数的双精度实数

续表 D-1

函数名	函数与形参类型	功　能	返回值
frexp	double frexp(val,eptr) double　val int　　＊eptr	把双精度数 val 分解成数字部分(尾数)和以 2 为底的指数,即 val=x*2^n,n 存放在 eptr 指向的变量中	数字部分 x $0.5\leq x<1$
log	double　log(x) double　x	求 $\log_e x$ 即 $\ln x$	计算结果
log10	double　log10(x) double　x	求 $\log_{10} x$	计算结果
modf	double modf(val,iptr) double　val int　　＊iptr	把双精度数 val 分解成数字部分和小数部分,把整数部分存放在 ptr 指向的变量中	val 的小数部分
pow	double　pow(x,y) double　x,y	求 x^y 的值	计算结果
sin	double　sin(x) double　x	求 sin(x)的值 x 的单位为弧度	计算结果
sinh	double　sinh(x) double　x	计算 x 的双曲正弦函数 sinh(x)的值	计算结果
sqrt	double　sqrt (x) double　x	计算$\sqrt{x},x\geq 0$	计算结果
tan	double　tan(x) double　x	计算 tan(x)的值 x 的单位为弧度	计算结果
tanh	double　tanh(x) double　x	计算 x 的双曲正切函数 tanh(x)的值	计算结果

(2) 字符函数

在使用字符函数(见表 D-2)时,应该在源文件中使用命令:
＃include "ctype. h"

表 D-2　字符函数

函数名	函数与形参类型	功　能	返回值
isalnum	int　isalnum(ch) int　ch	检查 ch 是否字母或数字	是字母或数字返回 1;否则返回 0
isalpha	int　isalpha(ch) int　ch	检查 ch 是否字母	是字母返回 1;否则返回 0
iscntrl	int　iscntrl(ch) int　ch	检查 ch 是否控制字符(其 ASCII 码在 0 和 0x1F 之间)	是控制字符返回 1;否则返回 0
isdigit	int　isdigit(ch) int　ch	检查 ch 是否数字	是数字返回 1;否则返回 0

续表 D-2

函数名	函数与形参类型	功 能	返回值
isgraph	int isgraph(ch) int ch	检查 ch 是否是可打印字符（其 ASCII 码在 0x21 和 0x7e 之间），不包括空格	是可打印字符则返回 1；否则返回 0
islower	int islower(ch) int ch	检查 ch 是否是小写字母（a～z）	是小字母则返回 1；否则返回 0
isprint	int isprint(ch) int ch	检查 ch 是否是可打印字符（其 ASCII 码在 0x21 和 0x7e 之间），不包括空格	是可打印字则符返回 1；否则返回 0
ispunct	int ispunct(ch) int ch	检查 ch 是否是标点字符（不包括空格）即除字母、数字和空格以外的所有可打印字符	是标点则返回 1；否则返回 0
isspace	int isspace(ch) int ch	检查 ch 是否是空格、跳格符（制表符）或换行符	是，则返回 1；否则返回 0
issupper	int isalsupper(ch) int ch	检查 ch 是否是大写字母（A～Z）	是大写字母则返回 1；否则返回 0
isxdigit	int isxdigit(ch) int ch	检查 ch 是否是一个 16 进制数字（即 0～9，或 A 到 F，a～f）	是，则返回 1；否则返回 0
tolower	int tolower(ch) int ch	将 ch 字符转换为小写字母	返回 ch 对应的小写字母
toupper	int touupper(ch) int ch	将 ch 字符转换为大写字母	返回 ch 对应的大写字母

(3) 字符串函数

使用字符串函数（见表 D-3）时，应该在源文件中使用命令：
#include "string.h"

表 D-3 字符串函数

函数名	函数与形参类型	功 能	返回值
memchr	void memchr(buf,chc,ount) void * buf;charch; unsigned int count;	在 buf 的前 count 个字符里搜索字符 ch 首次出现的位置	返回指向 buf 中 ch 的第一次出现的位置指针；若没有找到 ch，返回 NULL
memcmp	int memcmp (buf1, buf2, count) void * buf1, * buf2; unsigned int count;	按字母顺序比较由 buf1 和 buf2 指向的数组的前 count 个字符	buf1<buf2，为负数 buf1=buf2，返回 0 buf1>buf2，为正数
memcpy	void * memcpy (to, from, count) void * to, * from; unsigned int count;	将 from 指向的数组中的前 count 个字符复制到 to 指向的数组中。From 和 to 指向的数组不允许重叠	返回指向 to 的指针

续表 D-3

函数名	函数与形参类型	功　能	返回值
memove	void * memove (to, from, count) void * to, * from; unsigned int count;	将 from 指向的数组中的前 count 个字符复制到 to 指向的数组中。From 和 to 指向的数组不允许重叠	返回指向 to 的指针
memset	void * memset(buf,ch,count) void * buf;char ch; unsigned int count;	将字符 ch 复制到 buf 指向的数组前 count 个字符中	返回 buf
strcat	char * strcat(str1,str2) char * str1, * str2;	把字符 str2 接到 str1 后面,取消原来 str1 最后面的串结束符"\0"	返回 str1
strchr	char * strchr(str1,ch) char * str; int ch;	找出 str 指向的字符串中第一次出现字符 ch 的位置	返回指向该位置的指针,如找不到,则应返回 NULL
strcmp	int * strcmp(str1,str2) char * str1, * str2;	比较字符串 str1 和 str2	str1＜str2,为负数 str1＝str2,返回 0 str1＞str2,为正数
strcpy	char * strcpy(str1,str2) char * str1, * str2;	把 str2 指向的字符串复制到 str1 中去	返回 str1
strlen	unsigned intstrlen(str) char * str;	统计字符串 str 中字符的个数(不包括终止符"\0")	返回字符个数
strncat	char * strncat(str1,str2,count) char * str1, * str2; unsigned int count;	把字符串 str2 指向的字符串中最多 count 个字符连到串 str1 后面,并以 null 结尾	返回 str1
strncmp	int strncmp(str1,str2,count) char * str1, * str2; unsigned int count;	比较字符串 str1 和 str2 中至多前 count 个字符	str1＜str2,为负数 str1＝str2,返回 0 str1＞str2,为正数
strncpy	char * strncpy (str1, str2, count) char * str1, * str2; unsigned int count;	把 str2 指向的字符串中最多前 count 个字符复制到串 str1 中去	返回 str1
strnset	void * setnset(buf,ch,count) char * buf;char ch; unsigned int count;	将字符 ch 复制到 buf 指向的数组前 count 个字符中	返回 buf
strset	void * setnset(buf,ch) void * buf;char ch;	将 buf 所指向的字符串中的全部字符都变为字符 ch	返回 buf
strstr	char * strstr(str1,str2) char * str1, * str2;	寻找 str2 指向的字符串在 str1 指向的字符串中首次出现的位置	返回 str2 指向的字符串首次出现的地址。否则返回 NULL

(4) 输入/输出函数

在使用输入/输出函数(见表 D-4)时,应该在源文件中使用命令:
#include "stdio.h"

表 D-4 输入/输出函数

函数名	函数与形参类型	功 能	返回值
clearerr	void clearer(fp) FILE * fp	清除文件指针错误指示器	无
close	int close(fp) int fp	关闭文件(非 ANSI 标准)	关闭成功返回 0,不成功返回-1
creat	int creat(filename,mode) char * filename; int mode	以 mode 所指定的方式建立文件(非 ANSI 标准)	成功返回正数,否则返回-1
eof	int eof(fp) int fp	判断 fp 所指的文件是否结束	文件结束返回 1,否则返回 0
fclose	int fclose(fp) FILE * fp	关闭 fp 所指的文件,释放文件缓冲区	关闭成功返回 0,不成功返回非 0
feof	int feof(fp) FILE * fp	检查文件是否结束	文件结束返回非 0,否则返回 0
ferror	int ferror(fp) FILE * fp	测试 fp 所指的文件是否有错误	无错返回 0;否则返回非 0
fflush	int fflush(fp) FILE * fp	将 fp 所指的文件的全部控制信息和数据存盘	存盘正确返回 0;否则返回非 0
fgets	char * fgets(buf,n,fp) char * buf;int n; FILE * fp	从 fp 所指的文件读取一个长度为(n-1)的字符串,存入起始地址为 buf 的空间	返回地址 buf;若遇文件结束或出错则返回 EOF
fgetc	int fgetc(fp) FILE * fp	从 fp 所指的文件中取得下一个字符	返回所得到的字符;出错返回 EOF
fopen	FILE * fopen(filename,mode) char * filename, * mode	以 mode 指定的方式打开名为 filename 的文件	成功,则返回一个文件指针;否则返回 0
fprintf	int fprintf(fp,format,args,…) FILE * fp;char * format	把 args 的值以 format 指定的格式输出到 fp 所指的文件中	实际输出的字符数
fputc	int fputc(ch,fp) char ch;FILE * fp	将字符 ch 输出到 fp 所指的文件中	成功则返回该字符;出错返回 EOF
fputs	int fputs(str,fp) char str;FILE * fp	将 str 指定的字符串输出到 fp 所指的文件中	成功则返回 0;出错返回 EOF
fread	int fread(pt,size,n,fp) char * pt;unsigned size,n;FILE * fp	从 fp 所指定文件中读取长度为 size 的 n 个数据项,存到 pt 所指向的内存区	返回所读的数据项个数,若文件结束或出错返回 0
fscanf	int fscanf(fp,format,args,…) FILE * fp;char * format	从 fp 指定的文件中按给定的 format 格式将读入的数据送到 args 所指向的内存变量中(args 是指针)	以输入的数据个数
fseek	int fseek(fp,offset,base) FILE * fp;long offset;int base	将 fp 指定的文件的位置指针移到 base 所指出的位置为基准、以 offset 为位移量的位置	返回当前位置;否则,返回-1

续表 D-4

函数名	函数与形参类型	功　能	返回值
siell	FILE * fp; long ftell(fp);	返回 fp 所指定的文件中的读写位置	返回文件中的读写位置；否则，返回 0
fwrite	int fwrite(ptr,size,n,fp) char * ptr;unsigned size,n;FILE * fp	把 ptr 所指向的 n*size 个字节输出到 fp 所指向的文件中	写到 fp 文件中的数据项的个数
getc	int getc(fp) FILE * fp;	从 fp 所指向的文件中的读出下一个字符	返回读出的字符；若文件出错或结束返回 EOF
getchar	int getchat()	从标准输入设备中读取下一个字符	返回字符；若文件出错或结束返回－1
gets	char * gets(str) char * str	从标准输入设备中读取字符串存入 str 指向的数组	成功返回 str，否则返回 NULL
open	int open(filename,mode) char * filename; int mode	以 mode 指定的方式打开已存在的名为 filename 的文件 （非 ANSI 标准）	返回文件号（正数）；如打开失败返回－1
printf	int printf(format,args,…) char * format	在 format 指定的字符串的控制下，将输出列表 args 的指输出到标准设备	输出字符的个数；若出错返回负数
prtc	int prtc(ch,fp) int ch;FILE * fp;	把一个字符 ch 输出到 fp 所值的文件中	输出字符 ch；若出错返回 EOF
putchar	int putchar(ch) char ch;	把字符 ch 输出到 fp 标准输出设备	返回换行符；若失败返回 EOF
puts	int puts(str) char * str;	把 str 指向的字符串输出到标准输出设备；将"\0"转换为回车行	返回换行符；若失败返回 EOF
putw	int putw(w,fp) int i; FILE * fp;	将一个整数 i（即一个字）写到 fp 所指的文件中 （非 ANSI 标准）	返回读出的字符；若文件出错或结束返回 EOF
read	int read（fd,buf,count）int fd;char * buf; unsigned int count;	从文件号 fp 所指定文件中读 count 个字节到由 buf 知识的缓冲区（非 ANSI 标准）	返回真正读出的字节个数，如文件结束返回 0，出错返回－1
remove	int remove(fname) char * fname;	删除以 fname 为文件名的文件	成功返回 0；出错返回－1
rename	int remove(oname,nname) char * oname, * nname;	把 oname 所指的文件名改为由 nname 所指的文件名	成功返回 0；出错返回－1
rewind	void rewind(fp) FILE * fp;	将 fp 指定的文件指针置于文件头，并清除文件结束标志和错误标志	无
scanf	int scanf(format,args,…) char * format	从标准输入设备按 format 指示的格式字符串规定的格式，输入数据给 args 所指示的单元。args 为指针	读入并赋给 args 数据个数。如文件结束返回 EOF；如出错返回 0
write	int write（fd,buf,count）int fd;char * buf; unsigned count;	从 buf 指示的缓冲区输出 count 个字符到 fd 所指的文件中（非 ANSI 标准）	返回实际写入的字节数，如出错返回－1

(5) 动态存储分配函数

在使用动态存储分配函数(见表 D-5)时,应该在源文件中使用命令:
#include "stdlib.h"

表 D-5 动态存储分配函数

函数名	函数与形参类型	功 能	返回值
calloc	void * calloc(n,size) unsigned n; unsigned size;	分配 n 个数据项的内存连续空间,每个数据项的大小为 size	分配内存单元的起始地址。如不成功,返回 0
free	void free(p) void * p;	释放 p 所指内存区	无
malloc	void * malloc(size) unsigned SIZE;	分配 size 字节的内存区	所分配的内存区地址,如内存不够,返回 0
realloc	void * reallod(p,size) void * p; unsigned size;	将 p 所指的以分配的内存区的大小改为 size。Size 可以比原来分配的空间大或小	返回指向该内存的指针。若重新分配失败,返回 NULL

(6) 其它函数

"其它函数"(见表 D-6)是 C 语言的标准库函数,由于不便归入某一类,所以单独列出。使用这些函数时,应该在源文件中使用命令:
#include "stdlib.h"

表 D-6 其它函数

函数名	函数与形参类型	功 能	返回值
abs	int abs(num) int num	计算整数 num 的绝对值	返回计算结果
atof	double atof(str) char * str	将 str 指向的字符串转换为一个 double 型的值	返回双精度计算结果
atoi	int atoi(str) char * str	将 str 指向的字符串转换为一个 int 型的值	返回转换结果
atol	long atol(str) char * str	将 str 指向的字符串转换为一个 long 型的值	返回转换结果
exit	void exit(status) int status;	中止程序运行。将 status 的值返回调用的过程	无
itoa	char * itoa(n,str,radix) int n,radix; char * str	将整数 n 的值按照 radix 进制转换为等价的字符串,并将结果存入 str 指向的字符串中	返回一个指向 str 的指针
labs	long labs(num) long num	计算 c 整数 num 的绝对值	返回计算结果

续表 D-6

函数名	函数与形参类型	功 能	返回值
ltoa	char * ltoa(n,str,radix) long int n;int radix; char * str;	将长整数 n 的值按照 radix 进制转换为等价的字符串,并将结果存入 str 指向的字符串	返回一个指向 str 的指针
rand	int rand()	产生 0 到 RAND_MAX 之间的伪随机数。RAND_MAX 在头文件中定义	返回一个伪随机(整)数
random	int random(num) int num;	产生 0 到 num 之间的随机数	返回一个随机(整)数
rand_omize	void randomize()	初始化随机函数,使用是包括头文件 time.h	
strtod	double strtod(start,end) char * start; char * * end	将 start 指向的数字字符串转换成 double,直到出现不能转换为浮点的字符为止,剩余的字符串符给指针 end * HUGE_VAL 是 turboC 在头文件 math.h 中定义的数学函数溢出标志值	返回转换结果。若为转换则返回 0。若转换出错返回 HUGE_VAL 表示上溢,或返回－HUGE_VAL 表示下溢
strtol	Long int strtol(start,end,radix) char * start; char * * end; int radix;	将 start 指向的数字字符串转换成 long,直到出现不能转换为长整型数的字符为止,剩余的字符串符给指针 end 转换时,数字的进制由 radix 确定 * LONG_MAX 是 turboC 在头文件 limits.h 中定义的 long 型可表示的最大值	返回转换结果。若为转换则返回 0。若转换出错返回 LONG_MAX 表示上溢,或返回－LONG_MAX 表示下溢
system	int system(str) char * str;	将 str 指向的字符串作为命令传递给 DOS 的命令处理器	返回所执行命令的退出状态

注：由于 C 的库函数的种类和数目很多(例如：还有屏幕和图形函数、时间日期函数、与本系统有关的函数等,每一类函数又包括各种功能的函数),限于篇幅,本附录不能全部介绍,只从教学需要的角度列出最基本的。读者在编写 C 程序时可能要用到更多的函数,请查阅相关的库函数手册。

参 考 文 献

[1] 张强华.C语言程序设计[M].北京:人民邮电出版社,2001.
[2] 谭浩强.C语言程序设计[M].北京:清华大学出版社,1999.
[3] 廖雷.C语言程序设计[M].北京:高等教育出版社,2006.
[4] 鲁沐浴.C语言最新编程技巧200例[M].北京:电子工业出版社,1997.
[5] 梁翎,李爱齐.C语言程序设计实用技巧与程序实例[M].上海:上海科普出版社,1996.
[6] 陈国章.Turbo C程序设计技巧与应用实例[M].天津:天津科学技术出版社,1995.
[7] 王士元.C高级实用程序设计[M].北京:清华大学出版社,1996.
[8] 徐新华.C语言程序设计教程[M].北京:中国水利水电出版社,2001.
[9] 徐建民.C语言程序设计[M].北京:电子工业出版社,2002.
[10] 李大友.C语言程序设计[M].北京:清华大学出版社,1999.
[11] 毕万新.C语言程序设计[M].大连:大连理工大学出版社,2005.
[12] 刘燕.C语言程序设计[M].北京:中国铁道出版社,2008.
[13] 张磊.C语言程序设计[M].北京:高等教育出版社,2004.
[14] Brian W.kernighan,Dennis M. Ritchie(美).C语言程序设计[M].徐宝文,李志,译.2版.北京:机械工业出版社,2004.